クロード・シャノン
情報時代を発明した男

A Mind At Play: How Claude Shannon Invented the Information Age

ジミー・ソニ、
ロブ・グッドマン
小坂恵理＝訳

筑摩書房

A Mind at Play:
How Claude Shannon Invented the Information Age
by
Jimmy Soni and Rob Goodman

Originally published by Simon & Schuster, New York.
Japanese translation rights arranged with Jimmy Soni and Rob Goodman
c/o The Carol Mann Literary Agency, New York, NY
through Tuttle-Mori Agency, Inc., Tokyo.

クロード・シャノン　情報時代を発明した男◆目次

II 天才の孤独

III 遊ぶ天才

クロード・シャノン　情報時代を発明した男

天才とは、最も幸運な人間である。やらなければいけないことと、やりたいことが同じなのだから。たとえ生前に天才として認められなくても、この世の最高の報酬は常に彼らのものだ。素晴らしい成果は時の試練を乗り越えて、後世に伝えられるだろう。天才も仮に天の王国に行けば最も小さな存在かもしれないが、すでに地上で十分な報酬を手に入れている。

W・H・オーデン(1)

はじめに

やせた白髪頭の男が、イングランドのブライトンで開催されている情報理論国際シンポジウムの会場を何時間も出たり入ったりしていた。ほどなく、その男が何者なのかうわさが広がりはじめた。当初、サインを求める人たちはちらほら程度だったが、次第に通路には長い列ができた。夜のパーティーでは、シンポジウムの議長がマイクをとって、「当代最高の科学者のひとり」が今日はおいでになりました、ひと言ごあいさつをお願いしますと紹介した。そのあとステージにやせた白髪頭の男が上がった。割れんばかりの拍手が沸き起こり、男は自分の声が聞こえないほどだった。ようやく騒ぎが鎮まると、男は「こんなに……身に余る光栄です！」[1]と言ったきり、ほかに言葉が見つからず、ポケットから三つのボールを取り出して、ジャグリングを始めた。

一体何が起きたのですかと出席者のひとりから尋ねられた議長は、「ニュートンが物理学の会議の会場に現れたようなものだよ」[2]と答えた。

これは一九八五年の出来事だ。そのジャグラーの功績は遠い昔の出来事だったが、ようやく実を結び始めていた。クロード・エルウッド・シャノンが「情報時代のマグナカルタ」[3]とも評される論文を発表し、その論文一本だけで情報というアイデアを世に送り出してから四〇年近く経過していた。ただし、彼のアイデアによって可能になった世界は、姿を現したばかりだった。今日、私たちは情報が氾濫した世界に暮らしているが、送信するすべてのｅメール、鑑賞するすべてのＤＶＤやサウンドファイル、読み込むすべてのウェブページが存在しているのは、クロード・シャノンのおかげだ。

しかし彼は、見返りに強く執着しなかった。科学の流行にも疎く、あらゆる見解、あらゆる主題、自分自身にさえ、いや、自分自身についてはとりわけ無関心だった。孤独を好み、ただじっと黙って、質素な独身者用アパートや人気のないオフィスビルで思考を研ぎ澄ませた。同僚はシャノンの情報理論を「爆弾」[4]と呼んだ。ほとんど何もない状態から新しい科学を考案したことは大きな衝撃だったが、それが唐突に発表されたことも驚きだった。発表まで何年間も、彼は誰にもひと言も打ち明けなかった。

もちろん、情報はシャノンが理論を考案する以前から存在していた。ニュートンが発見する前から、物体には慣性があったのと変わらない。しかしシャノン以前には、情報はひとつのアイデアだった。量の測定が可能で、ハードサイエンスにふさわしい物体だと見なされることはまずなかった。シャノン以前、情報とはひとまとまりの電報や写真、パラグラフや歌だった。しかしシャノン以後、情報は完全に分解されて「ビット」になった。送り手が誰か、どんな意図があるか、媒体は何か、さらには何を伝えているかも、もはや重要ではなくなった。いまや電話の会話も、モールス信号のコードも、探偵小説のページも、すべて共通の符号に変換される。幾何学者が砂に描かれた円で太陽面の法則を語り、物理学者が振り子の揺れに惑星の軌道と同じ法則を見たのと同様、クロード・シャノンは情報の本質に到達することで、今日のような世界を可能にしたのである。

有形の世界を巧妙にかわしながら生きてきた人物が、有形の世界を操る才能にも恵まれていたとは、シャノンの人生の大きな謎である。彼は生まれながら機械いじりが得意だった。ミシガンの小さな町で過ごした少年時代には、フェンスに張り巡らされた鉄条網を電線代わりに利用したり、納屋に間に合わせのエレベーターを取り付けたり、あるいは裏庭に手作りのトロリーを走らせたこともあった。そんな機械いじりのずば抜けた才能は、やがてヴァネヴァー・ブッシュの目に留まった。ほどなくアメリカで最も影響力のある科学者になるブッシュは、シャノンに最も影響を与えたメンターでもあった。ブッシュに誘われてMIT（マサチューセッツ工科大学）の学生になったシャノンは、微分解析機の管理を任された。これは部屋全体を占めるほど大きなアナログコンピュータで、「シャフト、ギア、ストリング、ディスクホイールで構成される途方もない代物[5]」だったが、それでも当時はこれが最も先端的な思考機械だったのである。

この巨獣のような機械の中心部に指示を送る電気スイッチをつぶさに研究したシャノンは、そこから新たな洞察を得て、それが今日のデジタル時代の土台となった。スイッチの仕事は、回路を巡る電気の流れをコントロールするだけではない。思い付くかぎりのあらゆる論理命題を評価し、「決断を下す」こともできる。二値選択――オン／オフ、真／偽、1／0など――の連続は原則として、脳の働き方に非常によく似ている。この飛躍的な発想が、「すべてのデジタルコンピュータを支える基本的な概念になった[6]」とウォルター・アイザックソンは指摘する。これが、シャノンが最初に成し遂げた抽象化だ。当時の彼はまだ二一歳だった。

「おそらく二〇世紀で最も重要で最も有名な修士論文[7]」と共に始まったキャリアのおかげで、シャノンはブッシュ、アラン・チューリング、ジョン・フォン・ノイマンといった思想家と出会い、共同研究する機会に恵まれた。シャノンと同じく全員が、今日の土台を築いた。シャノンは不本意ながら、アメリカの防衛機関に協力する機会も多く、第二次世界大戦の最中には暗号解読、コンピュータ制御式の砲術、さらには大西洋を横断してルーズベルトとチャーチルを結ぶ電話回線などの難事業にも駆り出された。のちにシャノンはベル研究所に勤務することになる。ここは企業の研究開発部門として設立されたが、電話会社の一部門というより、「天才たちの活動[8]」の拠点と見なされていた。「世間から不可能だと思われていることでも、いったんやると決めたら、ベル研究所の連中はほんとうにやってしまうんだよ[9]」と、シャノンの同僚は言う。シャノンがそこで選んだのは「電話通信、ラジオ、テレビ、電報など、情報を伝達する一般的なシステムの基本的な性質の一部についての分析[10]」だった。これらのシステムは数学的にはまったく別物だと思われていたが、シャノンはそれらがすべて本質的なものを共有していることを証明した。これがシャノンの成し遂げた二つ目の抽象化であり、最大の功績である。

「通信の数学的理論」をシャノンが発表する以前、科学者はワイヤーのなかの電子の動きは追跡できた。しかし、電子が象徴するアイデアそのものも客観的な測定や操作が可能なことは、シャノンがはじめて証明した。彼は、すべての情報は情報源、送信機、受信者、中身にかかわらず、ビットという基本的単位として連続的かつ簡潔に表現できることを示したのだ。

それまで一世紀にわたってエンジニアたちが試行錯誤してきたものの、物理的な世界でメッセージをやりとりすればノイズを伴うのは避けられないというのが常識だった。しかしシャノンは、ノイズは克服可能で、ポイントAからポイントBに送られたメッセージを完璧な形で受け取ることはできる、しかも頻繁にというレベルではなく、本質的にはいつでも可能であることを証明した。彼はエンジニアたちに、情報をデジタル化して完璧な形で（正確を期するならば、ごく少量のエラーを伴う）送るための概念ツールを与えたのである。シャノンが証明する瞬間まで、そんなことはあり得ない、絶望的に不可能だと思われてきた。「彼がどうやってあのような洞察に至ったのか。なぜそれができると信じられたのか、まったくわからない」[11]と、あるエンジニアは驚嘆する。

その素晴らしい洞察は、私たちの電話、コンピュータ、衛星テレビの回路に組み込まれている。さらに宇宙探査ロケットも、0と1の長い連なりで未だに地球と結びついている。一九九〇年、ボイジャー一号は太陽系の彼方から地球にカメラを向けて写真に収めたが、このとき地球の大きさは一ピクセルにも満たず、「太陽光線のなかを漂う塵のようだ」[12]とカール・セーガンは表現した。六四億キロもの真空状態のなかを写真は送られてきたのだ。クロード・シャノン自らこのイメージをエラーやゆがみから守るコードを書いたわけではないが、およそ四〇年前、彼はそのようなコードが存在するはずだと証明した。そして実際、それは存在していた。これは彼の研究成果の一部にすぎない。インターネットを介してデジタル情報が途切れなく流れるのも、現代が情報の氾濫に象徴されるのも、彼が後世に残した遺産のおかげだ。

シャノンは三〇代の初めにしてアメリカ科学界の最も輝けるスターのひとりになった。その証拠にメディアで大きく注目され、名誉ある賞をいくつも受賞している。しかし、束の間の名声がピークに達し、地質学やら政治や音楽に至るまで、あらゆることを解明するキーワードとして情報理論がもてはやされたときにも、彼は四つのパラグラフから成る論文を発表し、自分の「研究成果に便乗すること」[13]などやめるようにとわざわざ世間にくぎを刺した。飛びぬけた才能の持ち主が自分の理論を理解してくれればそれ以上を望まず、野心や自我や欲目など、社会での偉業達成を後押しする厄介な要素にはいっさい無関心だった。結局、シャノンの最高のアイデアは何年も経過してから世間に公表され、そのあいだに彼の興味はプライベートの問題へと移っていった。三二歳ですでに先駆的な研究を完成させていたのだから、何十年も続く余生は科学界の名士やイノベーションの立役者として過ごすこともできたはずだ。バートランド・ラッセル、アルバート・アインシュタイン、リチャード・ファインマン、あるいはスティーヴ・ジョブズと同じ人生を歩んでもよかった。しかしそうはせず、彼は機械いじりに熱中して時間を過ごした。

迷路を解く電子マウスのテセウス。家のなかを歩き回るカメのエレクター・セット。IBMのディープブルーの遠い祖先となる、チェスを指すコンピュータについての構想。世界初のウェアラブル・コンピュータ。ローマ数字で操作される、THROBAC（スロバック）というコードネームの計算機（「ケチなローマ数字の時代に逆らうコンピュータ」の頭文字）。カスタマイズされた一輪車の数々。ジャグリングの科学的な研究に費やした長い年月。

そしてもちろん、究極マシンだ。これは箱とスイッチから成り、スイッチを入れると電動装置が音を立て、箱から機械の手が現れる。スイッチをオフにすると、手は再び消えていく。この機械と同じように、クロード・シャノンはいたって控えめな人物だった。通信の研究に生涯を捧げた思想家が、世間との交流をここまで避けるケースもめずらしい。プロフィールは消滅したのも同然だった。騒がれることに疲れた男は、大抵の人たちのように自分の成果を積極的に売り込むわけでもなく、歴史からほとんど姿を消した。

シャノンは好奇心をそそられると、遊びにも真剣に取り組んだ。デジタル回路の研究のパイオニアでありながら、ジャグリング・ロボットや火を噴くトランペットの制作に夢中になるような天才科学者など、ほかにはまずいない。仕事は手早くすませ、遊びには腰を据えて取り組み、両者を区別するわけではなかった。彼の天才ぶりは何よりも、解明を試みた難問の質の高さに表れているが、そこでは遊び心が研究の原動力になっている。電気スイッチをどのように組み立てれば脳を模倣できるのか頭をひねり、これまで誰も「XFOML　RXKHRJFFJUJ」[14]（訳注／0次近似）と表現しなかった理由を知りたがる心が、奥深い洞察のすべてに刻み込まれている。ある時代の特徴にはその時代の創造者の人物像がにじみ出るとまで仮定するのは行き過ぎかもしれない。しかし、今日の時代に欠かせない事柄の多くが遊び心から生まれたと考えると、何とも愉快ではないだろうか。

I

内気な天才数学者

1 発明家の遺伝子

シャノン少年の原点

　ここに一一〇個のダイヤモンドがある。「小さなものはひとつもない」。ほかにルビーが一八個、エメラルドが三一〇個、サファイアが二一個、オパールが一個、純金の指輪が二〇〇個、純金の鎖が三〇本、大きな金のパンチボールがひとつ。これだけたくさんの宝の隠し場所が、暗号で書かれている。これは海賊の財宝で、サウスカロライナのどこか、地下五フィートのところに埋められている。ヒントは節だらけのユリノキの木陰――だがこれは財宝を探し当てる物語ではなく、暗号を解読する話だ。

　主人公のウィリアム・ルグランは、難破船から漂流してきた羊皮紙に書かれた暗号を発見する。その暗号を解読するため、彼は何カ月も夜遅くまで暗号解読法を学んだ。そしてついに宝物を手に入れると、ルグランはダイヤモンドを数える作業などそっちのけで、穴掘りを任せた従者を相手に暗号の解読法を解説し始める。

それは見た目の印象ほど難しくない。


53‡‡†305))6*;4826)4‡.)4‡);806*;48†8¶60))85;:]8*;:‡*8†83 (88)5*†;46(;88*96*?;8)*‡(;485);5*†2:*‡(;4956*2(5*−4)8¶8*;4069285);)6†8)4‡‡;1(‡9;48081;8:8‡1;48†85;4)485†528806*81 (‡9;48;(88;4(‡?34;48)4‡;161;:188;‡?;[1]

記号の登場回数を数え、それを、英語の文字が使われる回数と比較する。最も頻繁に登場する記号が最も頻繁に登場する文字を表していると仮定すると、8は「E」を意味することになる。つぎに、英語で最もよく使われる単語は「the」なので、三つの文字または記号が並び、しかも8で終わっているものを探す。これに該当するのは「;48」。そこから、;は「T」、4は「H」とわかる。この三つを頼りにして解読作業を進めていくと、「;(88」は「tree」としか考えられない。よって、「(」は「R」であることがわかる。記号をひとつ解読できると、新たな記号が解読でき、宝物へ行き着くルートがノイズのなかから現れる。

エドガー・アラン・ポーは六五の小説作品を遺したが、ここで紹介した「黄金虫」は、暗号解読に関する講義で終わる唯一の作品で、クロード・シャノンのお気に入りだった。

ミシガン州ゲイロードの行き止まり。ここで舗装道路は終わり、ジャガイモ畑が広がる。メインストリートは、そのわずか数ブロック戻ったところにある。前方の畑と肥育場の向こうには、ミシガン州名物のリンゴ園、カエデやブナやカバノキの森、木を板やブロックに加工する製材所が見える。道路沿いや牧草地のあいだには有刺鉄線が走っていて、シャノンはフェンスづたいに歩きながら、八〇〇メートルにわたって念入りな点検作業を続けた。

この有刺鉄線には電気が走っている。シャノンの手作りだ。両端に乾電池を取り付け、ギャップの部分にはスペアのワイヤーを重ね継ぎ、電流が途絶えないよう工夫してある。断熱材には革ひも、ガラス瓶の首、トウモロコシの穂軸、チューブなど、身の回りのものを選んだ。(2) 鉄線の両端にはキーパッドがつないである。一方はノースセンター・ストリートの彼の自宅、もう一方は八〇〇メートル離れた友人宅にあって有刺鉄線を通じてプライベートな電信がやりとりされる。ミシガン州の冬は寒い。雪と氷に閉ざされれば、たとえ絶縁されていてもこの会話はできなくなる。フェンスに積もった雪が解けるころ、クロード少年がワイヤーを修繕すると、再び有刺鉄線を電流が流れるようになり、瞬時のやりとりは再開される。この通信のすごいところは、メッセージが暗号で送られることだ。

シャノンが少年だった一九二〇年代、およそ三〇〇万人の農民がこのようなネットワークを通じて会話を交わしていた。電話会社が採算割れの見込まれる場所には電話線を設置しなかったので、自前の送電網を作り上げたのだ。シャノンの単純な仕組みよりも優れたネットワークがフェンスづたいに音声を伝え、キッチンや雑貨屋が交換台を兼務した。しかし、ゲイロードのフェンスが面白いのは、かのクロード・シャノンの情報を運んでいたという点だ。

この少年は、どんな家庭から生まれたのだろう。

モノづくりの田舎の町で

クロード・シャノンの両親の結婚式について、〈オトセゴ・カウンティ・タイムズ〉には読者を当惑させる記事が掲載された。「シャノン家とウルフ家の婚姻が成立した。式は水曜日にランシングで執り行なわれたが、具体的な日にちは極秘にされている」(3)。記事によると、クロード・シャノン・シニアは町の誰にも知られずに結婚式を挙げた。

シャノンがこの町に越してきてから三年が過ぎた一九〇九年八月二四日、彼の家具店のドアにはつぎのような貼り紙がされた。「御用の方は、J・リー・モーフォードまでご連絡を」。その晩、シャノン・シニアは深夜列車に乗ってランシングを目指した。そこには、これから結婚するメイベル・ウルフの両親の家がある。「汽車の到着は一時間ちかく遅れたが、シャノン氏に不安な様子はなかった。誰にも気づかれずに町を抜け出せたことに大いに満足していた」と新聞は報じている。翌日六時、メイベルとの結婚式がひっそりと行なわれた。花婿が結婚式についての情報を隠したのは、パーティーの規模を抑えることが唯一の目的だったようだ。

平凡な結婚式に関する記事が新聞の一面を飾ったことから、ミシガン州ゲイロードがいかに小さな田舎町なのかよくわかる。だが、シャノン夫妻に限っては、結婚式の日取りが町中に知れ渡ってもおかしくなかった。二人はゲイロードの社会を華やかに彩る存在だったのである。ともに近所づきあいがよく、メソジスト派の教会でも積極的に活動していた。そして、ゲイロードのダウンタウンで有名なふたつの建物は、クロード・シニアの手によるものだった。郵便局と家具のショールームで、後者は上階がメソジスト派の支部になっていた。

クロード・エルウッド・シャノン・シニアは一八六二年にニュージャージー州オックスフォード

に生まれ、セールスマンとして各地を巡回し、ちょうど二〇世紀に入った頃にゲイロードにやって来た。この地で一旗揚げようと決心し、家具の販売と葬式を手がけるビジネスを買い取って、利益を上げるまでに成長させた。クロード・ジュニアがまだ少年だった頃、ゲイロードの人口はわずか三〇〇〇人、クロード・シニアは町の名士だった。教育委員会、貧困対策委員会、カウンティ・フェア実行委員会のメンバーで、葬儀屋を営み、フリーメイソンに所属し、イースタンスター（訳注／フリーメイソン会員の家族が入会を許された組織）のパトロンで、筋金入りの共和党員でもあった。

しかしなかでも最も重要だったのが、一一年間続けたオトセゴ郡の遺言検認判事だった。不動産をめぐる争いや小さな金銭トラブルを解決し、公証人を務め、地元の政治家や名士のようなことまでしていた。これらの奉仕活動は仕事の片手間に行なわれたが、あちこちで感謝された。一九三一年には、彼がこの町の住民になって二五年を祝して、地元紙がコラム二段抜きでシャノン・シニアのことを取り上げた。「最も公共心のある市民のひとりで……長年の努力が実を結び、商売で素晴らしい成功を収めた。その秘訣は優れた実行力と目的意識である」。しかしこの父親について、クロード・ジュニアが多くを語ることはなかった。賢い人であることは認めるけれども、と少し距離を置く物言いをした。「時々エレクターセット（訳注／建築現場のクレーンや鉄骨を模した組み立て玩具）(4)の組み立てを手伝ってはくれたが、科学についてなにか教えてくれたということはなかったね」。クロードが高校を卒業するとき、父親はすでに六九歳。遅くなってからの息子だったのである。

母親のメイベル・ウルフはクロード・シニアの二番目の妻で、結婚したときは二九歳。当時の女性としては晩婚だが、夫より一八歳も年下である。一八八〇年九月一四日にランシングで移民二世として生まれた。父親はドイツからの移民で、南北戦争では北軍に志願して狙撃兵として戦って生き延びたが、メイベルの誕生を待たずに亡くなった。彼女は最後の子どもだった。未亡人となった母親は、見知らぬ土地で六人の子どもたちを女手ひとつで苦労して育てた。当時、ミシガン州のような田舎では、大学を卒業する女性はほとんどいなかったが、メイベルは違った。担当教授たちからの「輝かしい推薦状[5]」を携えてゲイロードにやって来ると、教養と独立心を備えた女性にとってはめずらしくない職業に就いた。教師である。

やがてメイベルはゲイロード高校の校長を七年間務めた。誰に聞いても、彼女は精力的でエネルギッシュな教師であり、管理能力にも優れていた。同校では初めての女子バスケットボールチームをコーチして、ユニフォームや遠征の費用を調達した。彼女はプライベートな生活でも多くの活動をこなした。地元ではちょっと知られた歌手でありミュージシャンであったし、図書館委員会とピシアス騎士会女子部[6]に所属し、ゲイロード郷土研究会の会長を務めていた。赤十字やＰＴＡでボランティア活動にも精を出し、さらに町の行事や葬式で美声を披露した。

ミシガン州北部中央台地の中心に位置する町ゲイロードは、ミシガン中央鉄道の従業員の名にちなんで名づけられた。この鉄道は、同じように人里離れた多くの町を経て、地域のハブとして成長著しいシカゴへとつながっていた。ゲイロードの地形と気候は森の成長には理想的で、それが町の運命を決定づけた。

樹木の存在は木材産業を引き寄せた。白松や広葉樹などの豊かな森林資源を育む厳しい気候に、最初の訪問者や住民は勇敢に立ち向かった。気温は氷点下まで下がり、湖水効果の影響で大雪に見舞われる環境は生半可ではない。しかしそれが、住民のあいだに高い道徳心を育んだのだろうと地元の郷土史家は結論し、こう述べている。「[ミシガン州北部の]開拓者が家を確保して住環境を整えるための苦労は、並大抵ではなかった。それが何事にも前向きな姿勢につながり、優れた個性として受け継がれた。男女ともに強くて独立心に富み、正直で何事にも意欲的で、善悪をわきまえ、非の打ち所がない(7)」。

クロード・シニアとメイベルのあいだには一九一〇年に娘のキャサリンが、一九一六年には息子のクロード・ジュニアが誕生した。こうしてふたりが親になった頃には、すでに開拓者の時代は幕を閉じていた。町の限界も産業も確立され、ゲイロードは農業と林業、それに多少の軽工業で知られるようになった。鉄道路線が枝状に広がっていくと、ゲイロードは主要な線の乗り継ぎ駅、ひいては郡全体の中心地として発展した。メインストリートには銀行や会社が突然現れ、人口は増加して町の中心部に集中した。しかしゲイロードは都市というよりも、モノづくりをルーツとする村の面影を残していた。いまなおテンピンズがさかんで、そりや、材木を輸送する大きな車輪が使われていた(8)。

機械いじりの遺伝子

天才の伝記は、スパルタ式の子育てのストーリーから始まることが多い。ベートーベンの父親は、息子を厳しく育てて神童に仕立て上げた。ジョン・スチュアート・ミルの父親は、まだ三歳の息子にギリシャ語を叩き込んだ。ノーバート・ウィーナーの父親は、十分な時間をかけてじっくり仕込めば、ほうきの柄でも天才にできると世間に言い放った。「ノーバートはいつでも、自分をほうきの柄のように感じていたよ(9)」と、同年輩の知り合いは後に語っている。

これらの天才たちと比べれば、シャノンの子ども時代は平凡だった。幼少期に両親から耐え難いほどのプレッシャーを受けた兆候は認められないし、かりに早熟の傾向を見せていたとしても、地元紙で記事になるほどではなかった。家族のなかで目立っていたのは姉のほうだ。学業はとびきり優秀で、ピアノも弾けて、数学パズルをせっせと手作りしては弟に解かせていた。「ゲイロードで最も人気のある少女のひとり[10]」と地元紙に取り上げられたこともある。「姉は模範的な学生で、とても真似できなかった[11]」とシャノン自身認めている。そもそも数学に興味を持ったのは、姉に対する対抗心のようなものがあったかもしれないと彼は言う。数字に対する姉の才能に刺激され、同じものに関心を抱いたのである。

数学に興味を惹かれた背景に姉への対抗心があったことは事実だが、数学が純粋に楽しかったからだとシャノンは語っている。「誰でも勉強しやすいものに興味を持つものだよ[12]」。

シャノンは科学は好きだったが、事実は嫌いだった。厳密に言えば、ルールに当てはめられず、原則を導き出せないような事実を嫌った。特に化学の学習は忍耐を強いられたようで、「いつも少々退屈でした。個別の事実があまりにも多く、一般的な原則が少なすぎて、僕の趣味には合いませんでした[13]」と、後に科学の教師に手紙で打ち明けている。

少年時代の才能は、機械に向いていた。クロード少年は、模型の飛行機のラダーやおもちゃの船のプロペラシャフトを何時間でもじっと見続けるような子どもだった。町でラジオが壊れたと聞きつけると、進んで修理を引き受けた。

一三歳のとき、ボーイスカウト大会に参加して、手旗信号コンテスト二級の部で一等賞を勝ち取ったことがある。[14] モールス符号を体で表現する技を競うコンテストで、クロード少年は誰よりも速く正確に表現できた。ヒッコリーで作られた長いポールに結ばれた色鮮やかな赤い旗を動かしながらモールス符号の情報を伝える。平凡な信号手は旗を動かす前に考えてしまうが、クロードのように優秀だと、まるで機械が埋め込まれているかのように動きに無駄がない。ポールを右に動かせば短点、左に動かせば長点、短点と長点が続くときはそのまま、といった形で、符号化された情報が伝えられる。その様子はまるで人間電信機のようだった。

こうした才能はおそらく隔世遺伝だったのだろう。祖父のデイヴィッド・シャノン・ジュニアは、米国特許番号四〇七一三〇を取得した優秀な発明家で、洗濯機に取り付ける「汚れた沈殿物や排水」の排出用レシプロプランジャーやバルブを開発した。祖父は一九一〇年、孫の誕生よりも六年早くこの世を去ったが、祖父の機械いじりの才能を受け継いだ少年にとって、家系図のなかに本格的な発明家がいることはちょっとした自慢の種だった。

孫は、機械いじりの遺伝子を受け継いだ。「子どものときは、色々なものを組み立てたよ。機械をいじるのが好きでね。エレクターセット、電気機器、無線機。ラジコンの船も作ったな」[15] とシャノンは回想している。当時シャノンの親友だったロドニー・ハッチンズの妹、シャーリー・ハッチンズ・ギッデンは、兄とシャノンのことを振り返ってこう語っている。「ふたりはいつも何かたくらんでたわ。どれも害のないものだったけれど、すごく独創的だったの」[16]。ある実験のことをよく覚えているという。ハッチンズ家の納屋のなかに、ふたりの少年は即席のエレベーターを取り付けた。その実験台として、最初にエレベーターに乗り込んだのがシャーリーだった。手作りにしてはよく出来ていて、シャーリーの運もあるだろうが無事に降りられた。ほかにも見事な仕掛けはたくさんあって、ハッチンズ家の裏庭にはトロリーが走り、有刺鉄線を利用した電信装置もあった。「ふたりはいつも何かしらこしらえていたわよ」とシャーリーは語る。

意外ではないが、クロード少年はトーマス・エジソンを崇拝した。しかも、エジソンとクロード・シャノンが似通っているのは偶然ではない。ふたりには共通の先祖がいるのだ。ジョン・オグデン[17]という清教徒の石工で、イギリスのランカシャーから海を渡ってきて、製粉所やダムの建設にたずさわった。彼は弟と一緒にマンハッタンで最初の常設の教会を建設したが、その三世紀後に、子孫のクロード・シャノンが情報時代の土台を築くことになったオフィスはそこから三キロほどしか離れていない。

マンハッタン島の南端の、フォート・アムステルダムのすぐ近くに建設された教会は、一六四四年の春に完成した。ゴシック様式で、木製の屋根は雨風にさらされて時間と共に青みを帯び、もっと高価なスレートで葺いたような印象を受ける。石切り場での作業から風見鶏の設置までいっさいの計画を立てたオグデンは、痩身で鷲鼻が目立ち、頑固な性格だった。発見からまもない新世界の建設に貢献した移民のひとりだ。

私たちのほとんどは、理想の人物を選ぶ条件がそれほど厳しくない。候補として考えられるたくさんの英雄のなかから、結局は自分との類似点を備えている人物を選び出す。おそらくそれは、クロードと遠縁のエジソンの場合にも当てはまるだろう。理想の人物として身内を尊敬できるのは幸運である。しかし彼はそれだけでなく、滅多にない強運の持ち主だった。

2 工学か数学か

数学と科学とラテン語はA、それ以外の科目はBがちらほら。そんな成績表と一緒に提出される願書には必要事項が記入されているが、間違った文字は無造作に棒引きされている。高校生のクロードがこのふたつをミシガン大学に提出した年、姉は同じ大学を卒業した。無事に合格し、彼が初めて目にしたアナーバーは、見たこともない大勢の人であふれていた。

大学のあるアナーバーは、同じミシガン州の都市ではあるが、ゲイロードからは南東に三一三キロ離れたところにある。険しい丘陵と渓谷が連なる町で、その連なりを遮断するかのように、ぬかるんだ土手が点在している。町の中心には、勾配の緩やかなヒューロン川がゆったりと流れている。このヒューロン川のおかげで、アナーバーは工業都市として発展した。川べりのところどころに建設された製材所や製粉所は、地域経済の原動力になった。大量に押し寄せる移民の大半はドイツ人だが、ギリシャ、イタリア、ロシア、ポーランドなどからも移民はやって来た。民族ごとの絆は深く、それぞれの教会が、閉鎖的な社会集団への帰属意識の拠り所となった。二〇世紀のはじめには、アナーバーの人口の半分を外国からの移民かその子どもが占めるようになっていた。

そのせいか、町には抑えがたい楽観主義が満ち満ちていた。やがて大恐慌やふたつの世界大戦に見舞われることになる世紀が始まったばかりの一九〇一年、〈アナーバー・アルゴス・デモクラット〉紙は、「新しい世紀は間違いなく最高のものになるだろう。人類は、かつてなかったほどの豊かさを経験するはずだ(1)」との宣言から始めた。一九二九年一〇月に株式市場が暴落したときも、〈アナーバー・デイリー・ニューズ〉紙は株価の大幅な下落ではなく、一時的な回復についての記事を掲載した。一九二九年一二月、三〇〇億ドル以上の富が消滅し、銀行が債権回収に走り、製造業が深刻な打撃を受けたあとでさえ、アナーバー市長のエドワード・ステーブラーは意気軒昂で、地域の住民に対して、景気は回復して町は嵐を乗り切るだろうと言い切った。

一九三二年の大統領選挙の際、アナーバーの選択はミシガン州のなかでも異色だった。この選挙でフランクリン・ルーズベルトはミシガン州をはじめ四二の州で圧勝したが、アナーバーだけはハーバート・フーバー支持を貫いた。〈デイリー・ニューズ〉紙の社説は景気がまもなく回復すると強調し、不況の責任をフーバー大統領に押しつけないようにと有権者に呼びかけた。アナーバーの地方議会ではフーバーと同じ共和党議員の勢力が強く、大統領の影響力が妨げになるどころか役に立つ、数少ない場所のひとつだった。

アナーバーの町と同様、ミシガン大学も穏やかな自信に満ちていた。一九三一年、学長のA・G・ルスヴェンはこう語っている。「私は落胆などしていない。金銭的に苦しくなったのは事実だが、組織に一定の変更を加えれば、いつまでも利益がもたらされるだろう(2)」。しかし、クロード・

シャノンが一九三二年の秋に入学した頃には、楽観的な姿勢は消滅していた。財政が破綻した結果、アナーバー最大の雇用主として地域経済を牽引してきたミシガン大学は、新入生の人数を減らし、かねてより計画中の建物の建設を中止して、職員の給与を一〇パーセント削減せざるを得ない状況に追い込まれた。

工学部人気の高まり

しかし、シャノンにとってはこの入学のタイミングは幸いだった。二〇世紀に入って、ミシガン大学では工学系のカリキュラムの内容が一変したのだ。入学があと一〇年か二〇年早かったら、その恩恵に浴することはなかっただろう。

モーティマー・クーリー学部長が並外れた経営手腕を発揮したおかげで、工学部の「入学者数は……三〇人未満から二〇〇〇人以上に増加した。三人の講師でいくつかの講義を掛け持ちしていたのが、いまや一六〇人以上の教授やスタッフが一〇〇以上の講義を受けもつ。一七二〇平方フィートの仮設校舎の代わりに、五〇万平方フィート以上の敷地に設備の充実した校舎が登場した[3]」。工学部の学生の人数は、医学部や法学部さえ上回るようになった。同大学で最大の文学部の入学者数を超えそうになると、クーリー学部長は興奮を隠せなかった。「特徴的な含み笑いを浮かべ、［ハーヴェイ・ゴールディング教授に］大声でこう語りかけた。『やあゴールディング。まもなくお宅を追い越しますからね[4]』」。物腰が洗練され、あちこちでキャリアを積み重ね、政治経験も豊富なクーリーは、そもそも海軍の教授として派遣されてきた人物で、蒸気工学と造船が専門だった。後に海軍から退役を認められると、ミシガン大学から正式に教授の職を提供されたのである。

一八九五年、当時工学部の学部長だったチャールズ・グリーンは、増加し続ける学生を収容するための新校舎建設の計画立案を命じられた。そこで彼は、五万ドルの予算で小さなU字型の校舎案を提出して認められる。しかし建設が始まる前に逝去したため、クーリーが後任として学部長を引き継いだ。そして前任者の計画とそのための資金案に関して意見を求められると、つぎのように答えた。「いいですか、われわれの競争相手となるほかの工学カレッジを見ていただきたい。そうすれば、一瞬のためらいもなく二五万ドルを投じる気持ちになるはずです」[5]。自信たっぷりでも偉ぶらない態度は理事たちの心を動かし、彼の要求はすぐに認められた。

一九一三年に行なわれた工学部の一般公開では日頃の成果がこれでもかとばかりに披露され、催しはさながら万博のようだった。一万人が施設の見学に訪れ、最新技術の素晴らしさに目を見張った。電気技師は当時まだ最新式の無線システムでメッセージを送る様子を実演した。機械技師も様々な方法で「来場者を驚かせた。一分間に二万回も回転する紙で木を切ったり、液体空気のなかで花を凍らせたり。あるいは、二本の細いワイヤーだけでボトルを支え、しかもそのワイヤーからは水がとめどなく流れ続けたが、その謎の解明はまず不可能だった」[6]。ほかには、中身を詰めた魚雷が二本と大型の大砲二台が展示された。そして「開塞信号システムを備えた完全な電気鉄道」に乗ってデモンストレーションを見学して回ることもできた。「外からの訪問者にとっても平均的な学生にとっても、キャンパスのなかでも工学部の一角は、医学部とほぼ同じぐらい魔法みたいに見えた」という。

工学部の拡張を目指したクーリーのプロジェクトは、大学の必修教育プログラムにも変化を引き起こした。シャノンが誕生する八年前には、無線電信と電話の理論を教える講座が開設された。無線通信の訓練を受けたエンジニアに対する商業的ニーズが高まりつつある状況に応えたものだ。工学部のカリキュラムは多彩になり、ほかの分野にもまたがり、学問のあいだを隔てる境界線は曖昧になっていった。後にシャノンが数学と工学のふたつの分野で同時に学位の取得を目指し始めた頃には、ふたつのカリキュラムはひとつに統合されていた。

　複数学位の取得を目指したのは、具体的なキャリアプランがあったからではない。単に、若さ特有の優柔不断が理由だった。「どちらのほうが好きなのか、自分でも本当にわからなかったんだ[7]」と回想している。ふたつの学位を同時に取得するのはそれほど面倒ではなかった。「カリキュラムの多くは重複していたから、かなり簡単だった。ふたつ余分に講座をとって、サマースクールに参加すれば、だれでも学位を取れたと思うよ」とシャノンは語っている。このような形で通信工学を体験してみて、理論と実践が混じり合っているところが「自分の趣味に合う」と彼は感じた。「工学といってもいろいろあるけど、いちばん数学的なところが気に入った」のである。

ミシガン大学入学時のクロード、17歳。Photo: Nercrology files, Bentley Historical Library, University of Michigan提供。

　学生のあいだで複数学位はめずらしくなかったが、シャノンの場合は生涯を通じての優柔不断な性格ゆえ、特定の分野に的を絞りきることができなかった。しかしそれが結局、後の研究にとって重大な意味を持つようになった。モノづくりが好きな学生は、工学の学位を取得するだけで十分だろう。理論に興味を惹かれる学生は、数学だけ学べば満足できるかもしれない。しかしシャノンは数学と機械のどちらにも関心があって、どちらか一方に決められなかった。ふたつの分野のトレーニングを受けたことが、後の成功に不可欠な要素になったのである。

ささやかな出発

クロードは、キャンパスでは目立たない学生だったが、パイ・カッパ・ファイとシグマ・カイのふたつの学校友愛会の会員に選ばれたのだから、決して平凡な学生ではなかった。一九三四年の春には一七歳で、〈アメリカン・マセマティカル・マンスリー〉の一九一ページに名前がはじめて掲載された[8]。とはいっても、数学パズルの解答投稿者としてであった。「大学の数学で最初の二年間に普通に学ぶ方法だけを使って、新しい問題を解き明かすことが条件だった[9]」。このジャーナル誌は重量感のある論文や書評が中心で、投稿者の解答は後ろのほうのページに小さく掲載される程度だ。それでもささやかな成功にシャノンは元気づけられ、翌年にも投稿して再び掲載された。

クロード青年はこのようにして、身に着けた知識で外界とつながることに喜びを覚えた。二回も投稿したのは、公の場で同年代の学生よりも目立ち、年長の学者から注目されることの重要性をうすうす理解していたからかもしれない。そもそもこのようなジャーナル誌を愛読していたことが、純粋学問への関心の高さを物語っている。投稿が採用されたのだから、非凡な才能の持ち主だったのだろう。そして何よりこれは、将来の進路への希望を暗示している。授業や大学生活の合間に数学の問題を研究し、解法を見つけて投稿したのは、家業の家具販売業以外のキャリアをすでに思い描いていたからかもしれない。

シャノンの新しい人生は、タイプされたカードが工学部の掲示板に張り出されたことで本格的に始まった。それはアメリカ東部で、人工頭脳の構築を手伝う人材の募集だった。彼は一九三六年の春にこのカードに注目した頃、大学卒業後の進路について思案中だった。[10]マサチューセッツ工科大学の大学院生として微分解析機開発の助手を務める仕事は、方程式と組み立て作業に、すなわち頭脳労働にも手作業にも興味を持つ若者にとって理想的だった。「就職活動を頑張って、うまく採用された。本当にツイていたよ[11]」と後にシャノンは語っている。たしかに幸運だったかもしれないが、採用されたのはそれだけが理由ではない。シャノンのその後の人生とアメリカ科学界の針路を決定づけた人物に、人を見る目があったおかげだ。その人物とは、ヴァネヴァー・ブッシュである。

3

部屋いっぱいの特大の頭脳

早すぎた発明

現代のコンピューティングの起源を探るとしたら、一九一二年のボストン北西、ウォルナット・ヒルから始めるのも悪くないだろう。この地で、芝刈り作業でもしているような厚着の男が、機械を押しながら傾斜のある草地を上っていった。彼は一息つくと、粒子の粗い写真におさまるためにポーズをとった。手をその機械の上に置き、仕事の成果を眺め、顔は正面を向いていない。白黒写真のなかの芝生は白く、身に着けているツーピースのスーツは黒、機械も黒い。この写真を見れば、作業の目的が芝の手入れではないことは、すぐに察しがつくだろう。長く伸びた芝はそのままにされ、芝刈り機の刃があるはずの場所は空の箱になっていて、前後の車輪のあいだに括りつけられている。

大学四年生の最初の発明は失敗に終わった。期待通りに動いたものの、発明した二二歳の若者以外は、ほとんど誰も興味を持たなかった。箱のなかには振り子がぶら下げられ、後ろの車輪を動力とする円盤状の装置が取り付けられていた。この円盤にはふたつのローラーが乗せられていて、ひとつは垂直距離を測定してペンを走らせるためのもの、もうひとつは水平距離を測定し、下にあるロール紙を回すためのものだ。実はこの装置は測量マシンで、土地測量チームの仕事を奪うことが目的だった。望遠鏡と三角法に頼る従来の方法では、三人で作業しても一日で測量できるのはおよそ五キロメートル。一日の終わりにはデータ表をまとめ、踏破してきた土地の横断図に変換する。ところがこの大学四年生によれば、ひとりでほぼ三倍のスピードで作業を進められるという。途中の面倒な工程を省き、いきなり断面図を作成するのだ。プロファイル・トレーサーと名づけられた機械のなかでは、土地の地形がロール紙にインクで描かれていく。機械の作業は非常に正確で、「マンホールの蓋の上を走らせても、滑らかな動きにはほとんど影響がなかった(1)」。

この機械は特許を与えられ、発明者はそれによって学士と修士を同時に獲得したが、成果はそこまで。あちこちの企業に働きかけたが、一台も売れず、特許ライセンスの要請すら一件もなかった。愛想のない手紙に返事はなく、売り込みのためのミーティングはすぐに打ち切られた。かりにこの学生がすごい予知能力の持ち主で、「いいですか、あと二〇年もすれば、この芝刈り機のような機械と同じ仕組みで、人類がこれまで見たことがないような考える機械が動かせるのですよ」と仮説を披露しても、何を言っているのか理解されなかっただろう。その言葉に嘘はなかったのだが。

黒いスーツの男の名はヴェネヴァー・ブッシュ。この写真から彼のキャリアはスタートした。ヤンキーホエーラーズと呼ばれる捕鯨船団の船長だった曾祖父と祖父を持つ彼は、好戦的で気が短かった。非常に発音しにくい名前を与えられたため、周囲の人たちからは「ヴァン」とか「ジョン」

と呼んでもらいたがった。このときまだ本人には想像できなかっただろうが、二二歳の発明家は長じてアメリカで最も影響力のある科学者になる。

後に彼は部屋全体を占めるほど大きな手作りの人工頭脳の研究を取り仕切り、歴代大統領の顧問を務める。第二次世界大戦のあいだは国中の科学者たちを指揮し、敵への思いやりはいっさいなかった。かつて測量技師たちの三分の二の職を奪おうと考えたときと同様だ。〈コリアーズ〉誌からは「戦争に勝つか負けるか、どちらかしか考えない人間」、〈タイム〉誌からは「物理界の将軍」と呼ばれた(2)。

そして輝かしい成果のなかでも特筆すべきは、クロード・シャノンの才能を正しく評価した最初の人物だったことだ。

微分計算という重労働

「たとえば、リンゴが木から落ちたとしよう(3)」。二〇年後、MITの工学博士であり副学長でもあるヴァネヴァー・ブッシュはそう切り出し、高校物理の例を黒板に書き出すところから講義を始めた。数学に関する頭脳はそこそこで、「四番目か五番目のレベル」だと自認している。しかし、手を使う作業では優れた才能に恵まれていた。優秀な教え子のクロード・シャノンと同様、物心ついたときから地下室で機械いじりに夢中だった。そして大人になってからは、木や金属を材料にして、いくら働いても疲れない人工頭脳の製作に多くの時間を費やした。ある意味、この人工頭脳の性能は製作者の頭脳を上回るほどで、シャノンが最初にブレークするきっかけにもなった。

「さて、このリンゴについてわかっていることは」とヴァネヴァー・ブッシュは続けた。「何よりまずは、加速度が一定であることだろう」と、落下するリンゴの毎秒ごとの位置を黒板上に点で記した。「しかしここで、落下物に空気が与える抵抗を含めたらどうだろう。方程式に条件がひとつ加わるだけで、正しく解くのは難しくなる。しかし機械を使えば苦労しない。電気系や機械系のガジェットで方程式の項を表現し、これらの要素を結びつければ、あとは機械が仕事をやってくれる」。

物理の概念である真空中をリンゴが落下する場合を考えるのであれば、紙と鉛筆だけで落下速度を計算できる。しかしリンゴが現実の世界で空気中を落下する場合には、ガジェットの助けを借りなければならない。このような違いはあるが、どちらの落下速度の計算も微分方程式を使えばよいとブッシュは強調した。刻々と変化する値を割り出すために、微分方程式は欠かせない。ではまず、リンゴがアイザック・ニュートンの頭に落下するところを想像してみよう（重力の法則を定式化した人物が、微分積分法の共同発見者であるのは偶然ではない。時間の経過に伴う変化を導き出す方程式がなければ、重力を理解することはできない）。真空状態では、リンゴは秒速九・八秒で落下を始め、毎秒加速して、最後はニュートンの頭を直撃する。

つぎに、リンゴが野外でニュートンの頭に落ちるとしよう。もちろん重力は変わらない。しかしリンゴの落下速度が上がるほど、それを押し戻そうとする空気の抵抗は大きくなる。したがって、リンゴがどれだけ加速するかは、スピードを速めようとする重力と遅らせようとする空気抵抗のどちらにも影響されるわけで、そうなると、一瞬ごとに変化するリンゴの速度に左右されることになる。こういう問題を解くためには、普通以上の頭脳が必要なのだ。

動物集団は、どれくらいの速度で増殖し崩壊するのか。放射性ウランが崩壊するまでには、どれくらいの時間がかかるのか。磁力はどのくらいの距離まで届くのか。太陽の巨大質量は時空をどれだけ歪めるのか。こうした疑問に答えるにも、微分方程式を使わなければならない。

ブッシュと電気工学科の同僚たちは、国の電力供給網がどれだけの電圧に耐えられるのかという問題に特に関心を寄せていた。全米に電力を供給するために要する予算と労力を考えれば、これは膨大な金銭が絡む問題だった。一九二〇年代、ひとつの州からべつの州に電力を伝送するのは「長い弾性ケーブルを、限界ぎりぎりまで引き伸ばして車を牽引するようなものだった[4]」と、ブッシュの教え子のひとりが回想している。このような条件下では、漏電や突然の電気負荷上昇など、いかなる事故が発生しても牽引ケーブルは耐えきれずに切断されてしまう。一九二六年までには、ケーブルの切断点を予測する方程式がエンジニアによって発見されていた。問題なのは、この電力の方程式を解くために、エラーが発生しやすい作業に長い時間を費やさなければならないことだった。微分計算を手で行ない、その結果を手でグラフに書き出し、数学者が利用するプラニメーターを使って面積を測定する。そのうえで、面積の数字をさらにべつの方程式に当てはめていく。これだけの作業を朝から始めても、終了する頃には日がとっぷり暮れていた。

微分方程式が役に立つ場合――黒板にチョークで描かれたリンゴではなく、現実のリンゴの落下速度を求めるなど――のほとんどは、まさに同じような克服不可能な問題を抱えていることがわかった。公式や近道があるわけではなく、試行錯誤や直感や運に頼らなければならない。確実に解を求めるには、すなわち電力供給網や電話網といった産業関連の問題や、宇宙線や素粒子など高度な物理の問題解決に微分方程式の力をうまく活用するには、別次元の知性が必要とされたのである。

初期の微分解析機

このような人工頭脳の探求は、ブッシュが教え子たちと作業に着手し始める二世代前から始まっていた。電気供給網の安定が大きな課題になるずっと以前から、昔ながらの問題の解決に必要とされてきた。それは海洋潮汐の予測である。船員にとって、いつ入港し、どこで操業するか、さらにはいつ侵略を始めるかを決めるには、潮流に関する知識が重要な役割を果たした。小さな漁船なら経験や勘を頼りにしてもよいが、一九世紀の鉄製の蒸気船には、もっと正確な情報が必要とされた。ただし、高潮線を眺め、潮位が同じ位置に来るのを待つだけでは、正確な情報は得られない。ニュートンの事例で紹介した空気のない世界のようなシンプルなモデルならば、月や太陽が毎日決まった時間に海水を引っ張る点にだけ注目すればよい。しかし現実の世界では、どの海岸線にも独特の形状があり、どの海底にも見えない傾斜が存在する。シンプルなモデルに頼るだけでは混乱が生じる。神の目から見れば潮汐には法則が存在するのかもしれないが、地上の視点からすると、その地域の限定的なルールしかない。

しかしニュートンから半世紀後、数学者は新たな事実を発見した。株価から潮汐表にいたるまで、一見すると無秩序な変動のほとんどは、ずっと単純な関数に分解し、その和として表すことが可能で、波にもたしかに同じパターンの繰り返しがある。無秩序のなかに秩序が隠されていたわけで、言うなれば無秩序とは、同時発生した何種類もの秩序がお互いに自己主張し合っている状態なのだ。では、どのようにすれば潮汐に秩序を見出せるのだろう。

機械を使えばいいと、一八七六年、ウィリアム・トムソンが提唱した。魔法使いのようなあご髭を生やしたこのスコットランド系アイルランド人物理学者は、後に爵位を授けられケルヴィン卿と名乗ったが、その名は研究所の近くを流れていた川に由来する。彼がケンブリッジの学生だったときのこと、卒業試験の試験官だった教授が同僚に身を乗り出してこう囁いた。「この学生の作家気取りをわれわれで修正してやろう」[5]。トムソンは学生時代から、アレクサンダー・ポープの詩の以下の一節を座右の銘としてきた。「さあ、素晴らしい生き物よ！　科学に導かれるまま登ってゆけ／地面を測量し、空気の重さを計り、潮の流れを解明するのだ」[6]。ポープが人類全体に向かって語りかけたことは間違いないが、トムソンが素晴らしい生き物とは自分のことだと勘違いしたとしても、責めることはできない。

潮汐の問題に関するトムソンの解決法は、ブッシュの芝刈り型測量機のプロセスの逆バージョンだった。測量機は地面の凹凸についてのデータを読み取り、時にはマンホールの蓋についての情報までデータに含め、それを出力してグラフを作成した。これに対し、トムソンが兄弟と一緒に発明して調和解析器と名づけた潮流予測機では、入力情報がグラフになる。計算機は細長くて蓋のない木の箱で、八本の脚に支えられ、内部からはスチールのポインタと手動クランクが突き出ている。この機械の前に立ち、潮位の変化ならびに干満の月次データをまとめたグラフを右手に持ったポインタでトレースする。同時に左手でクランクを絶え間なく回すと、油を塗ったギアが箱のなかで回転する。箱の内部では、一一個の小さなクランクがそれぞれ異なるスピードで回転し、その各々が、無秩序な潮汐を構成する単純な関数をひとつずつ特定していく。最後に各ゲージには、平均潮位、月の引力、太陽の引力など、一一の小さな数字が表示される。原則として、すべての作業は人間がメモを取りながらつぎつぎ実行していくことができるが、「きわめて秩序だった計算なので、機械にやらせるほうがいい」とトムソンは言った[7]。

確かにその通りだった。打ち寄せる波から方程式を導き出してみると、潮汐表はもはや過去の記録だけでなく、未来予測にもなっていた。表からグラフを作成し、グラフを調和解析器にかけたら、そこで読み取られた数字をトムソンのつぎの発明品に情報として入力する。それは一五の滑車を持つ機械計算機で、衣裳部屋ほどの大きさがあった。この機械がペンとインクを使い、翌年の潮位レベル予測グラフを作成していく。一八七六年には、この潮汐予測機は今後一年間の推移に関する正確な情報を引き出すために四時間を要したが、一八八一年には、所要時間は二五分に短縮された。

この機械はとりあえず採用されたものの、そのまま埃をかぶった。一八八一年の時点でも、機械を使って実用的な方程式の解を得ることへの関心はほとんどなかったのである。当時は、限られた範囲の仕事しかできない装置を大量につくるよりも、事務員に給料を支払うほうが賢明だと考えられていた。またトムソンの同僚の数学者たちは、自分たちの仕事の一部が自動化され、工場労働者の手作業のように簡単に行なわれる場面を想像して気分を害したかもしれない。しかし何よりも問題だったのは、トムソンは用途の広い問題解決装置を考案したとはいえ、肝心な要素が事実上欠落していたことだ。世界大戦が始まってようやく、欠けている部分を補うための研究には弾みがついた。

ではここで、船が潮の流れに乗って港に入ってくるところではなく、大型の戦艦が荒れ狂う海で揺れているところを想像してほしい。艦砲は、一五キロメートル以上離れた目に見えない動く標的に向けられている。二隻の軍艦のあいだで行なわれる海戦では、最後の最後までお互いの姿を見ることができない。これだけの距離があると、波による上下動、発射物が進む軌道上の空気密度、地球の曲率、さらに榴弾が飛行している間の地球の自転といったすべての要因の影響を受けて、榴弾が水中に落下するか標的に命中するかが決まる。しかも、これらの要因のひとつひとつが微分方程式の変数となる。距離を隔てて行なわれる海戦は単純な銃撃戦ではなく、数学のレースだと言ってもよい（このレースでは二等になれば、大体は水中の墓場行きだ）。一九一六年、第一次世界大戦で最大のユトランド沖海戦が行なわれたとき、イギリスの軍艦では一隻を除き、人間の手で砲弾の狙いが定められたが、命中率はわずか三パーセントで、六〇〇〇人以上の命が失われた。そのため急遽、信頼性の高い方程式解読機に、コストをかけて開発する価値が生じたのである。

トムソンの研究に不足していた部分を補ったのは、ニューヨーク州北部出身のハンニバル・フォードという機械技師だった。彼が最初に始めたのは時計の分解だったが、やがてタイプライターを手がけるようになった。大学生のトムソンはポープの英雄対句をモットーとして選んだが、コーネル大学の年鑑のフォードのページには、つぎのようなもっと現実的なモットーが書かれている。「僕の夢は、どんなものでも従来の方法で実行できる機械を組み立てることです」(8)。そんな彼が一九一七年までに組み立てた機械によって、微分方程式の解法の重要なステップは自動化された。この機械は積分、すなわち曲線（飛行中の砲弾が描く曲線も含む）の下の面積を求めることができた。エレクトロニクスの時代が始まるずっと以前から、積分の計算は機械で行なわれていたのだ。アメリカ人の船乗りから感謝を込めて「ベビーフォード」と名づけられた積分器は、平らな回転盤の上にふたつのボールベアリングが取り付けられている。どちらも回転盤の表面を自由に動き続けるが、中心から離れるほどスピードは速くなる。そして中心からの距離は方程式の曲線、ベアリングの回転速度は方程式の解に該当した。ボールベアリングと一緒に回転するシリンダが機械の他の部分を作動させると、方程式の解すなわちベアリングのスピードに関する情報が、ギアとゲージを介して砲手のもとに伝えられる。そのうえで、自船や敵船の速度や針路などの情報をベビーフォードに入力すれば、標的までの距離や射撃の方向、砲弾が空中を飛来する時間などが割り出され、銃を向ける角度についての指示が与えられる。

このような機械を想像したのはハンニバル・フォードが最初ではなかった[9]。しかし彼の機械は、積分に関する信頼できる情報を提供する装置の先駆的存在だった。波や炸裂する砲弾で大きく揺れる船の甲板の下で、積分器は大活躍した。もしもボールベアリングが軌道から外れて機能しなくなれば、船員たちは小型望遠鏡と直観に頼っていた時代に逆戻りしてしまう。「驚くほどの正確さと完成度だった[10]」とヴァネヴァー・ブッシュは語っている。しかしまもなくブッシュは、六つのボールベアリングを同時に動かすようになった。しかもそれは銃を向ける角度を決定するだけでなく、原子の形状や太陽の構造を探るためにも使われた。

アナログコンピュータの誕生

トムソンの調和解析器、フォードの積分器、そしてブッシュのプロファイル・トレーサーの三つは、それぞれ単一の目的を達成するために別個に考案された機械で、ある特殊な問題の解を求めることに特化していたが、それでも重要な資質を共有していた。丘の斜面や砲弾の落下など物理世界の本質をシンプルな形で表現した、実用的なモデルだったのである。記述すべきプロセスから骨組みだけを抽出して一種のミニチュアを作ったもので、言うなれば原型のアナログ（類似物）だった。しかし、ヴァネヴァー・ブッシュはアナログ計算機を汎用機械として大きくレベルアップさせ、単なる機械から人工頭脳へと飛躍する可能性を開いた。ところがクロード・シャノンという天才の思いがけない発見によって、アナログ計算機はまもなく時代の先端から追いやられてしまう。

後にブッシュは、トムソンやフォードの発明品が自分のコンピュータの先駆的存在だったと認めている。しかし、アメリカの電力網をラボのサイズに縮小する方法を求めて研究に取り組み始めた一九二〇年代半ばには、そうしたアナログの先祖たちの存在をほとんど知らなかった。では、どこから始めたのだろうか。

ある意味、出発点は教師業にあった。ブッシュは発明家であると同時に、MITの電気工学部が全米で高く評価されるようになった当時、若いエンジニアたちの指導教官だった。マサチューセッツ州ケンブリッジの秋、新年度が始まる大学の講堂はピカピカの新入生であふれる。みなズボンをきれいにプレスし、髪をきれいに整えて着席しているが、まもなくブッシュに自尊心をへし折られて愕然とした表情を浮かべることになる。ブッシュは書見台の前に立つと、単純なパイプレンチを持ち上げ、「これを説明しなさい」と単純な課題を出題する。

新入生はつぎつぎに挑戦するが、彼らが提案した説明はつぎつぎに却下される。どの定義も実に曖昧なので、どのレンチにも当てはまるけれども、目の前のレンチだけを対象にはしていないと、ブッシュは指摘する。そして最後に、このレンチの以下のような特許出願書をそのまま正確に読み上げるのだった。

> ナットを左または右に回すことによって、移動アゴ歯を植歯に近づけたり離したり、好きなように動かせる。移動アゴ歯の内側はレンチ本体と一定の角度が付けられており、その内歯と固定された植歯とではさんでパイプを締め付ける……移動アゴ歯が植歯に対して外側に傾いているので、ふたつの歯はパイプに容易に食い込んでいく……[11]

肝心なのは正確であること。レンチという固形体を、特許申請書で定められた書式で正確に説明し、読めば完璧に理解できるようにしなければならない。何種類かあるレンチのなかでもパイプレンチについて適切な言葉で表現し、それをもとに頭のなかで正しい形が再現されれば理想的だ。これは工学の初歩だと、ブッシュは学生たちに教えた。

同じ理由で、すなわち世界を厳密に記号化するため、すべてのエンジニアは製図の仕方を教えられた。純粋な数字は純粋数学者に任せておいて、エンジニアは手を使って数学を学ばなければならない。「のみややすりの使い方を習ううちに、微積法の使い方も覚えるものだ[12]」。これは二〇世紀初頭、工学の教育に現実的な傾向を取り入れるために貢献した改革者の言葉だ。この時代の数学の研究室は、「粘土、ボール紙、ワイヤー、木材、金属などのモデルや材料の品ぞろえが充実している[13]」うえに、ブッシュが誕生した頃に考案されたグラフ用紙も装備されていた。ブッシュが所属するMITでは、数学科と工学科は金属加工所や木材店の延長のような様相を呈しており、プラニメーターや計算尺の扱い方が得意な学生は、はんだごてやのこぎりの使い方にも精通していなければならなかった。エンジニアがステイタスに関する不安に執拗に悩まされる原因は、ここにあるのかもしれない。「自分は上司と下働き、管理職と労働者のいずれに当てはまるのか、頭脳労働の世界と手仕事の世界のどちらに所属するのか、常に確信できない状態におかれていた[14]」と、偉大な批評家のポール・ファッセルは語っている。しかし、抽象化という転換作業に正確さが備わっているかぎり、手仕事は頭脳労働でもあると確信できる。正確でさえあれば、方程式を把握したうえで図や動きを使って解き明かすことは可能だった。レンチの性能を正しい言葉でまとめ上げるときのように。

草創期のアナログコンピュータの構築にあたって、機械工と一緒に働いたブッシュは、手を使うだけでも微分法を十分に学べるものだと考えるようになった。ブッシュはこう説明している。「彼は微分法を機械の観点から学ぶんだ。変わったアプローチだが、きちんと理解している。理論を正式に理解しているわけではないが、基本は把握している。自然に身に着けているんだよ」

積分器を回したりギアを動かしたりしながら、ブッシュの機械は微分計算を具現化した。似たような機械が優秀なエンジニアと同じように、図面を入力されると、あとから図面を出力した。似たような機械がどこで実現してもおかしくないが、工学部で組み立てられたことは意外ではない。

一九二四年までには、ブッシュの研究室はフォードのものより作業効率を改善した積分器を組み立てた。電力供給網の安定化という問題の解決を目指し、一九二八年になると、四・六五平方メートルのラボのなかに、全長およそ三二〇キロメートルの送電線の模型が作られた。同じ年には、汎用アナログコンピュータ、すなわち微分解析機の開発が始まる。二万五〇〇〇ドルをかけて三年後には、部屋全体を占めるほど大きな人工頭脳が完成した。この金属製の計算機はモーター音もいさましく、昼夜を問わず何日もひとつの問題に取り組み続け、最後に解が出ると停止した。たとえば、地球の磁場が宇宙線におよぼす影響を測定するのに、ギアは三〇週間も回り続け、解析機は力ずくで、複雑な方程式を見事に解いた。人間の頭脳で挑戦しても不可能だっただろう。こうして素晴らしい計算能力を身に着けたブッシュの研究室は、産業関連の問題だけでなく、物理の根本的な問題の解明にも取り組むようになっていった。

「シャフト、ギア、文字列、そして回転する円盤上にはホイールが接している。馬鹿でかいけれど、きちんと計算をこなしたよ[15]」と、微分解析機で散乱電子の行動を研究したMITの物理学者のひとりは語っている。巨大な木の枠組にスピニングロッドが格子状に張られ、テーブルサッカーのセットを一〇〇トンに拡大させたような外見だった。入力部分の端には作業用の六つのテーブルがあって、そこで機械に方程式を読み取らせる。ちょうど、トムソンの解析機が潮汐グラフを読み取るのと似ている。オペレーターが手動クランクを回すと、方程式の手書きのグラフ上のポインタが作動して解析作業を始める。「たとえば、原子による電子の散乱について計算するためには、原子場のポテンシャル関数と、原子の中心からの距離との関係についての情報を機械に提供しなければならない[16]」と、当時の記事には書かれている。このようにして、方程式の詳細は内部のシャフトに伝えられていく。それぞれのシャフトは（送電線の電流や原子核など）変数を象徴し、変数が大きいほどシャフトは速く回転する。すると今度は、微分解析機がフォードの積分器のように作動する。回転する水平の円盤の上にはホイールが直角に接しており、ディスクの中心から離れているほど、ホイールの回転スピードは速くなる。このホイールは、同じ構造を持つさらに五つの解析機と接続されていて、どの解析機でもホイールが回転すると、グラフの巻紙がほどかれてゆき、その上で鉛筆が上下動を繰り返す。こうして求める式がグラフに表されると、それから何日も、時には何カ月も機械は回り続け、最後に解のグラフが完成するのだ。

使われる数学ははるかに複雑になっているが、この部屋いっぱいの大きさの計算機は、ヴァネヴァー・ブッシュがかつて発明した芝刈り機型測量機の遠い子孫と言ってもよい。微分解析機について、ある科学史家はつぎのように書いている。「未だに機械の回転によって数学を解釈し、ホイー

微分解析機：部屋ひとつを占める機械の頭脳。Photo: Computer Laboratory, University of Cambridge 提供。

ルとディスクが巧妙に組み合わされた積分器に頼るところが大きく、解は曲線で表される。微分方程式と測定曲線に頼るブッシュのコンピュータは、かつてのプロファイル・トレーサーの子孫と言ってもよいだろう[17]」。

このコンピュータが登場した当時、デジタル革命は始まっていない。解を求めるプロセスでは、機械が方程式を文字通りなぞっていた。機械が原子に関する方程式を解けば、ある意味、本物の原子を拡大して表現するようなものだ。星の内部構造に関する方程式を解けば、本物の星のミニチュア版ができる。ブッシュはつぎのように語っている。「これはアナログの機械だ。たとえば、これから建設する橋が突風のなかでどのように揺れるか知りたければ、機械的な要素と電気的な要素を組み合わせ、本物の橋とまったく同じ動きをさせなければならない。どちらの要素も、同じ微分方程式にしたがわなければならない[18]」。物理学者にとってもエンジニアにとっても、同じ方程式にしたがうふたつのシステムは一種の同一性——少なくとも類似性《アナロジー》

——を備えている。そして結局のところ、アナログという言葉にはそうした意味が込められている。デジタル時計は太陽とは別物だが、アナログ時計の場合は、文字盤のまわりを影が一周する様を思わせる動きで表される。

ブッシュのコンピュータはカタカタと、あるいはブンブンと音を立てながら走り書きを続け、類似性を表現した。夜に作動させるときは、ブッシュの研究室の学生がシフトを組んでその様子を横で見守り、ホイールが軌道を描く音に耳を傾けた。そしてすべてが順調に進行している夜には、心地よい音に包まれた部屋で睡魔と戦ったものだ。こうして五年の歳月が流れた。

4 史上最も重要で最も有名な修士論文

機械音が充満する部屋

クロード・シャノンは、少なくとも寒さに慣れていた。大西洋沖から吹きつける風は、ミシガンの風よりも塩気を帯びていたが、それほど冷たくはなかったし、ニューイングランドの積雪量は、ミシガンとほぼ変わらない。中西部を生まれてはじめて離れ、見知らぬ人たちに囲まれた二〇歳の若者は、新天地の寒さになつかしさを覚えたはずだ。しかし寒さに耐えられない人間にとって、MITでの居場所は研究棟の廊下やトンネルで、そこはどこまでもグレーのペンキで統一された空間だった。エンジニアたちは、冬じゅう室内で過ごすことができた。彼らはグレーのトンネルの住人も同然で、そのひとりであるシャノンも太陽を見る機会のない日が多かった。ただし、毎年冬に二日だけ特別な例外があって、その日は太陽が廊下と一直線に並ぶので、日没の時間にグレーの廊下が金色に輝いた。

「MITの言い伝えによれば、廊下の壁に用心深く目を凝らすと、肩の高さのあたりに床と平行に鉛筆で線が引かれているのを発見できるときがあるという。このコミュニティのメンバーが書き残したもので、道順がしっかり頭に入っているので、目をつぶっていても迷う心配がない……壁に鉛筆を押し付けておけば、頭のなかの映像に目を集中させ、複雑な問題を解き終わったら外の世界に意識を向け、自動運転のようにスムーズに進むことができる」[1]と、MITの歴史家フレッド・ハプグッドは書いている。雪のない季節にはシャノンも戸外を歩いたが、途中にある円柱のファサードにはアルキメデス、コペルニクス、ニュートン、ダーウィンといった偉人の名が刻まれていた。新古典主義建築のMITの校舎は、当時はまだ工業都市だったボストンの郊外で島のように孤立していた。中心を占めるパンテオン様式のドームは、近くを流れるチャールズ川沿いの工場や製造所との統一感がなかった。トンネルの上のドームそのものも、建築家の妥協の産物である。新しいキャンパスに関して、上流にあるほかのカレッジと比べて遜色ないことが最低条件だと主張するグループと、「産業分野における最高の研究にふさわしく、効率を優先し、学生や教師による無駄な動きを回避すること」[2]にあくまでもこだわるべきだと主張するグループに分かれていた。これはまさに、MITが世界で置かれた立場の縮図と言ってもよい。産業を支える存在でありながら、「純粋な」科学を追求し、工場とドームのふたつの要素を兼ね備えていたのである。

質よりも量を重視する発想を反映し、校舎は名前ではなく番号で呼ばれた。求人カードに紹介されていたブッシュの微分解析機に興味をそそられたシャノンが拠点としたのも、第一三校舎だった。ブッシュがシャノンの申請を承認し、大学院課程への入学を許可したのである。ふたりともエンジニアとしてのキャリアを手っ取り早く積もうとした。ブッシュの場合は、お金を稼いで家族を養いたいという事情もあって、学士号と修士号を同時に取得した。一方のシャノンも、高校を三年で卒業し、四年間でふたつの学士号を取得したうえで、夏休みもそこそこに、大学院での研究を始めるという急ぎようだ。その彼が微分解析機の最も高度で難解な部分の作業を任せられたのは、この新入生に対するブッシュの期待の表れである。

シャノンがケンブリッジにやって来る前年の一九三五年には、微分解析機は限界に突き当たっていた。この奇妙な仕掛けの機械は、新しい方程式に取り組むたびに解体し、組み立て直さなければならなかったのだ。ブッシュのチームは実際のところ、一台の機械を製作したとは言えない。新たな問題が発生するたびに分解して解を求めたのだから、たくさんの機械をずらりと並べているようなものだった。用途は広くても、これでは効率が犠牲にされる。微分解析機は、少なくとも理論上は人間の頭で可能な計算を効率的に行なうことが使命のはずだ。このようなボトルネックが繰り返されるようでは、存在理由そのものが脅かされてしまう。

これに対しブッシュは、原則としてその場で自動的に解体と組み立てが行なわれる微分解析機の実現を思い描いた。自動制御機能を備え、休むことなく方程式を次々に解き続け、できれば関連する複数の方程式を同時に解くことができるような機械である。そこでは、ねじ回しの仕事を開閉器《スイッチ》が引き受ける。この野望を実現するには、大恐慌の余波で減らされたMITの予算を大幅に上回る投資が必要だったが、幸い民間のロックフェラー財団の慈善家から次世代コンピュータの開発用にと二六万五〇〇〇ドルを提供された。そういう時に、クロード・シャノンはMITに呼び寄せられたのである。

そのためMITにやって来てからの三年間、シャノンの世界は機械音が充満する部屋の壁と、部屋の外に伸びたグレーの廊下に限定された。研究室の部屋のなかには一〇〇個の開閉器が収まっている小さな箱が積み上げられ、微分解析機につながっていた。言うなれば、ここにはふたつの世界が存在していた。箱のなかの開閉器や継電器が機械を操作すると、機械は自動的に解体や組み立てを行なう。その様子は、たくさんの小さな脳が大きな脳を動かしているようでもあった。継電器の指令によって、「電気制御された開閉器は反復動作を繰り返す[3]」とジェイムズ・グリックは著書のなかで書いている。オープンとクローズ。この単純な作業が何週間も何カ月も続くのだ。

クロード・シャノンが開閉器を操作すると、何が起きたのだろうか。ここでは、開閉器や継電器を電流にとっての跳ね橋として考えてほしい。閉じていれば（橋が降りていれば）、スイッチは電流を目的地まで伝えることができる。開いていれば（橋が上がっていれば）、開閉器は電気の流れをそこで止めてしまう。目的地がべつの継電器であれば、入力情報に基づいてここでも開閉のいずれかが決まる。最も単純なケースでは、豆電球が点灯することになる。ゲイロードでの少年時代にウェスタンユニオンのオフィスで働き、有刺鉄線で電信網を構築した経験のあるシャノンにとって、このような作業はお手の物だった。さらにアナーバーでの大学生時代に、仲間と電気技師たちと共に回路図の作成に根気強く取り組んだので、電気の流れは彼の頭のなかで体系化されていた。直列の場合、電流がふたつのスイッチを通過しなければ電球は点かない。並列の場合には、電流はどちらか一方を通過するだけでも、あるいは両方のスイッチを通過しても、電球は点く。

微分解析機に接続された、一〇〇個の開閉器を持つロジックボックスであろうと、組み立てラインを動かす電気回路であろうと、国中の電話網を何百万もの中継装置で制御するシステムであろうと、これは基本中の基本だった。いずれもふたつのスイッチが閉じられると電流を伝える回路から成り立っているが、一カ所を接続するかしないか、三カ所を接続するかといった単純なものではない。たくさんの回路が木の枝や対称性のデルタ結合、あるいは目の細かいメッシュのように張り巡らされている。しかも、そんな電気の配列の全体をシャノンは頭で記憶していた。そしてすべての工程は、エンジニアの伝統にしたがって手作業で進められた。黒板に各段階を書き出していくか、機械の内部で必要な個所をはんだづけするだけのときもあり、そこから目に見える結果が得られてはじめて、回路の正しさは証明される。電話が相手に通じるか、ホイールがディスク上で斜めに回転するか、電球が点くか、最後になるまでわからない。シャノンが前にしている回路は、アナログコンピュータ登場以前の微分解析機のようなものだった。何かを試すたびにエラーが発生し、エラーが出なくなるまで延々と続けるしかなく、先が見えなかった。当時、回路を構築する作業は芸術活動のようなもので、「芸術」特有の混乱やフライングが付き物で、漠然とした直感に頼る部分が大きかった。

そこでシャノンは研究室にこもり、計算を自動化する機械の改善に取り組んだ。産業目的の効率よい機械という目標を実現するためには、数学から芸術の要素を取り除かなければならない。ところが研究を進めるうちに、自分が知っているべつの方法を使えばよいことに彼は気づいた。最終的にこれは、アナログマシンよりもはるかに強力であることが証明された。

論理と回路の共通点

論理はどれくらい機械と似ているのだろう。二〇世紀はじめ、ある論理学者はつぎのように説明している。「物質である機械は力を効率よく利用するための手段だが、同様に、記号を使った計算は知性を効率よく利用するための手段である」[4]。機械と同じく、論理は大衆に力を行き渡らせる手段だ。十分な正確さとスキルが備わっている論理は、才能のある人間だけでなく平凡な人間の力を増幅させることもできるのだ。

一九三〇年代、「記号を使った計算」すなわち厳密な数理論理学と、電気回路の設計のどちらの分野にも精通している人間は、世界に一握りしか存在しなかった。これは、特に意外なことではない。シャノンの頭のなかで融合する以前には、このふたつの分野が共通点を持っているとはまず考えられなかった。論理を機械にたとえることはできても、機械が論理を実践できるわけではないと信じられていた。

ミシガンでの学生時代にシャノンは（何と哲学の講義で）、いかなる論理的陳述も記号や方程式で表現することが可能で、数学に似たシンプルなルールでこれらの方程式を解けることを学んだ。陳述の意味を理解していなくても、真偽を証明できる。実際、理解しようと努めないほうが悩む必要がなく、推論を自動的に進められる。このように、気まぐれな言葉を厳密な数学に変換するうえできわめて重要な役割を果たしたのが、一九世紀のイギリス人天才数学者ジョージ・ブールだった。靴の修理屋だった父親には経済的な余裕がなく、学校には一六歳までしか通えなかったため、独学で数学を習得した。トムソンが最初の解析機を考案する少し前、ブールは一冊の本によって自らの天才ぶりを証明した。僭越にも彼は、著書に『The Laws of Thought（思考の法則）』というタイトルをつけた。そしてこの法則は、少数の基本的な演算子——AND、OR、NOT——に基づいていることを示したのである。

たとえば、ロンドン居住者のなかから、碧眼で左利きの人間をすべて確認したいとしよう。(5) まず、碧眼という特性をx、左利きという特性をyと呼ぶことにする。つぎに、ANDを表すために×(乗算記号)、ORを表すために+(加算記号)、NOTを表すためにシンプルなアポストロフィを(マイナス記号の代わりに)使うことにする。この一連の作業の目的は、陳述の真偽を判定することだ。したがって「真」には数字の1を、「偽」には0を使う。これらはすべて、論理を数学に変換する作業である。

さて、碧眼かつ左利きのロンドン居住者は、xyとシンプルに表現できる。碧眼もしくは左利きの住民はx+yとなる。ではつぎに、「このロンドン子は碧眼で左利きだ」という陳述の真偽を評価しよう。陳述の正しさは、xとyの正しさに左右される。そこでブールは、xとyについての知識に基づき、1または0を陳述に割り当てるための指針を以下のように設定した。

$$0 \cdot 0 = 0$$
$$0 \cdot 1 = 0$$
$$1 \cdot 0 = 0$$
$$1 \cdot 1 = 1$$

これらの方程式を英語に変換し直すのは難しくない。もしもこのロンドン子が碧眼でも左利きでもなければ、いま検討している陳述は当然ながら間違っている。碧眼あるいは左利きかいずれかでしかない場合も、陳述は間違いだ。このロンドン子がふたつの要素を兼ね備えている場合のみ、陳述は正しい。言い換えれば、命題が真である場合のみ、演算子ANDは「真」になるのだ。

しかしブール代数は、普通の数学を焼き直しただけではない。そこで今度は、「このロンドン子は碧眼もしくは左利きだ」という陳述について考えてみよう。この場合は、以下のように書き表せる。

0＋0＝0
0＋1＝1
1＋0＝1
1＋1＝1

もしもロンドン居住者が碧眼でも左利きでもなければ、陳述は偽である。しかし、碧眼か左利きかいずれかの場合、あるいは両方の場合には、この陳述は真と見なされる。したがってブール代数では、1＋1＝1となるのだ。与えられた命題のいずれかが正しくても、命題のすべてが正しくても、ORは真実を表現する（ブールはもうひとつ、排他的論理和と呼ばれるORも認めている。これは命題の一方が正しいときだけ真と見なし、どちらも正しいときは偽とみなされる）。

このようなシンプルな要素を（スイッチのようにシンプルだとシャノンは考えた）積み重ねていけば、最後には複雑な結果が得られるようになり、たとえば$x+xy=x$という式も導き出される。この場合、「xのみのケース、もしくはxでもyでもあるケース」として表現される陳述の真理値は、xが真であるか否かによって左右される。あるいは、$(x+y)'=x'y'$についての証明[6]も可能だ。すなわち、「xでもyでもない」が真であれば、「xもしくはy」は偽となり、その逆も成り立つ。論理を表現するためには、これだけで十分だとブールは論じる。xとy、それ以外の多くの変数のどれを選ぶにせよ、それが真か偽のどちらかであるかぎり、どんな陳述も記号で表現できるのだ。いくつかのシンプルなルールをほとんど機械的に当てはめていけば、推論可能なものはすべて推論することができる。機械的なロジックを使えば、「人はすべて死ぬ運命にある、ソクラテスは男性である……」などといった陳述が正しいか否か、もはや悩む心配はない。必要なのは記号と演算とルールのみ。ルールを定めるのは天才の仕事だが、ルールを応用するだけなら子どもでも可能だ。いや、子どもより単純な存在にもできる。

これは非常に興味深い内容だったものの、ほぼ一世紀のあいだ、実用的な問題にほとんど応用されず、何世代にもわたって学生には、哲学者の奇抜な発想として教えられてきた。それが、クロード・シャノンにも教えられる機会につながった。当時は、「ブーリアン」という言葉の響きが面白かった程度だと彼は語っている。しかし、一〇〇のスイッチを持つ箱の仕組みを理解しようと格闘しているとき、このルールの何かが頭の片隅に残っていた。ブッシュが解決しようとしている方程式は恐ろしく複雑だったが、そのなかで、閉と開、イエスとノー、1と0といった、ブール代数の単純明快さはなぜか際立っていた。

一九三七年の夏にMITからニューヨークに向かったときにも、それは頭の片隅に残っていた。シャノン以外に、論理と回路を同時に考えるという発想に近づいている者たちがいたとすれば、ベル研究所の科学者たちだったろう。彼らは夏のインターンシップにシャノンを招いた。一時的な雇用で、臨時スタッフに割り当てられる通常業務をこなしただけだったらしく、研究所にも記録は残されていない。しかしシャノンは、数理論理学に対する深い洞察、回路設計に関する平均以上の知識、そしてこのふたつが関連しているのではないかという消えることのない疑念を研究所に持ち込んだ。つまりこれらのいっさいを、現存するなかでは最も複雑で広範な回路網を所有する電話会社の心臓部に持ち込んだのである。ネットワークの機能改善とコスト削減に数学的見地から取り組むことが、シャノンに任せられた仕事だった。

この時期にシャノンがペンとインクを使って紙にアイデアを書き出し、ブッシュの微分解析機とベルのネットワークとブール代数のあいだに感じた共通点を結びつける作業に取り組み始めたことは、その後の展開にきわめて重要な役割を果たした。五〇年後にシャノンは洞察の瞬間について振り返り、自分がいかにして開閉器の意味を世界ではじめて理解できるようになったのか、ジャーナリストを前にして説明を試みた。

ここで注目すべきは、何かが「オープン」か「クローズ」か、あるいは「イエス」か「ノー」かということではない。むしろ肝心なのは、開閉器の直列が論理的には「アンド（ならびに）」という言葉で表現できることで、これ「ならびに」これという言い方が可能になる。一方、ふたつの開閉器が並行している場合には、「オア（もしくは）」という言葉を使えばよい……操作する回路の接合部が閉じているときに、他の接合部が開いている場合には、「ノット（動作しない）」という言葉が対応する……もちろん、それまで継電回路の研究に取り組んできた人たちも、このあたりを何とかできそうだとわかってはいた。問題は、彼らがブール代数という数学的手段を持っていなかったことだ。[7]

ブール代数のあらゆる概念には、相当するものが電気回路のなかに物理的に存在している。オンのスイッチは「真」、オフのスイッチは「偽」を表し、全体を1と0で表現できる。シャノンはさらに重要な点として、AND、OR、NOTなど、ブールのシステムの論理演算子は、回路として正確に再現できることを指摘している。たとえば接続部が直列の場合には、ANDで表される。電流はふたつのスイッチを連続して流れなければならず、どちらからも通過を許可されないかぎり目的地に到達できないからだ。一方、並列の場合にはORが使われる。電流はどちらか一方のスイッチを流れるだけでも、両方を流れても、どちらでもよいからだ。並列のふたつのスイッチが閉じられているときに電流が流れて電球が点くケースは、1＋1＝1と表せる。

こうして論理から記号、そして回路へと、シャノンはどんどん飛躍していく。「人生で、これほど楽しいことはなかったと思うな[8]」と、彼はうれしそうに回想している。ずいぶん変わった理屈っぽいことを楽しむものだと呆れるかもしれないが、まだ二一歳の若者は開閉器や継電器の詰まった箱を覗き込み、誰にも見えなかったことに気づいて有頂天だった。あとは詳細を詰めるだけ。以後数年間、優秀な科学者にも論文の発表は必要だという現実を忘れたかのように、シャノンは研究に打ち込んだ。素晴らしい研究成果を生み出すために何年も試行錯誤を繰り返し、自宅の天井裏にはメモや完成半ばの論文、「的確な質問」を記した罫紙が散乱していた。しかしようやく、まだ証明されていない有望なアイデアが、彼の頭からほとばしり始めたのである。

芸術を科学に変える

一九三七年に「継電器と開閉回路の記号的解析」というタイトルで発表されたシャノンの修士論文が完成し、首都ワシントンの聴衆の前で披露され、翌年に公刊されると絶賛が押し寄せ、その後のキャリアのきっかけとなった。この新しいシステムに関して、シャノンは飾り気のない科学的な散文でつぎのように説明している。

いかなる回路も一連の方程式で表現することが可能で、方程式の項は回路の様々な継電器や開閉器に対応している。これらの方程式を処理するために開発された演算においては、シンプルな数学的プロセスによって計算が進められ、そのほとんどは普通の代数アルゴリズムと類似している。それに対して今回の演算は、記号論理学において命題を解くために使われるものと酷似している……したがって、方程式からそのまま回路を導き出すことができる。[9]

ここが肝心な点だ。シャノン以後、回路の設計はもはや直観に頼る必要がなくなった。方程式や近道を使って規則正しく科学的に設計できるようになったのである。たとえばシャノンの同僚が、巨大なアナログマシンを動かすために電気制御装置を使うところを想像してほしい。[10]そこにはx、y、zの三つの開閉器があって、これらの状態によって回路に一定の機能が働くと電流が流れ、シャノンが言うところの「1」が出力されることになる。zだけがスイッチオン、yとzがスイッチオン、xとzがスイッチオン、xとyがスイッチオン、xとyとzのすべてがスイッチオンというすべての条件で、電流が流れるようにしたい。シャノンの同僚は試行錯誤の末にほどなく一一の接合部を取り付けて問題を解決するだろう。しかしシャノンは、紙と鉛筆と、どこにでもある便箋で作業を始める。ブール代数の論理項を使い、記号をつぎのように書き出していく。

$$x'y'z+x'yz+xy'z+xyz'+xyz$$

つぎにこの式をまとめていく。yzをもつふたつの項、$y'z$をもつ二つの項の共通因数をくり出すと以下のように変形される。

$$yz(x+x')+y'z(x+x')+xyz'$$

しかしブール論理によれば、$x+x'$は常に真である。xには真もしくは偽という二つの状態しかあり得ないからだ。そこでシャノンは、$x+x'$は回路の出力に何ら影響しないと判断し、この部分を省いて以下のように変形させた。

$$yz+y'z+xyz'$$

今度は二つの項がzを共有するので、ふたたび共通因数をくり出して以下のように変形する。

$$z(y+y')+xyz'$$

そして先程と同じ理由で、カッコのなかの$y+y'$を省くと、以下のようになる。

$$z+xyz'$$

この式をさらに短縮できるルールが、ブール論理にはもうひとつある。$x+x'y=x+y$ であることを、ブールは証明していたのだ。わかりやすく言葉で説明しよう。あるロンドン子に対し、碧眼ですか、もしくは碧眼ではないが左利きですかと尋ねることと、碧眼もしくは左利きですかと尋ねることはまったく同じだ。シャノンはこのルールを上の項に採用し、余計なz'を省いた結果、最後に以下のような式が残った。

$$z+xy$$

シャノンが混乱状態からスタートしたことを思い出してほしい。彼は数学によって、以下のふたつの指示がまったく同じである事実を証明したのである。

zだけがスイッチオン、yとzがスイッチオン、xとzがスイッチオン、xとyがスイッチオン、xとyとzのすべてがスイッチオンならば、電流は流れる。

zがスイッチオン、あるいはxとyがスイッチオンならば、電流は流れる。

言い換えれば、一一の接続部を並列と直列の二つのみで機能させる方法をシャノンは発見したのである。しかも、スイッチにいっさい手を触れずに。

シャノンはこうして見事な洞察を披露した後、論文の残りの部分では、そこから何が実現可能か紹介している。二進数を足し算する計算機、五つのボタンと電子アラームを備えたダイヤル錠などは、方程式を解いた段階で、組み立てが完了したようなものだった。こうして回路の設計は、はじめて科学になったのである。芸術を科学に変換する作業は、その後のシャノンのキャリアの大きな特徴になった。

　このシステムには、もうひとつ見事な点があった。スイッチが記号に置き換えられると、どんなスイッチかはもはや重要ではなくなったのである。重くて扱いにくいスイッチから分子スイッチまで、いかなる媒体であってもこのシステムは通用した。必要なのは「イエス」と「ノー」を表現できる「論理」ゲートだけで、ゲートは何にでも応用できる。部屋いっぱいの大きさの機械式コンピュータの労力を軽減するためのルールは、真空管、トランジスタ、マイクロチップなどに組み込まれているルールと同じだ。あらゆるステップは0と1の二値《バイナリ》論理に基づいて進行していく。

　些細なことだとシャノンは言う。しかし、このような発見は種明かしされてはじめて、些細だとわかるものだ。

「おそらく今世紀で最も重要で、最も有名な修士論文かもしれない」(11)、「歴史上、最高の修士論文のひとつ」、「あらゆる時代を通じて最も重要な修士論文」、「記念碑的」といった評価を受けたものの、エンジニアの時間を節約しただけの一連のトリックは、本当にこれだけの賞賛に値するのだろうか。いずれの方法からも同じ結果が得られるのであれば、同僚が一一の段階を踏んだ作業をシャノンが二段階ですませたことが、それほど重要なのだろうか。

　間違いなく重要だった。しかし、シャノンの論文のなかで最も素晴らしい結果は、目に見える形で記されておらず、ほとんどは暗示されており、時間の経過と共にその重要性は明らかになった。

シャノンがブールに倣って等号記号を「もしも」という条件節とみなしていることに気づくと、暗示されていることの重要性が明確になる。

1＋1＝1という式は、もしも電流が並列のふたつのスイッチを通過したら電球が点くことを（あるいは継電器が「イエス」の信号を送ることを）意味する。そして0＋0＝0という式は、もしも電流が並列した二つのスイッチのいずれにも流れなければ、電球は点かないことを（あるいは継電器が「ノー」の信号を送ることを）意味する。入力情報次第で、同じスイッチからはふたつの異なる回答が提供される。これを擬人化すれば、回路が決断を下した、あるいは論理を実行したと言ってもよい。回路がたくさんあれば、きわめて複雑な論理を解き明かせる。論理的な難問を解決し、前提から結論を推測する作業を、人間が鉛筆で行なうよりも正確に迅速にこなしていく。そして、論理を真と偽のバイナリに分解する方法をブールが示したおかげで、バイナリで表現できるシステムであれば何でも、彼が語る論理的世界にアクセスできるようになった。「思考の法則」は、無生物の世界にも延長されたのである。

同じ年、イギリス人数学者のアラン・チューリングが重要な研究成果を発表して話題となり、人工知能の実現に向けて一歩前進した。計算可能な数学の問題は、原理上すべて機械で解くことができると証明したのだ。その結果、作業に関する指示を自ら出し、プログラムを作り直すことができるコンピュータに至る道筋が示された。この汎用機械は、それまで考案されたどの機械も太刀打ちできないほどの柔軟性を備えることになる。一方シャノンはと言えば、道理にかなった論理陳述は、原則として機械によって表せることを示した。ふたりの成果を比べてみると、チューリングの機械は、まだ理論的な段階にすぎなかった。彼が主張の正しさを証明するために使ったのは、任意の長さの磁気テープから情報の読み取りや書き込みを行なう、仮想の「読み書き両用ヘッド」、すなわち可動部がひとつの架空のコンピュータだった。これに対してシャノンは、あらゆる電話交換機の回路に通用する論理的可能性を証明した。「符号化すれば」、いまにエンジニアやプログラマーが配線によって機械に命令を実行させることも夢ではないと示したのだ。これは大きな飛躍で、「あらゆるデジタルコンピュータを支える基本的な概念になった[12]」とウォルター・アイザックソンは書いている。

六年後、チューリングとシャノンは戦時中に科学者専用カフェテリアで出会いを果たす。このときはどちらが関わるプロジェクトも極秘で進められていたので、会話でも内容を暗にほのめかす程度だった。しかし、それはまだ先の話で、一九三七年のふたりはキャリアを歩み始めたばかりだったが、それでもこの年は「コンピュータ時代にとって驚異の年[13]」となった。ふたりは新しい時代の土台を築いたのだ。なかでも、連続的な値が瞬時に離散的な値に変換される「デジタル」コンピュータの可能性が示されたことは特筆に値する。シャノンの論文が発表されてから一〇年もたたないうちに、偉大なアナログマシンだった微分解析機は事実上、時代遅れになった。代わりに登場したデジタルコンピュータは、同じ作業を文字通り一〇〇〇倍の速さでこなし、質問にはリアルタイムで答えた。それを動かすのは何千もの論理ゲートで、そのひとつひとつが「全か無かを判断する装置[14]」として作用した。媒体はもはや開閉器ではなく真空管だったが、シャノンの発見はそのまま設計に生きている。

しかし一九三七年の時点で、ヴァネヴァー・ブッシュはこのような未来をまったく予測できず、微分解析機をさらに複雑かつ効率のよいものにする計画を進めていた。新たな展開は、クロード・シャノンでさえ予見できなかった。低い音を立てて動き続ける大きな機械の存在感は圧倒的で、それを放り投げて新しい研究に取り組めば、ある意味せっかくの進歩が逆戻りするようにも感じられた。細かく設計されたディスクやギアが、電鍵と大差ない単純なスイッチに主役を奪われるとか、重さ一〇〇トンの巨大な機械の解析能力が、近くに取り付けられた小さな箱にも劣るとか、難しい微積分を直観と手作業に頼りながら進める機械が、一見すると役に立ちそうもない装置に取って代わられるなど、到底考えられなかった。しかし、工学の世界でトムソンからブッシュへと受け継がれてきたアナログコンピュータの開発は、そろそろ限界が見えてきた。

その意味では、ＭＩＴの歴史家ハプグッドの以下の話は示唆に富んでいる。「何年も前にあるエンジニアから聞いた話だ。もちろん架空の話だが、工学の目的とまでは言えずとも、自分の研究が何のためにあるのか考えさせるヒントになるのだという。空飛ぶ円盤が地球にやって来て、都市やダムや運河、ハイウェイや電線の上空を飛び始めた。道路を走る車を追いかけ、テレビ塔から放出される電波を観察した。やがて乗組員はコンピュータを円盤にテレポートしてから、分解して中身を調べた。そして最後に、乗組員のひとりが感激の声を上げた。『これはすごい。自然は信じられないものを創造するんだな！』」[15]

自然は美しさに無関心で、美しさなど生存に伴う副次的な産物としか見なさない。しかも自然は浪費が激しく、冷酷な一面を持ち合せている。自然とテクネー（技術）のあいだに、それほど大きな違いは存在しない。

5

規格外れの若者

引っ込み思案の天才

偉大な作家のほとんどは、伝記ではなく著作目録を残すと言われる。作品を書くために欠かせない人生については、作品の言葉以外はほとんど何も残されない。毎日何時間も走り書きを続ける様子を観察できる特権に私たちが恵まれなくても、その人となりは本のページのなかに見出せる。この時期のクロード・シャノンにも、同じことが言えるだろう。その後の人生で、このときほど猛烈なスピードで研究に熱中したことはなかった。では、彼の論文からどんな人柄が見えてくるだろうか。

ＭＩＴの電気工学部でシャノンの同級生たちが選んだ論文のトピックは、「ワイヤーの円形ループの表皮効果抵抗率」「回転機械の加速度を測定するふたつの方法についての研究」「パイレックスガラスの破損の三つのメカニズム」「工業用発電所の改造プラン」「ボストン－メイン鉄道のヘイブリル地区に電気を供給するための提言」といったものだ[1]。いずれも、モノの世界との関わりが強い実用的なトピックばかり。工学部のよき伝統を受け継ぎ、ある者は古い素材の新しい用途を見つけ、ある者は物理的なシステムの効率とパワーの水準向上を目指している。

こうした優れた研究と並べてみると、シャノンの研究テーマは掘り下げ方も種類も異なっている。彼は死ぬまで機械いじりが大好きで、必要がなくなってからも手作業にずっとこだわった。しかし、ほかのメカ好きたちと異なり、彼は物事の理由を解明する方法を知っていた。手にした物体をとことん愛し、その概念を抽象化するところまで突き詰めた。彼にとって、スイッチは単にスイッチではなくて数学のメタファーだった。世の中にはジャグラーや一輪車乗りがごまんといるが、シャノンのように、自分の行動を方程式に当てはめる作業に取りつかれた人間はまずいない。そして何よりもすごいのは、人間のあらゆるコミュニケーションの概念を抽象化して、すべてのメッセージが共有する構造や形にまで突き詰めたことだ。しかも、こうした努力を支えたのは並外れた馬力ではなく、模型製作の熟練技であって、そのおかげで大きな問題は本質的な核心にまで凝縮された。二一歳のシャノンは芸術的な要素や曖昧さを取り除き、人工物を数学だけで表現する方法を発見した。そこからは、のちの素晴らしい成果が垣間見える。

なかには、モノがあふれる世界にほとんど圧倒され、事実の追求に情熱を傾ける科学者もいる。その一方、世の中から一歩退き、その隔たりが研究に欠かせない条件になっている科学者もいて、シャノンはこちらに該当した。言うなれば、彼は浮世離れしていた。二〇代という最も生産的な年頃にもかかわらず、ひどい引っ込み思案で呆れるほど内気だった。しかし浮世離れした人間ではあっても、遊び心や面白さを持ち合せており、実際のところ、それは浮世離れした性格と違和感がなかった。彼は身の回りの物事を愛する一方、これらの物事は、数や定理や論理といった本当の現実の陳腐な代役だと考えた。そのような気質の人間にとって、世界はジョークの絶えない場所に見えたことだろう。

「いつも気苦労がなさそうですが、その秘訣は何ですか」と、晩年にあるインタビュアーから尋ねられたシャノンは、つぎのように答えた。「素直に考えるからだよ。これは役に立つだろうかなんて悩まない……（これをどのように実行すればよいだろう。機械にやらせることができるだろうか。この定理を証明できるだろうか）と自分に問い続けるんだ」[2]。浮世離れした生き方にすっかり満足している人間にとって、世界は利用するために存在するわけではない。手と頭を使って操り、楽しむ場所だった。シャノンは無神論者だが、信仰の危機を経験したわけではなく自然とそうなったようだ。同じインタビュアーから人間の知性の起源について尋ねられたときには、淡々とした口調でこう語っている。「僕は、特に理由があって宗教を信じないわけじゃない。たとえ信じても役に立つとは思えないな」[3]。しかし、目に見える世界は何かほかのものの象徴にすぎないと直感できるのだから、清教徒だった遠い先祖は彼を血縁として認めたかもしれない。

シャノンのなかの何か——おそらく内気で浮世離れした性格——は、周囲の人間の保護本能を刺激したようで、概して現実的なＭＩＴの技術者の心さえ動かした。シャノンはガリガリに痩せて野暮ったいが、目から鼻に抜けるように賢かった。顔の輪郭はシャープで、細い首には大きすぎる喉仏が目立つ。そして、いまにも強盗に襲われるのではないか、バスに轢かれるのではないかと周囲をハラハラさせるところがあった。論文を発表した後に飛行機操縦のクラスに登録したとき、この講座を担当するＭＩＴの教授は即座に彼を変人だと見抜いた。変人が少なくないケンブリッジのなかでも特に変人に感じられ、同僚に意見を求めた。課外活動の様子を観察したこの飛行インストラクターは、ＭＩＴの学長に宛てた手紙にこう書いている。「シャノンはただの変人ではありません。ほとんど天才といってもいいほどで、とてつもない将来性を秘めていると私は確信しています」(4)。シャノンをコックピットから締め出すため、インストラクターは学長の許可を求めた。天才の命が墜落で奪われるリスクは、何としても避けたかったからだ。

二日後、学長で物理学者のカール・テイラー・コンプトンは、冷静な返信を返した。「学生が並はずれた知能の持ち主だからと言って、飛行機の操縦を控えるよう説得し、せっかくの機会を独断で奪ってしまうのは、いかがなものか。彼の人格形成に良いこととは思えない」(5)。

こうして大学本部のお墨付きを得て、シャノンは空を飛ぶ機会を奪われずにすんだ。ほかの学生たちと同様、頭脳をリスクにさらす行動を許されたのである。リスクを冒す対象となったのは、学校の所有する単純な構造のプロペラ機で、プロペラのブレードは特大のスズメバチのような騒々しい音を立てたが、いつも安全に帰還した。一九三九年に撮影された写真には、学校でよく使われていた軽量の二人乗りプロペラ機、パイパー・カブの横でシャノンがポーズをとっている(6)。シャツの白い襟は糊が利いて、ネクタイは堅く結ばれ、飛行機を操縦するとは思えないほど身なりをきちんと整え、片方の手をプロペラに置いてカメラに真剣な表情を向けている。

天才の育て方

シャノンの身の安全を気遣った関係者と同じく、彼のキャリアに責任を負う関係者も、彼を守っ

プロペラ機、パイパー・カブの前でポーズを取るクロード。Photo：Shanon family 提供。

てやりたいという衝動を抑えられなかった。ブッシュはシャノンについて、同僚につぎのように語っている。「まったく規格外れの若者だ……すごく内気で引っ込み思案だし、控えめな言動が度を過ぎている。しかも、すぐ横道にそれてしまいそうだ」[7]。教え子であるシャノンの論文は、担当教授だったブッシュが十数年の歳月を費やしたアナログコンピュータの終焉を予言した。たとえそれが明らかになったとしても、ブッシュは教師としてもエンジニアとしても寛大で、際立った才能を見つけたときはそれを素直に認めた。「シャノンはほとんど万能型の天才で、その才能はどんな方向にも応用できるとブッシュは信じていた」[8]と、サイエンスライターのウィリアム・パウンドストーンは書いている。しかもブッシュは、自分が進路を選んでやろうと決めていた。

一九三〇年代の末、ブッシュはアメリカの科学界で特に大きな影響力を持つ人物のひとりになっていて、そんな彼の後ろ盾を得たことはシャノンにとって幸運だった。シャノンの論文が発表された年にブッシュは彼に対し、電気工学よりも数学のほうが学問分野として格上に見られていることを強調し、MITの数学の博士課程で学べるように手配した。その一方、工学の世界でのブッシュの大きな影響力のおかげで、シャノンの論文はアルフレッド・ノーブル賞という不幸な名の賞を勝ち取ることにもなった（なぜ不幸かと言えば、この賞がはるかに有名なアルフレッド・ノーベルの賞とは無関係であると必ず付記しなければならないからだ）。これはアメリカ土木学会が、三〇歳未満の研究者によって執筆された最も素晴らしい論文に与える賞で、専門分野で若くして花開いた才能を称えることが目的だった。受賞者には文字が刻まれた証明書と五〇〇ドルの奨学金が贈られる。これによって、〈ニューヨーク・タイムズ〉紙の八面に「若い講師がノーブル賞を受賞」という短い記事[9]が掲載され、専門外にもささやかながら知られることになった。故郷のミシガンでは、地元紙がこれを取り上げ、地元の青年が快挙達成！　と報じた（もちろん一面だ[10]）。

受賞のニュースを受け取ったシャノンは、感謝すべき相手を心得ていた。「今回の件についてはお聞きおよびかと思いますが、ひょっとしたら、僕が受賞できるように手を尽くしてくださったのではないでしょうか。そうであれば、本当にありがとうございます[11]」とブッシュに書き送った。

最終的にブッシュは、シャノンの博士論文にふさわしい分野の選択を自ら買って出た。それは遺伝学である。なぜ遺伝学だったのか。シャノンの特殊な才能にとって、それは少なくともスイッチと同じぐらい妥当な対象だったのだ。回路も遺伝子も仕組みを教えることはできるが、その基礎を成す論理を見つけるのは天才にしかできない。教えられて身につく能力ではない。そしてシャノンはすでに、自分で考えた「おかしな代数」を継電器に応用して大きな成果を上げていた。「べつの特殊な代数が、ひょっとすると、メンデルの遺伝法則の一部の側面の解明に役立つかもしれない(12)」と、ブッシュは同僚に語った。しかしもっと重要だったのは、専門分野に特化しすぎると、せっかくの天才がだめになるとブッシュが強く確信していた点だ。「近年ではひとつの専門分野にこだわる傾向が強く、学問を広く深く追求しようとしない。しかしかつてのレオナルド・ダ・ヴィンチはそうしたし、ベンジャミン・フランクリンでさえそうだった。そのことを思い出してほしい(13)」とブッシュはMITでの講演で語り、つぎのように続けた。「われわれ教師という職業の人間は、とびきり優秀な若者が科学の世界の片隅の小さな分野に興味を抱き、ほかの世界に関心を示さない傾向に胸を痛める……創造力に富む優秀な人材が、現代の世界で修道院の独房のような場所での暮らしにこだわり続けるのは実に不幸だ」。

この発言は、シャノンがケンブリッジにやって来る以前のものだが、彼が教え子に寄せた期待の大きさがよく表れている。そんなわけで、シャノンは微分解析機が置かれた修道院の独房のような場所や（学生たちがシフトを組んで四六時中機械を看視する様子も修道院に似ていた）、それよりもさらに小さな円形の箱から解放され、およそ三二〇キロメートル南にあるロングアイランドのコールド・スプリング・ハーバーに向かい、博士論文を完成させて戻ってくることになった。かりにシャノンが何らかの抗議をしたのだとしても、それは記録に残されていない。

6 コールド・スプリング・ハーバー

いかがわしい施設の宝の山

かくして一九三九年の夏にシャノンは、アメリカでも有数の遺伝学研究所にやって来た。しかしそこには、科学界最大の恥ともいえる機関、その名も優生記録所が置かれていた。アメリカの優生学運動の拠点となるこの研究所が一九一〇年にスタートしたとき、一部の界隈では進歩の最先端と見なされた。「優良家系」[1]の選択育種と「欠陥階級」の断種が促進されることが期待されたのである。「人口の三〜四パーセントは文明にとって厄介な足手まといだ」と記録所の開設者は見解を述べ、長年所長を務めた人物は州議会議員に対して、彼らの選挙区に居住する「欠陥住民」の数をわざわざ見積もり、送りつけた。[2]しかし一九三九年の時点では、この運動は衰退しつつあり、優生学をきわめて真剣に受け止めたナチスドイツによる犯罪の数々が最後の一撃となり、信用は大きく失墜していた（ぞっとする話だが、一九三六年に採用されたナチスのポスター[3]には、優生法を採用した国々の国旗が描かれており、アメリカの国旗も含まれていた。そこには「われわれはひとりではない」という言葉が記されている）。したがって、ヴァネヴァー・ブッシュの輝かしい業績のリストのなかには、アメリカにおけるこの優生学の抹殺への寄与を加えるべきだろう。優生記録所に資金を供出しているワシントン・カーネギー協会の会長としての立場を利用して、断種に熱心な所長を解任したうえで、一九三九年一二月三一日には記録所の閉鎖を命じたのだった。

しかし、毒の木もときに役に立つ果実を実らせるものだ。シャノンは閉鎖前の最後の数カ月間で、その有益な果実をかき集めるために派遣されたのである。遺伝や遺伝的形質に関して優生学者ほど優れたデータを作成できる科学者はまずいない。ある意味、優生学と現代の遺伝学との関係は、錬金術と化学との関係と似ており、屋根裏部屋に潜むいかがわしい親戚のような存在だった。おそらく優生記録所には、最高のデータセットがそろっていた。四半世紀をかけて作成された索引カードの数は一〇〇万枚以上にのぼり、そのどれにも人間の特性や系図に関する情報が記されていた。

これらのカードの多くは、フィールド調査に携わった歴代の研究者たちが作成したものだが、それよりもさらに多くのカードが本人からの自発的な申し出によって作成された。子孫の適応度に関するアドバイスと引き換えに、無料で情報が提供されたのである。耐火性の巨大な保管室のなかには、ファイルにまとめられたカードが何列も連なっており、そこには生理機能（「生化学的欠陥、色覚異常、糖尿病」）、パーソナリティー（「先見性の欠如、反抗的態度、信頼性、怒りやすさ、暴力性、人気、過激さ、保守性、放浪性」）、社会的行動（「犯罪、売春、遺伝的知能、アルコール依存症、愛国主義、背信的行為」）などに関する特質が克明に記されていた。[4] どの特質も図書館の本のようにコード番号をつけられている。たとえばチェスの腕前について調べたければ、ファイル4

598を手に取ればよい。精神的な特質については4、一般的な知能については5、ゲームのプレイ能力については9、チェスについては8といった具合だ。

このバベルの塔のような遺伝子関連の図書館には情報がほとんど無作為に集められているが、なかには優れた信頼できるデータが隠されている。その一方、くだらない情報（訓練を受けていないボランティアからの信頼できない情報、サーカスの見世物に関するうんざりするほど細かい報告、「小人に関する詳細な記録」）も含まれ、そのあいだには出自のあやしい多くの情報が存在していた。その誤った情報のひとつが、記録所の開設者みずからが提唱した「海への愛情」に関するものだ。海への愛情は遺伝するので、航海関係の職につくものが家系中に現れるというのだ。「海を好まない父親は時として……海への愛情については劣性遺伝子を保有していることが考えられる。海への愛情の対立遺伝子を持っている母親が、海を愛する男性と結婚すれば、子どもの半分は海が大好きで、もう半分は嫌いになる可能性は理論的に十分考えられる[5]」。

ヴァネヴァー・ブッシュは海を愛する船長の家系に生まれたので、このような考え方を評価したかもしれない。しかしくだらない情報の多くは、かりに複雑な特質に遺伝子が関わっているとしても、それが遺伝子ひとつで決まるという単純な仮定に基づいていた。ただし、当時、遺伝子の研究は暗中模索の状態で、数学は使われず、生物学者によるエックス線撮影でDNAの二重らせんが明らかになるのは一〇年以上先の出来事だった。これでは証明を進めるのも不可能で、「遺伝子が実際に存在しているかのように」語ることしかできないと、シャノンは書いている。しかも、大勢の人たちから集めた膨大な数の特質に統計や確率を応用できなければ、遺伝学はエンドウマメの茎の高さや雄鶏のとさか以上に興味深い事柄を説明できないことになる。優生学は、海への愛情や背信行為の原因となる遺伝子に関して無益で危険な憶測を立てるのが限界だった。やがてJ・B・S・ホールデン、ロナルド・フィッシャー、シューアル・ライトらが生物学に統計という新しい要素を導入する。その結果、ダーウィンの進化は彼のあずかり知らぬメンデルの遺伝学と統合され、「現代の総合」説がもたらされた。まだシャノンが子どもだった頃のことだ。おかげで、人間を選別・育種するための倉庫に集められた生データには予想外の価値が備わり、ひいてはクロード・シャノンが微分解析機の部屋から解放され、集団遺伝学に関する先達の研究を継続する作業を任されたのだった。動物学者と捕虫網の需要は大きく落ち込んだ。コンピュータの構築と同じく、生物学も数学者を必要とするようになったのである。

コールド・スプリング・ハーバーでシャノンの指導教官だったバーバラ・ストッダード・バークスは、遺伝学の研究体制を作り変えるずっと以前、子ども向けの絵本の語り手として世に出た。「何千もの星々が空にキラキラ輝いていました。お父さんは四つのとても明るい星を指差して、あれは南十字星だよと教えてくれました。それを結ぶと凧のような形になるけれど、大人から見れば十字架の形をしています。空に南十字星が見えたよと、嬉しそうに話す人たちがいるのは、ずいぶん遠くまで旅をした証拠になるからです[6]」。

バークスほど遠くまで旅をした科学者はまずいない。少女時代には、両親とふたりの家庭教師と一緒にフィリピンの人里離れた山岳地帯に滞在したことがある。アメリカに戻ると、母親が娘の一人称で『バーバラのフィリピンへの旅』という絵本を書いた。長じて大人になったバーバラは、理論からフィールドワークまで、純粋学問のあらゆる領域から女性が締め出されていた時代に、アメリカ科学界の高位にまで登りつめた。彼女はシャノンより一四歳年上だったが、彼と同じく、まだ二〇代で最高の研究成果を出してしまった。しかしシャノンと違って女性だったため、同僚とうまく対処する術を学んだ。男性の同僚たちは、自分たちと同じように自信たっぷりに論陣を張るバークスを、きわめて攻撃的な性格の持ち主だと見なしていたからだ。

バークスはキャリアを重ねながら専門分野の発展に努め、遺伝学の研究に統計を積極的に取り入れた。研究の大半は、生まれか育ちかという古くからの問題が対象で、特に知能の問題に専念していた。なかでも論議を呼んだのは、遺伝子と環境がＩＱにおよぼす影響が、それぞれどれくらいなのかを特定する研究だ。育ちではなく生まれについて研究する場合は、たとえば別の場所で育てられた一卵性双生児に注目する。生まれではなく育ちについて研究する場合は、養子とその両親の知能を比較する。二四歳のとき、養子の研究から、ＩＱの差異は七五パーセントから八〇パーセントまで遺伝によるものだとの結論を導き、議論を引き起こした。バークス自身は優生学との関わりはなかったが、コールド・スプリング・ハーバーに保管された大量の索引カードに、ブッシュと同じように惹きつけられたのである。そして優生記録所の最後の数年間で、ファイルから大量の無駄な情報を取り除き、役に立つデータを探し当てるための確実な方法を見つけ出して公表した。

つまり、バークスは知能の研究の専門家であると同時に、自身が優秀な知能の持ち主だった。したがって、遺伝学に関するシャノンの研究計画書の一部を読んだ後、ＭＩＴに送った返事の言葉には説得力があった。「シャノンは間違いなく天才です。おそらくすごい天才でしょう」[7]。彼女は、自分からもブッシュからも学ぶことがほとんどなさそうな青年に対する同情をブッシュと共有したかったのか、こうも記した。「シャノンのような青年にアドバイスするのは、本当に難しいでしょうね」[8]。しかしそれでも、シャノンは遺伝学という学問分野をゼロから学ばなければならなかった。

対立遺伝子、染色体、ヘテロ接合といった言葉をはじめて聞いたときは、まったく理解できなかったとブッシュに打ち明けている。こうして最初は手探り状態だったが、結局は新しい科学を（ほとんど）マスターし、一年もたたずに論文にできるレベルの成果を生み出したのである。

未知の分野での成果

「理論遺伝学のための代数学」には実際、見知らぬ土地に空中投下された才能豊かな新参者が残した足跡のすべてが、良し悪しはともかく記録されている。参考文献で紹介されている研究がわずか七つなのは、本人いわく遺伝学に数学を取り入れるやり方は文字通り前代未聞だったからで、「本論文のように特殊な代数にしたがって遺伝学が研究されたことはかつてなかった[9]」と弁解している。しかし、自分の独創性をここまで信じ込んでしまったがために、思いがけない失敗もあった。ある定理を新発見として紹介しているのだが、それは生物学者なら二〇年前から誰もが知っているものだった。優生学の講義をひとつでもとっていれば、あるいはあと数週間、図書館で時間を過ごしていれば、わざわざそれを再発見するような手間は省けただろう。事実を知ったあと、シャノンはブッシュにこう打ち明けている。「遺伝学の教科書はかなりていねいに目を通したのですが、定期刊行物の論文にまで手を伸ばす勇気はありませんでした[10]」。しかし同時に、彼が古い問題にまったく新しい目を向けたのは事実で、この独創的な発想は、ほとんど無意識のうちにわいてきた。遺伝学分野のジョセフ・コンラッドさながら、新たに学んだ言語で独創性を極められたのは、若いときに決まりきった知識を学ばなかったからである。

シャノンの遺伝代数学は実質的に、回路でしたことを細胞でも繰り返す試みだった。彼が登場するまで、回路は黒板に書いて表現するものであり、方程式は使わなかった。もちろん、ダイアグラムは方程式よりもはるかに扱いにくく、製図に数学の法則は利用できない。シャノンは、回路は記号で表現するのが難しいことを認識したうえで、そこから主張を発展させた。では遺伝子もまた、記号で表現するのが難しいとしたらどうだろう。ブール代数によって機械の配線を頭のなかで組み立てたのと同様、遺伝学に代数を応用すれば、生物学者が進化の歩みを予測するために役立つかもしれない。肝心なのは今回もまた、目の前の事柄からどうでもよい部分を取り除くことだ。箱のなかの一〇〇個のスイッチを抽象化したように、ファイル４５９８がチェスの力量を意味することをいったん捨象する必要がある。

「数学理論にパワーとエレガンスが備わるかどうかは、コンパクトで示唆に富む表記法を使えるかどうかにかかっている。それがなくては難しい概念を完全に説明することはできない[11]」とシャノンは書いている。実際にこの点は、すでに数学者たちの頭のなかに叩き込まれていた。たとえばニュートンとライプニッツはほぼ同時期に微積法を発明したが、勝利を収めたのは、直観的にわかりやすい記号を使ったライプニッツのシステムのほうだった。しかし、すべての人の遺伝子を記号でわかりやすく表現するシステムなどあるのだろうか。

シャノンが論文の執筆を始める何カ月も前に学んだように、「遺伝子は染色体と呼ばれる棒状の物体のなかに存在しており、染色体に沿ってたくさんの遺伝子が二列に並んで連なっている[12]」（染色体そのものはＤＮＡ分子で構成されており、このＤＮＡ分子が遺伝子を四つのアルファベット「文字」で記号化している。ただし、当時はその詳細は解明されていなかった）。単細胞よりも複雑なほとんどの生物種において、個体は多くの染色体対を持っている（ヒトは二三対）。有性生殖で

$\mathbf{A_1}B_1C_3D_5 \quad E_4F_1G_6H_1$

$\mathbf{A_3}B_1C_4D_3 \quad E_4F_2G_2H_2$

増える生物種の場合、対の一方の染色体は母親から、もう一方は父親から受け継がれる。その仕組みをわかりやすくするため、二対の染色体と一六個の遺伝子で構成される有機体をシャノンは想像し、遺伝暗号を上の図のように記号で表した。

上段左側に記載された$A_1B_1C_3D_5$という文字列は、一方の親から受け継がれた染色体、下段左側に記載されている$A_3B_1C_4D_3$は、もう一方の親から受け継がれた染色体を示し、上段と下段で対を成している。A_1とA_3の縦の列（太字の部分）は、染色対上で同じ位置を占める対立遺伝子を表す。A_1は一方の親の特性を伝える対立遺伝子だが、同じ位置に来る対立遺伝子の種類には限りがあり、父親と母親から受け継いだ対立遺伝子同士の相互作用によって、子どもの特性は決定される。シャノンは、ありうる対立遺伝子を下付きの数字で記号化した。つまりA_1とA_3は、同じ形質に対する異なる表現にあたる（たとえば髪の色が、一方は茶色でもう一方はブロンド）。どちらが実際に表れるかは、どちらの遺伝子が優性であるかによって決定される。

では、さらにシンプルに考えてみよう。全人口が、AとBというふたつの形質だけを持つ個体で構成されると想像してほしい。この場合も、横の列は一方の親の形質を記号化したもので、縦の列は遺伝子座を表している。たとえば、Aにはふたつの対立遺伝子（茶色の髪とブロンド）、Bには三つの対立遺伝子（背が高い、中背、背が低い）が存在するとしよう。この場合、遺伝的には二一通りの個性の持ち主が誕生する可能性が確実に存在し、その組み合わせは以下のような範囲になる。

$A_1\ B_1$
$A_1\ B_1$

から

$A_1\ B_3$
$A_2\ B_2$

　では、時間の経過に伴う集団内の遺伝子変化を、どうシミュレーションし、べつの集団とランダムに交配した結果を、どのように予測できるだろうか。五世代後には、新しい集団はどんな様子になるだろう。一〇〇〇世代後には？

　紙と忍耐力を無制限に持っていれば、二一種類のそれぞれについて、交配相手の集団からランダムに選んだ個体との組み合わせを書き出して計算することはできる。ただしそれは気が遠くなるほど長い作業で、最後はあきらめることになるだろう。だが、全人口とそれに関連する遺伝子をひとつの代数式で表せるとしたらどうか。その代数式は、コンパクトかつ示唆に富まなければならないとシャノンは指摘している。コンパクトとは、方程式で単一変数として扱えること、示唆に富むとは、遺伝子組み換えサイクルのある時点で結果を調べたいときに、人口を構成するすべての個人に関する「情報が明らかにされる」ことだ。

　シャノンはこのように論理的に考えた結果、全人口を表すλ^{hi}_{jk}という記号を発明した。

　実際のところシャノンによれば、これは「複数の要素から成る集団全体」を表現している。λは人口全体、ｈ、ｉ、ｊ、ｋは遺伝子を表す。可能な遺伝子の範囲がわかれば、これらの文字を数字で置き換えることは可能だ。縦列のｈ・ｊは遺伝子座で、そこで検討すべき最初の形質にはふたつの対立遺伝子があるとすれば、ｈとｊの値は１から２までの範囲となる。その隣のｉｋはべつの遺伝子座で、この二番目の列で検討すべき形質に三つの対立遺伝子があるとすれば、ｉとｋの値は１から３までの範囲となる。そうするとλ^{13}_{22}は、ひとつの個体ではなく、全人口のなかで、以下の遺伝情報を持つ集団が存在する可能性を意味することになる。

$A_1 B_3$
$A_2 B_2$

集団のなかで特定の対立遺伝子の占める割合、すなわち遺伝子頻度を、λ^{hi}_{jk}は非常にエレガントに記号化している。というのも、巧妙に描かれただまし絵のように、見方によって二種類の情報が提供されるからだ。縦にｈｊ、ｉｋと読めば、ｈｊという変数は遺伝子座を表しており、全人口のなかで個体が備えている資質を確認できる。そして横にhi、jkと読めば、染色体の組み合わせを表しており、一方の親からどんな遺伝子を受け継いだのか確認できる。

　言い換えれば、シャノンはこの論文で回路と同じ概念を再現し、発想の飛躍を目指した。以前は並列回路を足し算で表したが、今回も同じく、染色体の格子の変数に当てはまる記号を賢明に選んだ結果、未来を簡単な形で紙の上にシミュレーションできるようになったのである。博士論文の残りの部分は、この代数ツールを機能させるために必要な遺伝的定理に費やされた。その結果、ｎ世代にわたって交配を続けたのちに、ある遺伝子が個体のなかに出現する確率を推測できるようになった。複数の集団の組み合わせを表現するためには足し算、ランダムな交配を表現するためには掛け算を使い、ふたつの集団λ^{hi}_{jk}・μ^{hi}_{jk}から生み出される結果を計算する方法を示した。さらに、集団のなかには「負の集団」が存在するものと想像し、遺伝子頻度の割合は時間と共に変化すると考えた。「致死因子」は不適応な形質として、時間の経過にしたがって淘汰されるものと見なし、進化の代数を組み立てていった。有機体の集団全体をｘで表す代数方程式のなかに、現在確認されている集団の遺伝子を当てはめれば、過去に遡り、系図の大元となる未知の祖先の遺伝子を確認することも可能だ。しかもシャノンは、括弧や累乗の指数を組み合わせて一二行にも連なる方程式を導き出し、これを使えば、どんなに世代を経ていようとも、どんな集団に関しても三つの異なる対立遺伝子の頻度を確認することができた。博士論文の結論の多くは周知の事実だが、この最後の結論、すなわち三つの形質の未来を推定する方法は、まったく新しいものだった。新しい言葉を学んでから一年足らずで、この分野で五年から一〇年も先を行く成果を生み出したのである。

ただし開閉器に関する発見と異なり、遺伝子に関するシャノンの研究は抽象化のレベルがあまりにも高く、実際には役立てられなかった。人類の選抜育種の促進という現実的な目的のために設立された研究機関で、最後にこのような非現実的な研究が生み出されたことは皮肉でしかない。最も単純な有機体のケースを除けば、シャノンの代数では必要とされる情報があまりにも多く、現実の世界を予測するのは不可能だった。「僕の理論では、遺伝子に関する事実がすべてわかっていることが前提条件になっている。でも、すべての事実が知られているわけではないし、人類についてはなおさらわからない。ミバエにはピッタリなんだがね[13]」と後に説明している。シャノンが没してから二年後、遺伝学者はヒトゲノムの全配列を解読した。しかしそれでも、シャノンの代数が実用化されるためには、個々人のあいだの遺伝的変異に関してさらなる情報の投入が必要とされた。シャノンの博士論文から何らかの成果が生み出されたとしても、それはデジタルコンピュータのようにすぐに役立つものではなかった。集団遺伝学の問題に関してごく一般的に考えられるような、新しい方法と新しい記号を考案したことである。

そして現実的な応用は、シャノン抜きで達成しなければならなかった。論文をタイプして製本するとほどなく、シャノンは遺伝学の研究を放棄した。

遺伝学者の真似事

ある意味、博士論文の主題はクロード・シャノン本人だった。このプロジェクトではブッシュがイニシアチブをとり、仮説を立てた——被験者である二三歳の天才に、まったく訓練を受けたことがなく、「単語の意味さえわからない[14]」科学分野での研究に取り組ませ、一年以内に独創的な発見ができるかどうか。仮説の正しさはほぼ確認された。

ブッシュは水面下でこっそり同僚に意見を求め、シャノンの研究にはまだ素人くささが残されている点を以下のように認めている。「しばらく進んだかと思うと、いきなり立ち止まってしまって、明らかに未熟な部分が散見される」。そこで彼は、シャノンをできるだけ傷つけずに判決を下さなければと決心し、ハーバード大学の統計学者につぎのような手紙を書いた。「今回の件に関して本人と話をする前に、ご意見を伺いたいと思います。本人が大いに勇気づけられるか落胆するかは、私の話し方にかかっています」。ここまで心配したのは、教え子のなかに尋常ならざるプライドの高さを感じ取っていたからで、「彼の扱い方には細心の注意が必要です」と打ち明けている。しかも、ここまでのシャノンの学生生活は、ゲイロードからケンブリッジにいたるまで、挫折とはまったく無縁だった。

いずれにしても、ブッシュは悪いニュースを穏便に伝える必要がなくなった。戻ってきた講評には、「非常に適切である」とか「非常に印象的だ[15]」といったフレーズが書かれていたのだ。しかも指導教官だったバークスの激励は、そこにとどまらなかった。一七世紀の数学者パスカルが一二歳のとき、遊び部屋の床に図形を描きながら独力でユークリッド幾何学の定理を発見した話を引き合いに出して、シャノンの成果はそれに匹敵すると語った。「多少の手直しを加えたうえで、公表するべきだと思う」と、ひとまず満足したブッシュはシャノンに手紙を書き送った。

しかし、シャノンは恩師の言葉を無視した。遺伝学に関する論文は保管されたまま忘れられてしまった。しかも、床に図形を走り書きした早熟な一二歳の少年との比較などという、恩着せがましい指摘を聞かされた痕跡も残されていない。そもそも彼には、パスカルのようになりたいという願望もなかった。そのような発見は学校教育を受けていない少年や畑違いのエンジニアによるものだという点で、本人の素晴らしさの証明になるのかもしれないが、世界に関して何ら新しいことを語っているわけではない。シャノンの論文の最も新しい要素は、代数を使った方法そのものである。そして、この分野で何の影響力もネットワークも持たない若者のシャノンが遺伝学者を説得し、従来のツールの代わりに自分の発明を使ってもらわないかぎり、せっかくの方法の価値は証明されない。そのことを、シャノンは誰よりも理解しており、「しばらく遺伝学者の真似事をして楽しかったよ[16]」と後に冗談交じりに語っている。

シャノンの研究成果を賞賛したバークスとブッシュは、これが大きな影響を与える可能性に期待を寄せた。ブッシュはＭＩＴへの書簡で、「他人から与えられた問題に規格外れの新しい方法をここまで独創的に応用できる学生は、少なくとも同世代にはまずいないでしょう[17]」と書いている。ただし教え子には、賞賛だけでなく警告も忘れていない。「きみの論文が公表されたとして、誰かが同じ方法を使って研究をさらに進めるかどうかは大いに疑わしい。この一般的な分野では、そこまでやれそうな人物はまず見当たらない[18]」と指摘している。シャノンの方法は特異で、しかも単独で考案したのだから、不適切なものとして処分される可能性が高かった。そうなると、変わった表記法に疑いの目を向ける人たちの説得に努めなければならず、結局はアウトサイダーの遺伝学者とし

シャノンの恩師、ヴァネヴァー・ブッシュ。
Photo: MIT Museum 提供。

て、不満だらけのキャリアが開かれるのが関の山だ。すでに全米で最も才能豊かな若きエンジニアのひとりとしての名声を手に入れている学生にとって、そんな未来は魅力的ではないし、そもそも不要だった。シャノンには、「二流の成果で評判を損なう必要はなかった[19]」と後の同僚は述べている。

　シャノンの態度はかたくなで、生涯のあいだに数多くの論文が未公表のまま処分された。努力のすえに何らかの発見をしても、それを世間に伝えることには同じような関心が持てなかった。問題を解決したことで自己満足を得られれば十分で、一流とは言えない研究成果に関しては特にその傾向が強かった。シャノンは後にこう説明している。「答えを見つけ出したあとはいつでも、それを論文にまとめて公表する作業（それをしなければ認められないのはわかるが）が苦痛でたまらない[20]」。もっと尊大な科学者なら、発見に関して純粋にプラトニックな喜びを書き加えたかもしれないが、シャノンはそうではなかった。「面倒でしょうがない」と打ち明けている。

　博士論文がブッシュとバークスに提出されてから半世紀以上経過した後、シャノンの論文集に取り組む編集者が現代集団遺伝学のある専門家に対し、未公表の博士論文を批判的な目で読んでほしいと依頼した。そこでこの査読者は、博士論文をべつのふたりの青年の論文と比較した。ふたりとも数学的な傾向を持つ遺伝学者で、一九三〇年代末に論文に取り組んでいるあいだは無名の存在だった。査読者は三つのなかでシャノンの論文に最低の評価を下す一方で[21]、つぎのように認めている。「三人の研究成果が一九四〇年に広く知られていなかったのは残念だ。集団遺伝学の歴史に大きな変化を引き起こしていたと思う[22]」。

シャノンはべつの場所で歴史的な偉業を成し遂げなければならなかった。公表に至らなかった理由を最もシンプルに説明するなら、本人の注意力がいつものように、ほかに目移りしてしまったのだ。遺伝学に没頭しているはずの時期、彼はわざわざ研究を中断し、恩師につぎのような手紙を書いている。

ブッシュ先生……

僕は三つの異なるアイデアの研究に取り組んでいます。不思議ですが、ひとつの問題にこだわるよりも、こちらの方法のほうが成果は上がるようです……

いまは断続的に、情報の伝達を支える一般的なシステム——電話、無線、テレビ、電信など——の基本的な特質について、分析作業を行なっています……[23]

7 科学者たちの夢の国

現実の数学では……野蛮な人間が必要とされる。どんなツールを使うべきか前もって決めずに戦い、征服し、土台を築き、理解を進めていくような人間が。(1)

バーナード・ベナード・ビューザミ

シャノン、恋に落ちる

結果はすぐには与えられない。修士論文を絶賛され、遺伝学の分野で発表に値する研究成果を上げても、博士号を取得するには十分ではない。MITのほかの学生たちと同じく、シャノンも語学の試験に合格することを義務付けられていた。そこでケンブリッジに戻り、数学科で講師としての義務を果たす一方、電信、電話、無線、テレビ――数学者から見れば、これら四つの通信手段は大事な「基本的特性」をほとんど共有しないのだが――の概略設計に取り組み始め、その合間にフラッシュカードに単語を書き出していった。フランス語は簡単だった。ドイツ語の試験には落ちたが、二度目の挑戦で合格した。

このように数字漬けの生活のなかで、シャノンは余暇に真逆のものを楽しんだ。ジャズを愛好し、彼いわく「予測不能で理屈に合わない(2)」即興を特に好んだ。ゲイロードでは、マーチングバンドで金管楽器を演奏した。ケンブリッジでは、自室でジャズのクラリネットを演奏した。コレクションしたレコードから流れる音楽に合わせてクラリネットを吹いているときは、忙しい日常を忘れることができた。博士号のプロジェクトは厳しく、深夜まで勉強し、昼ちかくにベッドから起き出す日々が増えていった。ふたりのルームメイトと共有するアパートの所在地は、ハーバードスクエアから遠くない、ガーデンストリート一九番地だった。ルームメイトたちがパーティーを開くときはかならず、楽しそうな会話の声に惹かれて机から離れてみるものの、世間話に加わるのは苦手で、壁や戸口で立ち止まっていたのだろう。そんな場面を想像することができる。実際、あるパーティーで戸口に立っていると、顔をポップコーンの粒が直撃した。

戸口にいる背が高くて寡黙な青年の注意を引こうとポップコーンを投げつけたのは、ノーマ・レボー、一九歳。これほど世俗的な人物にシャノンは生まれてはじめて出会った。生まれたのはニューヨークのセントラルパーク・ウエストで、母親はピンクッションの製造販売で財を築いた一族の相続人、父親はスイスの高級生地の輸入業者だった。ハリウッド映画の脚本家で劇作家でもある従兄弟が「共産主義者」だった影響でノーマはアッパー・ウエストサイドに集う左翼知識人に感化され、姉はコロンビア・ロースクール（ノーマ曰く、この学校の過激な学生はトロツキー主義者で、主流派の学生は普通の共産主義者だという）に通っていた。そんなノーマは夏をパリで新聞記者として過ごしていたが、戦争が始まる前に両親からアメリカに呼び戻された（「そのためにここにいるのに」と抗議したが、両親は聞く耳を持たなかった）。ラドクリフ大学に戻って行政学を学んでいたが、ひどく退屈なパーティーにやって来たとき、やせこけた若者が寝室の戸口に立って、レコードプレイヤーから流れるジャズを聴いているのを見つけたのだった。

「ねえ、みんなと一緒に楽しまないの？」(3)

「いや、ひとりが好きなんだ。いい音楽だろう」

「ビックス・バイダーベックね？」

「うん、最高だよ」

それが、ふたりのなれそめだった。ノーマは、クロードの「キリストのような」(4)外見に惹かれたと回想している。たぶん、エル・グレコが描いたような、縦に引き延ばされたキリスト像のような印象だったのだろう。しかしノーマは、ほとんど何事にも趣味が良い女性だった。クロードは微分解析機の部屋に二四時間出入りが可能で、ふたりはそこで束の間の逢瀬の多くを過ごした。時間はごく限られていたので、おそらくノーマは退学することで払うことになる犠牲について考える余裕がなく、誰もが第一印象で認める異常な天才ぶり以外には、シャノンという人間について何も発見できなかっただろう。そして、クロードはそれまでの恋愛経験があまりにも少なく、二〇代前半のふたりは出会った直後に恋に落ち、情熱の炎を燃え上がらせた。ノーマは伝統にとらわれず何事にも束縛されない女性で、シャノンがゲイロードに残してきたあらゆるものと対照的だった。「知的な話題を取り上げ、ふたりだけに通じるおかしな表現を使って話したものよ。彼は単語が大好きで、たとえば『ブーリアン』という単語は音の響きが気に入って、何度も繰り返したわね」(5)とノーマは語っている。シャノンは彼女に詩を書き送り、なかには下品な作品もあったが、どれもE・E・カミングスのスタイルを真似て小文字で綴られていた。ノーマが、自分は第三世代の無神論者だと言うと、「ほかの何になれるのさ」とシャノンは応じた。

ふたりは最初から離れがたい思いが強く、ついにはノーマが明け方こっそりラドクリフの寮に戻ったのがばれて「大問題」になってしまった。クロードは「とても愛情深く、とても素敵で、とても愉快で、とてもやさしいの。すごく面白くて、一緒にいると本当に楽しかった。昼だって夜だって、ずっと素敵だったわ。何カ月たっても変わらないの」[6]とノーマは当時を振り返っている。ポップコーンがシャノンの顔を直撃したのは一九三九年一〇月で、翌四〇年一月一〇日に早くも結婚式を挙げた。場所はボストンの裁判所の庁舎で、治安判事が立ち会った。ニューハンプシャーでのハネムーンでは、ひとつだけいやな経験をした。反ユダヤ主義のホテル経営者から、宿泊を断られたのだ[7]（ノーマは実際にユダヤ人で、クロードはいかにもそんな外見をしていた）。

シャノンは、あらゆることが進行していくスピードに戸惑いながらも、まんざらではなかった。ブッシュにはつぎのように書き送っている。「先生の予想通りかもしれませんが、僕は女性科学者ではなく、著述家と結婚しました。僕のフランス語の学習（？）を手伝ってくれますが、フランス語にかぎらず、色々なことを教えてもらって本当に充実しています[8]」。

春には、シャノンは角帽とガウンを身に着け、修士と博士の学位を同時に取得した成果を祝った。おまけにブッシュの口添えでナショナル・リサーチ・フェローシップ（特別給費研究員）を獲得したので、新学年度はプリンストンの有名な高等研究所（ＩＡＳ）で過ごすことになった。由緒あるフェローシップをどのようにして勝ち取ったのか尋ねられると、普段よりもさらに辛辣に「申し込んだら舞い込んできた。申し込めばいいのさ。自分はどんなに頭が良くて優秀なのか、伝えればいいんだ[9]」と答えた。ノーマは同行するため、ラドクリフでの学生生活を四年生の途中で中断した。当時の妻にとってめずらしい決断ではなかったが、学業をやめたことへの苛立ちは次第に募っていった。左翼政治と著述業という自らの専門分野で、ノーマは夫に匹敵するほどの知的野心を持っていたが、それらは封印されてしまった。

しかしふたりはプリンストンに向かう前に、ノーマが子ども時代を過ごしたマンハッタンに立ち寄り、短い夏を過ごした。一九四〇年の夏、シャノンはベル研究所から二度目の招待を受けたのだ。前回訪れたときは大学院の一年生だったが、今回は受賞歴のある博士であり、しかもヴァネヴァー・ブッシュが後見人だ。彼が向かった研究所は、おそらく世界最先端のテクノロジー企業であり、通信に関してはアメリカでも最高の頭脳集団の拠点だった。

応用数学者への道

本人が望めば、シャノンは学究生活を順調に歩み続け、特別研究員の地位や数々の賞を積み重ね、努力のすえに終身在職権を勝ち取って、学者として満足な生涯を過ごせただろう。しかしシャノンは、教育機関の外で自立して生きていくタイプの数学者で、大学でポストを提供されるぐらいでは満足できなかった。彼の最大の恩師であるブッシュもそれを理解しており、その点を配慮しながら教え子の人生の道筋をつけてやった。

もちろん、ヴァネヴァー・ブッシュが当時、応用数学界の最高権力者だったことは役に立った。彼は、シャノンを自分のイメージ通りに育てようとは思わなかったが、うまく誘導してやれば大学の外の世界でも立派に通用するだろうと理解していた。ちょうど自分が才能によって全国的な名声を勝ち取ったのと同じように。そもそも微分解析機の研究のためにシャノンを採用し、理論遺伝学に数学的論理を応用する機会を与えたのはブッシュだ。一九三八年にはマイクロフィッシュ・ラピッドセレクタの研究を任せたこともある。これは「マイクロフィルムに収められた情報を迅速に検索することができる光学高速読み取り機」[10]で、シャノンの大学院での研究とは比べものにならないが、このときも、慣れない領域で数学の能力を発揮できる環境に教え子を敢えて放り込んだ。シャノンと同じく、ブッシュは機械いじりの才能を生まれ持っていたので、シャノンがこの方面での才能を生かせるように配慮した。こちらで見慣れない問題を提供し、あちらで新しい研究トピックを提供するといった具合にチャンスを与え続けた結果、最終的にシャノンは最高ランクの応用数学者へと変身を遂げたのである。

高等研究所に採用が決まり、その前にベル研究所へ赴く際に、シャノンはブッシュに手紙を送り、キャリアに関するアドバイスを求めている。ブッシュはきっぱりと以下のように返答した。「私からのアドバイスはひとつだけ。きみは基本的に応用数学者だよ。きみは［研究の対象とする］問題をうんと広い分野から選ぶべきで、純粋数学だけに目を向けるべきではない[11]」。

しかし、シャノンの真の潜在能力が純粋数学以外の場所に眠っていることを理解したのは、ブッシュだけではなかった。ベル研究所の数学グループの責任者だったソーントン・C・フライも注目していた。フライに関しては「非常に慎重で折り目正しい人物[12]」と評されることもあるが、それは好意的な表現で、はっきり言って堅苦しい人間だった。国立大気研究センター（NCAR）に勤務していたときには、「NCARのスタッフのくだけた服装に眉をひそめた」が、「それが彼らの研究を尊敬する気持ちに影響したわけではなかった」。そんな彼の態度には、オハイオの大工の息子としての出自が反映されている。一九二〇年には家業から何とか逃れ、数学、物理学、天文学の三つの博士号を獲得した。

フライがウェスタン・エレクトリックで職を得られたのは、こうした学問背景に幸運も手伝ったのだろう。ウェスタン・エレクトリックはAT&Tの設備製造を請け負い、アメリカでも有数の工学関連企業だった。研究責任者との面接で、フライは相手の質問に不意を突かれた。面接官は、当時最も影響力のあった通信エンジニアたちの研究内容に関して、フライがどれだけ精通しているのか確かめたかったのだ。面接での失敗を、彼は後にこう振り返っている。「ヘヴィサイドの研究に関して、何か読んだことがあるか？ ヘヴィサイドなんて、聞いたこともなかった……キャンベルは聞いたことがあるかと尋ねられたが、キャンベルなんて知らなかった。モリナについても訊かれたと思うが、それも知らなかった。何を尋ねられても知らなかった」[13]。それでも、堅苦しい雰囲気の若者の何かが面接官の印象に残った。ウェスタン・エレクトリックは、思い切ってフライを採用した。雇ってみると彼はじつに優秀で、後にウェスタン・エレクトリックと、AT&Tから分離独立した研究部門が合併してベル研究所が設立されたときには、数学研究グループを統括する責任者に選ばれたのである。

おとぎの国のベル研究所

「ベル研究所は未来——私たちにとっての現在——が考案され設計された場所だった」とジョン・ガートナーは、ベル研究所の歴史をテーマにした著書『世界の技術を支配するベル研究所の興亡』のなかで記している。ほかの評価も似たようなもので、「至宝」「この国の知識人にとってのユートピア」[14]などと絶賛されている。シャノンがベル研究所にやって来た頃には、技術、才能、文化、規模などが絶妙に混じり合って、電話会社の一研究部門が、発見をつぎつぎと生み出す最強集団へと変身していた。ここからは、想像できないほどバラエティに富んだ発明やアイデアが、前代未聞の割合で量産された。ガートナーの言葉を借りるなら、「ベル研究所で何が起きているのか考えるのは……人類が大きな組織として何を達成できるのか、その可能性について考えることに等しい[15]」。

創設者は一昔前のメカ好き、アレクサンダー・グラハム・ベルだった。「声や音が空気を伝わるときと同じような形で電気振動を引き起こし……声や音を電信で伝える方法ならびに装置[16]」の発明によってアメリカ合衆国特許174465を取得したベルは、「電話の発明者」として世界的に認められ、莫大な財産を築いた。彼が設立した米国電信電話会社（AT&T）は、特許の中身に見合った大胆な目標を掲げた。発明を応用し、受話器や電話線や送話器のネットワークを全米で展開することを目指したのである。その結果、研究所でのデモンストレーションに用途が限られていた電話は、一〇年も経たないうちに全国の一五万世帯に設置されるまでになった。一九一五年には、人間工学の驚異的な成果であるネットワークが、全国に網の目状に張り巡らされ、東海岸と西海岸のあいだの物理的移動に一週間ちかくを要する時代に、同じだけ離れた場所のあいだで電話によるコミュニケーションが可能になったのである。

一九二五年、研究部門がAT&Tから分離され、ベル研究所という単独の企業が誕生した。AT&Tとウェスタン・エレクトリックがそれぞれ五〇パーセントずつ出資した。名目上、この研究所は電話会社の一部門だが、「手がける科学的研究のスケールの大きさには、この国の、いや世界中のどんな組織も太刀打ちできないだろう[17]」と、AT&Tの社長だったウォルター・ギフォードは語っている。ベル研究所の目標は、より明瞭で迅速な通話の実現だけではなかった。あらゆる通信手段が機械の支援を受けて情報伝達する未来に向けて、構想を練る作業も任されたのである。

いわゆる基礎研究は、研究所の活力源になった。グーグルの「二〇パーセントルール」――グーグル社員がスケジュールの五分の一を具体性のないプロジェクトに割り当てる習慣――が、西海岸の企業に特有の贅沢のような印象を与えるとしたら、それと比べ、連邦政府から独占を承認され、大きな利益率に支えられているベル研究所の活動は貪欲だった。社員はとてつもない自由を与えられていた。「物理や化学の基本的な疑問が、将来通信にどんな影響をおよぼす可能性があるか(18)」を考えるようにと研究員は命じられた。未来のいつかの可能性だ。ベル研究所の研究員は、何十年も先を見据えて考えるよう指導された。現在ではなく未来に、テクノロジーが日常生活の特徴をどのような形で様変わりさせるか想像し、「すべての人たちやすべての新しい機会をいかに接続できるか」考えなければならなかった。このような習慣について、後にある社員はこう簡潔に説明している。「僕はここに来てはじめて哲学に出会った。いいか、いま取り組んでいることは一〇年や二〇年のあいだは重要ではないかもしれないが、それでいい。我々は未来を目指しているんだ、とね(19)」。

とてつもない自由は科学者にとって夢物語で、好きなように研究できる環境には驚くほど多彩な人材が引き寄せられた。ベル研究所の研究員で、後にヒューレット＝パッカードの研究チームの統括者になるバーナード・「バーニー」・オリバーはつぎのように回想している。「ここは本当にすごい場所だ。電気工学の分野の世界中の知識が集約され、それを好きなように利用できるんだ。電話をかけるか、あるいは誰かに会いにいくだけで、答えが見つかる」。

素晴らしい才能をこれだけ集めてきた努力は、非常に大きな実を結んだ。数十年のうちに、ファックス・マシン、プッシュホン式ダイアル、太陽電池が、ベル研究員の手で発明されたのである。さらに、世界初の長距離電話を実現させ、映画の音声と映像を同期させた。戦時中はレーダー、ソナー、バズーカ砲を改良し、フランクリン・ルーズベルトがウィンストン・チャーチルと安全に会話できるような回線を準備した。やがて一九四七年には、ベル研究所のジョン・バーディーン、ウィリアム・ショックレー、ウォルター・ブラッテンが、現代の電子工学の土台となるトランジスタを創造した。三人はノーベル賞を受賞したが、彼らを含め、ベル研究所は二〇世紀に六人の受賞者を輩出している。

　産業研究所が博士号を持つ優れた人材を採用し、工学分野の様々な領域の喫緊の問題の研究に当たらせるのは理解できる。でも、ノーベル賞や具体性のないプロジェクト、猶予期間が一〇年も二〇年もあるプログラムは理解の範囲を超えている。しかし、多少のノスタルジアが込められているとしても、ソーントン・フライの判断が不適切とは思えない。研究所での日々を振り返り、あそこは「おとぎの国の会社だった」と語っている。[20]

　たとえばベル研究所出身でノーベル賞を受賞した六人のひとり、クリントン・デイヴィソン。

ベル研究所で働くシャノンと同僚のデイヴ・ヘイゲルバーガー。研究には際限のない自由が与えられたが、そのために行き詰まる者たちもいた。Photo: Nokia Bell Labs 提供。

デイヴィの愛称で知られる彼は、「まるで幽霊のように動きが緩慢で……実体のない存在に等しかった[21]」という。中西部出身のひ弱で寡黙なデイヴィは、ほとんど人付き合いをせず、将来の計画を自分の好きなように立てることができた。「あいつは組織の運営に関するどんな役割も断って、孤独な研究者としての道を歩むことを許された。大体はひとりで、時にはひとりかふたりの仲間とチームを組んで実験を行ない、興味をそそられるプロジェクトだけを推し進めた」とガートナーは語る。しかも彼は、「自分の研究がどのような形で電話会社の役に立つのか（そもそも役に立つのか）、ほとんど関心がなさそうだった」という。

ベル研究所は大学でも慈善団体でもない。ところがデイヴィは組織の金で際限なく実験を行なう自由を許され、しかもその実験の多くは最終的な損益とのつながりが希薄だった。ニッケル結晶に電子をぶつけて粉砕させる実験の結果を少しずつ蓄積し、電子の動きが波状であることを証明した功績を認められ、デイヴィはノーベル賞を受賞した。おかげで研究所の名声は高まったが、資産が増えたわけではない。彼のように、自ら選んだ学問の道を自由気ままに歩み続ける人材は、使い方が具体的にはっきりしないが、研究所の経営陣からは役に立つ存在と見なされた。

基礎研究に惜しみなく投資した結果、研究所の従業員名簿には常にデイヴィのような人物が数人掲載されていることになった。もちろん、誰にも指示されず自分の意思で研究を行なう自由は負担になる可能性もあり、ある意味で不安を掻き立てられる。問題を抱える分野はほぼ際限なく存在するのだから、そこから「正しい」問題を選ばないかぎり、いくら考えても研究所での成功はおぼつかない。技術や理論に関するブレークスルーを最も多く見出せるもの、研究が行き詰らずに大きな展望が開かれるものを選ぶ必要がある。しかも、正しいものを選ぶためには博学であるだけでなく、直感を頼りにしなければならない。科学の核心部分に芸術の要素が思いがけず存在しているのだ。

クロード・シャノンは成功した研究者のひとりだった。シャノンは生涯の様々な時期に様々な機関に所属したが、一九四〇年代のベル研究所ほど、彼の情熱的でユニークな研究スタイルにふさわしい場所は想像できない。「初日から、何でも好きなことに取り組む自由を与えられた」と回想している。「指図された経験はない」[22]。

産業数学者の養成

ソーントン・フライは、ただ単にシャノンをベル研究所に採用したわけではない。せっかく集めた才能が無駄にならないよう、フライ自ら苦労して作り上げた数学グループにシャノンを配属した。数学者が企業内で果たすべき役割についてフライは確固とした見解を持っていて、見方によっては理想主義者や異端者のような印象を与えた。〈ベル・システム・テクニカルジャーナル〉誌への寄稿のなかで、フライは最初に明白な事実をつぎのように指摘している。すなわち、大学の数学科では正しい知識が教えられるが、これだけでは数学者に職業訓練が欠ける。その結果、物事について単に考えるだけでは満足せずに物事を組み立てようとする人材が不足してしまうのだという。さらにフライは、「アメリカ合衆国は純粋数学では卓越したリーダーとしての地位を守っているが、学んだ成果をさらに追求することのみならず産業への応用まで視野に入れている学生に対して、十分な数学的訓練を提供している学校は存在しない」[23]と書いている。

高度なスキルを持つ優秀な数学者が金銭的に良い条件で採用されるのは、現代では当たり前のことと見なされる。しかし常にそうだったわけではなく、殊に二〇世紀はじめのエリート数学者の世界ではその点が顧みられなかった。数学での最高の評価が、外の世界に応用され役立てられることはまずなかった。抽象的な問題を解決すれば賞賛を勝ち取れるため、リーマン予想、ポアンカレ予想にコラッツ予想、フェルマーの最終定理といった問題の解法追求に全キャリアが費やされてしまう。いずれも数学界の最大の難問で、何十年という歳月を費やしても解決できないという事実が、これらの問題への関心をさらに高めている。世の中のために役立てるつもりはなく、解決されたら何か実践的な目的に応用できるかどうかあらかじめ考えるわけでもなく、かりに考えたとしても、それはあとからの話だった。

フライ自身、数学で博士号を取得しているので、この点に関してはほとんどの人よりもよく理解していた。「典型的な数学者は」と切り出し、フライは以下のように述べている。

産業計画を推し進めるような人間ではない。夢想家で、世俗的な事柄にはあまり関心がなく、研究成果が売れればどれだけ儲かるのか考えようともしない。おまけに完璧主義者で、妥協することをいやがり、理想へのこだわりは現実離れしている。広い水平線にばかり関心が向けられているので、細かい事柄への注意は疎かになってしまう。

そのため大学院生の多くは、狭い数学の世界の外では用途の限られる問題の解法を訓練され、きわめて高い能力を身に着けた。したがって、魚が自転車を必要としないように、産業研究所にとって数学者は無用の人材だった。ただし……数学者の全員が論文を書くことや、終身在職権の獲得に興味を持つわけではないとフライは直観的に考えた。さらに、正しい環境を与えてやれば長所が生かされ、「日常的な問題」に注目し、「具体的な利用法」を考案するなど、現実的な事柄の研究に取り組むのではないかとも推測した。そしてフライは、考え実行する「産業数学者」という新種の人材の必要性を主張したうえで、それを実行に移せる立場にいる数少ない人間のひとりだった。

フライは自らの信条を数学グループの核心に据えた。その主張はいたってシンプルで、ベル研究所のエンジニアは「数学に関して呆れるほど認識不足だが[24]」、正しく応用すれば、電話による通信に伴う複雑な問題の解決に役立つというものだった。そして数学グループは、研究所のスタッフのなかでも才能に恵まれているが、あまりにも変人で周囲と協調できないメンバーの駆け込み寺としての役目も引き受けた。「数学者はみんな変人だよ。きみだって、私だってね。それは紛れもない事実だ。だから、あまりにも変わり者でもてあましたら、『こいつは数学者だから、フライのところに送るとするか』となるのさ[25]」と、数学好きなインタビュアーに対してフライは語っている。

ソーントン・フライ。ベル研究所で数学グループを立ち上げ、シャノンを配属した。Photo: Nokia Bell Labs 提供。

フライをリーダーとして結成された数学グループは、組織内のコンサルティング機関のような形でスタートした。数学者は必要に応じてエンジニアや物理学者や化学者などの相談に応じるが、組織内の「クライアント」を自分で選ぶ自由が与えられた。アドバイスや助言を与えることが目的で、産業計画の実行に伴う厄介な現実的問題は他人に任せた。「行動原則として、何でも一度は実行するが、二度目は行なわなかった[26]」と、ベル研究所のヘンリー・ポラックは語る。

その結果、数学グループは幅広い範囲の権能を付与されることになり、ゆるい文化で知られるベル研究所のなかでも活動の柔軟性は際立っていた。この時代の研究員のひとりは、「われわれの仕事は、あらゆる人たちの仕事に干渉することだった」と語っている。フライの言葉を借りるなら、「望めば、実行する権限を与えられないものはなかった[27]」。シャノンもこう振り返る。「僕が配属された数学研究グループは、自由奔放な行動が許される環境だった。何らかのプロジェクトを支える具体的な研究を少しでも速く進めようと、努力するような場所ではなかった……僕にはそのほうが心地よかった。自分のプロジェクトに取り組めるからね[28]」。

独立と引き換えに、数学グループは電話会社の業務に精通した。たとえば草創期のメンバーは電柱に登り、交換台を操作した。切り替え装置の数学的処理をマスターし、ネットワークに関する厄介な問題を解決した。そして研究所のほかの従業員と同じく、お互いに名字だけで呼び合った[29]。やがて訓練で身に着けた能力に実地体験が加わると、メンバーは通信工学の基礎をなす数学にまで深く掘り下げて考えられるようになった。そして最終的に、数学グループは業界のなかで際立った存在として認められるようになった。大きな民間企業のなかで数学の優秀な人材をうまく活用するための基準が、フライのビジョンによって設定されたのである。

メカ好きの本領

シャノンは夏のあいだ限定的にベル研究所に参加した。短い夏の経験に関して記録はほとんど残されていないが、成果の一部については確認できる。この時期のシャノンの研究は、ふたつの技術メモのなかで取り上げられており、どちらからも、電話会社の目標達成に数学のスキルがいかに役立ったのか理解することができる。

シャノンが最初に取り組んだのが、「色識別に関する定理」だ。ベルの電話ネットワークのように複雑なシステムでは、ワイヤーの配色は深刻な問題だった。そしてシャノンは、以下の謎解きの答えを見つける作業を任された。

A、B、……Kで表される多くの中継器やスイッチなどの装置があって、これらを相互に接続しなければならない。まず、接続用のワイヤーを撚り合わせてケーブルを作り、あるポイントでワイヤーの一部をAのリード線として、べつのポイントはBのリード線として……といった具合に使っていく。このような状況でワイヤーを識別するためには、同じポイントで使われるワイヤーのすべてを異なった配色にしなければならない。ふたつのポイントは任意の数のリード線で接続される。たとえば、AとBは四本、BとCは二本、CとDは三本、AとDは一本のワイヤーで結ばれているとしよう。AとBを結ぶ四本のワイヤーはすべて異なった色にする必要があり、しかもBとC、AとDを結ぶワイヤーの色とも区別しなければならないが、CとDを結ぶ三本のワイヤーは、AとBを結ぶワイヤーのうちの三本と同じ色でもかまわない。さらに、AとDを結ぶ一本のワイヤーは、BとCを結ぶワイヤーのうちの一本と同じ色にしてもよい。どのポイントでもリード線の数が最大でm本だとすると、ネットワーク全体ではワイヤーの色を最低でもいくつ準備すれば十分だろうか(30)。

この質問から「ふたつの列車が駅を同時に出発し……」という質問と似たような印象を受けるのは、この手の問題が数学的な近道を探すために役立つからだ。シャノンの任務は、まさに数学的な近道を見つけ出すことだった。数学で学士号までしかもっていないベル研究所のエンジニアでも、ネットワークに最低限必要な色の数を手早く簡単に確認できるような解決策を考えなければならなかった。そこでシャノンが出したのは、ネットワーク回線の数に一・五を掛け算するという答えだ。その値と等しいか、それ未満の最大の整数が、必要とされる色の数となる。しかもこれは綿密に考え抜かれ、証明も十分だった。数学の天才の成果としては見劣りするかもしれないが、それでも十分に役に立つ。たとえば遺伝学に代数を取り入れたり、記号論理学と回路の関連性について考えたりしたときとは違って、これは直ちに実践が可能だった。

この成果は意義深い。大人になってからのクロード・シャノンが受けた正式な教育と、少年時代のクロード・シャノンが学校以外で学んだ成果がうまく混じり合っていることが、論文からはうかがわれる。こわれたラジオの修理や簡易エレベーターの制作に、クロード少年は夢中で取り組んだものだが、そんな現実的で実際的な性質の一部が大人になっても変わっていないことがわかる。今回の問題は専門的で応用範囲も狭い印象を受けるが、その解明をシャノンが大いに楽しんだと想像しても大袈裟ではない。結局のところ、これは複雑な謎解きなのだ。有刺鉄線をネットワーク代わりにして、電信技師の真似事をして遊んだ少年時代を卒業し、バージョンアップしたようなものだ。

シャノンの二番目の成果「加入者が送信者のケースにおけるラカトス・ヒックマン中継器の利用法」[31]は、電話の呼び出しをつなぐために使われる中継器の簡略化と効率化に取り組んだものだ。ベルのネットワークの中継システムが現在のままで最適かどうか、もっと上手に機能させる方法はないか、疑問を投げかけている。要するに、電話システムの心臓部を対象にした、非常に大きなスケールの機械いじりと言ってもよい。ここでシャノンは修士論文のときと同じやり方で、回路にとってふたつの新しい選択肢を考え出した。すなわち、「常識とブール代数のメソッドを組み合わせた」のだ。そして、どちらの設計にも独自の欠点がある点を躊躇なく認めたが、現在提供されているものよりも優れていると主張した。

シャノンはベル研究所にはじめてやって来たとき、疑いを抱いていた。大きなスケールで考えたり新しいアイデアを思い描く能力が、産業研究所では押しつぶされるのではないかと不安だった。しかしひと夏を過ごしたあとは、そのような不安も収まった。職場環境ではこれ以上望めないほど大きな自由が与えられたのである。

「中継器に代数を応用する［僕の］アイデアを研究所が実際に設計に取り入れてくれたときは、最高の気分でした(32)」と、シャノンはブッシュに宛てた手紙に書いている。最新の創作品のスイッチを入れ、うまく作動したところを確認したメカ好きの教え子と同様、くつろいだ様子で手紙を読んでいるブッシュが、満足げに笑みを浮かべている姿を容易に想像することができる。

8 天才たちとの邂逅

ノイマン、ワイル、アインシュタイン

ベル研究所での夏が終わり、秋になってプリンストン高等研究所にやって来た頃には、「クロード・シャノン」の名は数学や工学の世界で十分に知れ渡っていた。もちろん、ヴァネヴァー・ブッシュの後押しはあったが、この若き数学者にはほかの人たちも注目していた。ノーバート・ウィーナーはその一人で、かつては父親の英才教育を受けた神童として知られた人物だが、この当時は尊敬に値する数学者へと独力で成長していた。彼は一九四〇年にシャノンについて、つぎのような人物評を書き残している。「きわめて頭脳明晰で知能が高い……すでに独創的な研究成果を残しているが、将来有望な青年であることは間違いない(1)」。

一九四〇年九月二七日、高等研究所のオズワルド・ヴェブレンはソーントン・フライに宛てた手紙のなかで早くシャノンを寄越してほしいと強くせがんだ。ヴェブレンはシャノンに稀有な才能を

見出し、シャノンの論文を位相数学の権威であるオーリン・フリンクに見せていた。シャノンはMITでも傑出した存在として認められた。一〇月二一日、MITの数学科の責任者H・B・フィリップスは、教員仲間に送った電報でつぎのように評している。「シャノンは我が校の卒業生のなかでも極めて優秀で、どの分野に関心を持つとしても一流の研究者になれるだろう」[2]。このメッセージを受け取ったのはマーストン・モースだ（数学のモース理論は彼にちなんで命名された）。数学界で最高の名誉とされるボッチャー記念賞の受賞者はその時点で七人しかいないが、彼はウィーナーとフォン・ノイマンと共に受賞者に名を連ねている。

モース、フィリップス、フリンク、フライ、ヴェブレン、ブッシュと、シャノンのサポーターやパトロンには錚々たるメンバーが勢ぞろいした。いずれも数学界のキングメーカーであり、いかに野心や才能があっても普通はかなりの努力が必要なのに、シャノンは彼らからの支援をすんなり獲得した。まだ粗削りの知的才能を見きわめて評価する大物たちに鮮烈な印象を残したのである。彼らはシャノンのなかに自分たちと同じ才能を見出した。

東海岸を行ったり来たりしてエリート研究所を渡り歩き、様々なメンターから教えを受け、あちこちから特別研究員として招待される科学者の生活からは、根無し草のような印象を受けるときもあるが、シャノンは特にそれが顕著だった。野心に燃える若き科学者が一カ所に落ち着かず移動し続ける様子は、むしろ頂上だけを見据えて歩み続ける若い役人を思わせるもので、ベネディクト・アンダーソンはつぎのように印象深い記述を残している。

彼は中心ではなく頂上に目を向けている。弧を描きながら曲がりくねった道を上昇し続け、頂点に近づくにつれて弧は次第に小さくなることを期待する……この旅路には、安心できる休息場所は存在しない。すべては束の間の休息にすぎない。役人は、故郷に戻ることを何よりもいやがる。本質的な価値を伴うものが、故郷にはいっさい存在しないからだ。そして、頂上を目指してらせん状に進む巡礼の旅の途中では、自分と同じような情熱に燃えた仲間の役人と遭遇する。いずれもほとんど聞いたことがないような場所や家族の出身で、あとから再会したいとは思わない(3)。

プリンストンでは、誰がシャノンの新しい旅の道連れになったのだろう。彼らはどこの出身だったのか。

まずはジョン・フォン・ノイマン。ハンガリー系ユダヤ人の鬼才で、六歳のときには古代ギリシャ語でジョークを飛ばし、93726784を64733647で（ほかにもどんな組み合わせの8桁の数字でも）割り算した商を、紙と鉛筆を使わずに正しく求めることができた。「数学の未解決問題」に関する講義でノートに解を走り書きしているノイマンの天才ぶりに畏怖を抱いた指導教員は、文字通り涙を流したという。ゲーム理論（有名な囚人のジレンマなど、戦略的決断に関する形式的な理論）や現代コンピュータの知的アーキテクチャは、フォン・ノイマンの存在に負う部分が大きく、量子力学の発達にも寄与している。そんなノイマンをシャノンは「過去に出会った誰よりも頭の切れる人物」と評したが、この意見は誰にも共通している。当初は、あこがれのスターのようにシャノンが相手を賞賛する関係で、「僕はただの大学院生だけれど、向こうは世界でもとびきり優秀な数学者のひとりだ(4)」と語っている。しかし後年、どちらも人工知能の分野でパイオニア的存在になり、ふたりの関係は対等に近くなった。

つぎはヘルマン・ワイル。ナチスの迫害を逃れてきた難民で、数学者であるだけでなく、科学哲学者でもあった。数学者としては、量子力学の革命を古典物理学の原理と融和させた。そして哲学者としては、時空の相対性に関するアインシュタインの研究を科学の転換点と位置づけるとともに、人間の意識と外界との関係についての新たな洞察であると評価した。アインシュタインが一般相対性理論を発表してからわずか二年後、哲学の土台としての相対性をワイルはつぎのように手放しで評価している。「まるで、われわれを真実から隔てていた壁が崩壊したようだ。すべての物理現象を支える神の計画の解明に大きく近づくことができた[5]」。これはシャノンの基準から見てもかなり高度な発想だった。翌年、シャノンが新しいアドバイザーとなったワイルの執務室を訪れ、研究内容について説明するときは多少緊張したことだろう。

シャノンの遺伝学の研究についてワイルは（この時点のシャノンと同様）概して否定的だった。しかしシャノンは現代物理学に関して流暢に語った。そして、物理学が解明に取り組んでいる量子の奇異な振る舞いと、自分が謎解きを始めたばかりの通信の数学的理論との類似性を導き出した結果、ワイルを味方に引き入れることに成功した。電話や電信のワイヤーを通して送られるメッセージの数学的モデルと、素粒子の運動モデルに何らかの共通点があるとしたらどうか。メッセージの中身や粒子のたどる道が、機械的な動きやそれとは正反対のランダムで意味のない動きではなく、ランダムに見えるけれども確率の法則にしたがっており、物理学者が言うところの「確率的」プロセスが進行しているとしたらどうか。「株価の変動や歩道で見かける酔っぱらいの『千鳥足[6]』」、あるいはクラリネットのソロでもよい。いずれも固定した部分よりも偶然の要素のほうが多い。同じことは「インテリジェンス」や電子にも言えるのではないか。確率の境界の範囲内を当てもなく歩き続けているようなものだ。この発想がワイルの目に留まったのである。

電話ネットワークをどんなに効率的に設計するよりも、メッセージを数学で表現するほうが優れている可能性が、早くもここで示唆されている。過去の偉大な物理学者たちが垣間見ることだけはできたと確信している「神の計画」について、根本的な要素が解明されることが期待される。このときはまだ推測の域を出ず、ふたつの分野の類似性の指摘は役に立っても、それ以上ではなかった。それでもワイルから認められた結果としてシャノンは、ブッシュに宛てた手紙で最初に取り上げた「インテリジェンス」という問題にフルタイムで注目できるようになったのである。

そしてもちろん、アインシュタインを忘れてはいけない。彼は自分の著書がナチスによって焼き払われる場面を目撃し、暗殺ターゲットの名簿に自分の名を見つけた。そこでワイルと同様、ドイツを早い時期に脱出し、一九三三年からプリンストンに居を構えていた。アインシュタインとシャノンの交流に関しては、いくつかのストーリーが残されている。そのすべてが真実だとは言えないが、物語の進行のうえで外すわけにはいかない。

「私が［アインシュタインに］お茶を入れてあげると、あなたは実に聡明な青年と結婚したねって言われたわ(7)」とノーマは回想している。そしてべつのインタビューでは、アインシュタインがティーカップごしに自分を見つめながら、「あなたのご主人ほどすごい人間に会ったことはない(8)」と打ち明けてくれたと語っている。この逸話はたびたび繰り返されるが、ほぼ確実に実話ではない。まず、一九四〇年の時点でシャノンはたしかに興味深くて重要な研究を行なっていたが、アインシュタインから注目されるような類のものではなかった。物理学はシャノンの専門分野ではないのだ。さらに、IASのほかの研究員とは異なり、世界で最も有名で最も人気が高い科学者の取り巻きにシャノンが割り込もうと努力をした形跡は、いっさい残っていない。博士号を取得した研究を支える発想のあれこれについて、アインシュタインにアピールしたとは考えられない（対照的に、目立ちたがり屋の傾向が強いジョン・ナッシュは、まだ学生時代からアインシュタインに何とか会おうとして努力を惜しまなかった。伝記作家のシルヴィア・ナサーによれば、ナッシュはアインシュタインと一緒に一時間も歩き続け、そのあいだじゅう「重力や摩擦や放射」についての自分の考えを説明し続けたという。そして最後にアインシュタインからは、「きみはもっと物理学について勉強したほうがいいね」と言われた）。

一方、シャノンの友人でありジャグリング仲間でもあるアーサー・リューベルの話のほうは、いかにも真実のような印象を受ける。そこからは、アインシュタインがシャノンの優れた知性よりも、現実的な事柄に関心を持っていたことがうかがわれる。

シャノンがプリンストンで数学に関する講義を行なっている最中、教室の後ろの扉が開いてアインシュタインが入ってきたという。アインシュタインは数分間耳を傾け、後ろのほうに座っている人物に何やらささやき、教室を出ていった。講義が終了すると、シャノンは教室の奥へと急いだ。アインシュタインが耳打ちした人物を見つけ、偉大な科学者が自分の講義について何を言ったのか確かめたかったのだ。その答えは――「男性用トイレはどちらかね」[9]。

リューベルはこの話をシャノンから二度聞かされ、結末だけが異なっていた。もうひとつのバージョンでは、アインシュタインはお茶とクッキーを楽しめる場所を尋ねたことになっており、リューベルはこちらの可能性のほうが高いと打ち明けている。

そのほかには、シャノンは午前中に研究所へ向かう途中でしばしばアインシュタインを追い抜いたことを回想している程度だ。「大体は寝室用スリッパのようなものを履いて、古びた服を新調するわけでもなく、まるで日雇い労働者のような姿だった。僕が車で追い抜くときに手を振ると、振り返してくれた。本当は僕のことなんか知らなかったけれど、手を振り返してくれた。きっと変人だと思ったんだろうね[10]」。

こうなると、アインシュタインからの褒め言葉が人生の転機になったというノーマの話は、悪気はないけれども無視されたというシャノンの回想といよいよ辻褄が合わなくなってくる。相容れない発言は、アインシュタインのことよりもむしろ、ノーマとクロードというふたりの人間の違いを浮き彫りにする。一方は行動が芝居じみて、もう一方は寡黙な性格、あるいは一方は発展的で大言壮語の気味があり、もう一方は自制的。ふたりはこのような違いを発見するたび、相手に対する失望を募らせていった。結婚してから一年もたたないうちに、ふたりにはジャズを愛好すること以外、ほとんど共通点がなくなったようだった。

戦争の足音

実際、シャノンにとって高等研究所の環境は不健康だった。ここでは学者として安逸をむさぼることが許される。学生、締め切り、論文発表のプレッシャーなど、通常の業務に伴う不安から解放される孤島のような場所だ。なかにはそんな環境で気力が充実するどころか、無力になる研究者もいた。やはりプリンストン大学に所属して、シャノンがいる高等研究所から少し離れた場所で博士号の執筆に取り組んでいた物理学者のリチャード・ファインマンは、そんな活気に乏しい状態をじかに観察してこう語っている。「一種の罪悪感や抑鬱状態が、いつのまにか心のなかに忍び込んでくる。すると、アイデアを思いつけないことが不安になってくる……実験関係者と接触する機会はないし、学生からの質問にどう答えようかと悩む必要はない。何もないんだ！」[11]

シャノンがこの環境に苦しんだのはほんの数カ月で、一生涯続いたわけではない。研究に生涯を捧げる学者のなかには、ファインマンのような停滞感を抱くケースがめずらしくないが、シャノンはそうではなかった。しかし、静かな場所で様々な義務から解放された状態は、生涯にわたって孤独を好む傾向に拍車をかけた。ほとんどの日々を室内で過ごし、メモ帳とクラリネットをかわるがわる手にする生活が続いた。

ノーマも孤独だった。近くのラトガース大学で学業を終える計画は失敗に終わった。活気のない大学の町で（ニューヨークやパリやボストンで過ごしたあとは、特に活気のなさが目立った）家族や友人から切り離され、二〇歳で主婦になるつもりはなかったのに、結局はそうなってしまった。そこで退屈な時間を埋め合わせるために、研究所の教授たちをできるかぎり頻繁にお茶に招いた。そしてフランス語の能力を生かして国際連盟の経済部門での職を見つけた。ノーマがお茶に招いた多くの学者たちと同じく、連盟の本部は戦争によってヨーロッパから移転されていたのだ。

しかし、それも十分ではなかった。いくら熱心に試みても、夫のクロードは政治への情熱を共有してくれなかった。「私が何に興味を持っているのかわかるでしょう。わかってくれるだけで十分なのに」[12]と悩んだ。クロードは抑鬱状態だという確信をノーマは強めていく。結局、原因が何であれ、結婚は始まりと同じぐらい突然に終わりを告げた。最後の夫婦げんかのあと、ノーマはプリンストンから列車に乗ってマンハッタンに戻った。そして正式に離婚が成立すると今度こそ本物の生活を始めようと西を目指した。カリフォルニアに到着すると、子どものときからの夢だった脚本家としてのキャリアを始め、共産党の集会に出席し、ハリウッド在住の共産党シンパと結婚するが、ブラックリストに載せられ、ヨーロッパに自らの意思で亡命した。

なぜ人を愛するのかという疑問は、人類を長いあいだ悩ませ続けてきた謎のひとつだ。これよりも不思議なのは、恋する相手に対する感情の移り変わりぐらいだろう。いずれにしても、ノーマとの破局についてシャノンが何を思ったのか、私たちにはわからない。わかるのは事実だけ。ふたりは電撃的に結婚し、一九四〇年の末には関係に亀裂が入り、結局は離婚したことだけである。

しかし、私たちが知っているのはそれだけではない。この厳しい時代、シャノンは私生活でほかにも大きな悩みを抱えていたことを知っている。シャノンがプリンストンに到着してからわずか数日後の一九四〇年九月一六日、フランクリン・D・ルーズベルトは選抜訓練徴兵法に署名した。その結果、二一歳から三五歳までのすべての男性が徴兵登録を義務づけられたのである。翌月の一〇月一六日には、大量の登録が始まった。この時点でアメリカ合衆国はまだ戦争に正式に参加していなかったが、ルーズベルト大統領も側近も全体主義の脅威をいやというほど見せつけられ、相手の本気度を十分に理解していた。署名に当たり、大統領はつぎのように警告した。「アメリカは運命の岐路に立っています。時間も距離も残されていません。この数週間で、偉大な国々が陥落していきました。いま世界で暴れ回っている勢力の信条に対し、いつまでも無関心でいることはできません。わが国の海岸に戦火がおよぶ事態を回避するため、大きな潜在能力を結集しなければならず、実際にそうするつもりです」[13]。

こうした大袈裟な言葉が二四歳のシャノンや同世代の男性にどんな意味を持つのかと言えば、戦場で戦うために海外へ送られる可能性が真に迫ってきたことだ。これまで、そのような展開はまだ遠い先の出来事のように感じられていた。しかし、登録カードに署名したあと、シャノンの心は厳しい現実と真剣に向き合わざるを得なかっただろう。自分の研究を、いや全人生を一時的に中断し、軍服に袖を通さなければならない。

シャノンにとって、これはありがたい展開ではなかった。彼が無理してまでも徴兵を回避しようとした徴候は見られないが、国外の戦場に行きたいとはこれっぽっちも考えていなかったことはつぎの言葉からわかる。

事態が急展開していて、迫り来る戦争の臭いが感じ取れた。でも徴兵されるよりは、戦争のためにフルタイムで研究を続けるほうが安全ではないかと考えた。はっきり言って、戦場に行くのは好きではなかったからね。今でもそうだが、僕はひ弱な人間だった……だから僕の能力の範囲内で、全力を尽くそうとした。それにこのほうが、大きく貢献できると思った[14]。

べつのインタビューでは、つぎのように回想している。「どこかほかの場所のほうが自分を役立てることができるなら、軍隊に入らなくてもよい。僕には、それが健全な方法に思えた」[15]。友人によれば、シャノンは内向的な性格なので、海外への派遣に伴う危険だけでなく、軍隊生活の狭苦しい環境についても心配していたという。「彼は仕事をしながらも、そんな不安を抱えていたと思う。

軍隊に入れば、大勢の人間と一緒に過ごさなければならないが、それは我慢できなかった。人ごみや知らない人たちを病的にこわがっていたから[16]」。

そこでシャノンはベル研究所での指導者だったソーントン・フライを頼り、国防研究委員会（NDRC）で解析処理を行なう契約を確保した。NDRCの幹部は全米の科学者やエンジニアの精鋭ぞろいで、そこにはシャノンを中西部から引き抜いてくれた人物、すなわちヴァネヴァー・ブッシュも名を連ねていた。

ブッシュはNDRCの創始者だった。彼は第一次世界大戦の際、軍当局者と民間の科学者のあいだのコミュニケーションの断絶をじかに経験していたので、そのギャップを埋めるべきだという説明には気迫と確信がこもっていた。一九四〇年六月一二日には大統領執務室に乗り込み、NDRCは絶対に必要だと大統領本人に訴えた。ルーズベルト大統領がイエスと答えるまでに必要とされた時間はわずか一〇分。「NDRCの設立は、目的を達成するための巧みな回避策だと言って抗議する人たちもいた。外部で活動する一握りの科学者やエンジニアがコネを作り、新しい兵器を開発するプログラムのために必要な権力と金を強引に手に入れる手段だと指摘されたが、たしかにその通りだった[17]」と後にブッシュは書いている。

シャノンにとって、NDRCはべつの意味での巧みな回避策だった。徴兵委員会から呼び出される不安から解放されたのだ。同世代の多くの数学者と同様、彼は肉体ではなく頭を使って、国のために働くことになった。

9

射撃統制と電話技師

敵を撃ち落とすシステム

戦争は、ひとつの世代全体の労働生活を中断させてしまう。しかし、仕事の中断を迫られる可能性に満ちた世界のなかで、国内トップクラスのエンジニアや数学者たちと共に国防問題の研究に従事する許可を与えられたことは幸運だった。シャノンはこれを理解していたようだ。高等研究所の研究員として授与された奨学金を、一二月はじめに返却しようとしたのもそれなら納得できる。ただし、一六六ドル六七セントの小切手は戻ってきた。「軍事訓練など、防衛非常事態に義務付けられる行動は例外的なケースに該当する」[1]と、奨学金事務局は判断したのだ。シャノンは戻ってきた奨学金に手を付けず、戦争が終わったら研究を再開するつもりだった。

ソーントン・フライはNDRCの同僚のウォーレン・ウィーヴァーに連絡し、シャノンにふさわしいプロジェクトを見つけてくれるよう頼んだ。ウィーヴァーは一八九四年にウィスコンシン州の片田舎に生まれ、ウィスコンシン大学で学んだあと、一九一七年に陸軍航空部に入隊し、スループ大学（現在のカリフォルニア工科大学、略称カルテック）を経て、ウィスコンシンに戻って教鞭をとり、数学科の責任者になった。ソーントン・フライも、この数学科に所属していたのだ。

シャノンと同じくウィーヴァーも、片田舎の町にルーツを持ち、手作業を好んだ。科学の実践やそのための資金集めから解放されたときには、自宅で「まきを割り、石を動かし、ガーデニングに精を出し、作業場でのんびりと時間を過ごした」(2)。シャイで内向的な少年だったウィーヴァーは、小さな乾電池モーターの内部の仕組みに興味を抱き、もらったばかりのクリスマスプレゼントをすぐに分解した。

こうした行為を何と呼べばいいのか、私は知らなかった。こんなことをやって将来食べていけるのかどうかも、わからなかった（それは、どうでもよかった）。でも、目の前にあるものを分解し、その構造を確認し、動く仕組みを理解する作業はワクワクするほど刺激的で、本当に楽しかった。それは間違いない。おそらく私が暮らしていた片田舎の村では……「科学」という言葉が何を意味するのか、きちんとわかっている人間はひとりもいなかった。だから、これは「工学」だよと教えられた。そして、そのときから大学生になるまで、自分は将来エンジニアになるんだと微塵も疑わなかった(3)。

彼のもとに預けられたクロード・シャノンも、ペンを軽快に走らせながらこれと同じような回想を記すことができただろう。しかし類似点はそこまで。シャノンは無神論者を公言していたが、ウイーヴァーは信仰心が厚く、科学は神の存在の証であると信じきっていた。「神は色々なときに色々な場所で色々な形をとって姿を現していると思う。実際のところ今日では、人類に対して常に姿を現している。科学において新しい発見がなされるたび、神が宇宙に組み込んだ秩序が『明らかにされている』[4]」とウィーヴァーは記している。シャノンは事務処理や役所仕事がほぼ例外なく性に合わなかったが、ウィーヴァーはまったく苦にしなかった。教師としての仕事も、シャノンは大学職員の義務として仕方なくこなしていたが、ウィーヴァーは大いに楽しんだ。そして、シャノンは数学の問題や研究上の疑問に答えが閃くまで猛烈な勢いで取り組み続け、優れた直観や本能を頼りにしたものだが、ウィーヴァーは自分がそんな才能に恵まれていないことを理解していた。彼は回想のなかで自らの長所と短所をはっきり自覚して、つぎのように語っている。「私は情報を自分のものとして吸収する能力、組織をまとめる手腕、みんなと協力して作業を進める能力、わかりやすく説明することへの興味、アイデアを推し進めていく熱意に恵まれている。しかしその反面、優れた研究者に必要な一風変わった独創的なひらめきが欠けている。したがって、数学の教授としての私の可能性には、はっきりとした限界があることを認識している[5]」。

しかし限界があると言っても、ウィーヴァーの思考力も十分並外れており、あらゆる領域の研究に情熱をかたむけた。工学、数学、機械学習、翻訳、生物学、自然科学、確率などの問題の研究に取り組み、論文を発表した。けれども同僚の多くとは異なり、科学や数学の狭い世界にとらわれず、外の広い世界の価値観を信じ、自分が所属する分野の研究者のあいだではごく当たり前の狭量な考え方には陥らなかった。「科学を過大評価してはいけない。科学は万能だと考えてはいけない」と一九六六年の講演で学生たちに熱心に語った。「科学に集中するあまり、この教室にいる諸君の全員がこれから七日間、詩を読んで楽しむ余裕がなくなるようでは困る。ここにいる全員がこれから七日間、音楽に耳を傾ける余裕を持って過ごしてほしい。良い音楽、現代音楽でもいい、何かしら音楽を多少は楽しんでもらいたい」[6]。

そして本人もその言葉通りに生きた。フライによればウィーヴァーは美食家で、ワインをひと口飲むだけで、ブドウの品種や畑だけでなく、醸造年まで言い当てることができた[7]。さらに、ルイス・キャロルの『不思議の国のアリス』を生涯にわたって愛好した。一九六〇年代半ばには、全部で四二の言語で書かれた一六〇種類のバージョンを収集するまでになっていた。しかも、それを編集し、『多言語で書かれたアリス』という本まで執筆し、物語の意味に翻訳作業がおよぼす影響についての研究をまとめた。

ウィーヴァーは、シャノンにはない多くの顔を持っていた。ポピュリストであり、哲学者であり、科学とより広い世界をつなぐヒューマンインターフェイスでもあった。しかしふたりが出会ったとき、これらの違いはたいして重要ではなかった。ウィーヴァーはシャノンに潜在能力を見出しただけでなく、その潜在能力を戦時プロジェクトにうまく活用させる能力を持っていた。そして三〇〇〇ドルで一〇カ月の契約を結び、「射撃統制に関する数学的研究」なるプロジェクトにシャノンを参加させた。シャノンはプリンストンに在籍したまま、この分野での研究の多くを完成させることになるが、このとき共同で研究に取り組んだベル研究所のふたりのエンジニア、ラルフ・ブラックマンとヘンドリック・ボードは、シャノンの生涯に大きな影響を与える人々の仲間入りをする。

射撃統制とは本質的に、動く標的を射つための研究である。敵が空中に放つもの、飛行機やロケットや弾道ミサイルなどのすべてが標的に含まれる。標的めがけて銃から一発の弾丸が発射されるところを想像してほしい。つぎに、その銃が二階建ての家と同じぐらいの大きさで、海洋の真ん中を移動中の海軍の軍艦に搭載されており、時速およそ五六〇キロメートルで飛行中の敵機を打ち落とそうとしていると想定しよう。垂直座標、水平座標、弾道ミサイルの速度、標的の位置推定、発射から衝突までの時間について正確に判断する作業のすべてが、敵の攻撃を受けながら瞬時に機械で処理されなければならない。しかも、ミスは一切許されない。射撃統制の課題をざっと説明すればこのようになる。この問題をうまく解決できる機械の設計が、数ある候補のなかからベル研究所の数学グループに任されたのである。

　戦争が始まってすぐに、連合軍は防衛システムのグレードアップの必要性を思い知らされた。ドイツ空軍《ルフトヴァッフェ》はヴェルサイユ条約によって解散されていたが、ヒトラーとヘルマン・ゲーリングのもとで見事に再編された。スペイン内戦でのゲルニカ爆撃やロンドン大空襲で、ドイツ空軍は大活躍した。そして戦争が長引くにつれ、ドイツ軍は世界初の巡航ミサイルや弾道ミサイルを開発して配備していった。

　では、このような脅威に対して、電話技師がどのような特別の洞察力を持っていたというのか。結局は、たくさん持っていたことが判明した。「ちょっと考えただけでは、対空兵器問題の解決に向けて、ベル研究所のグループが新しいアイデアや技術の応用を提案するとは考えられないかもしれない[8]」と、ウィーヴァーも認めている。ただし、ベル研究所のグループにこの役割がぴったりであることを、ふたつの理由を挙げて以下のように説明している。「まず、このグループは多種多様な電気技術に関して、かねてより専門家としての経験が豊富だった。次に、射撃統制に伴う予測問題と通信工学の一部の基本的な問題とのあいだには驚くほどの類似点があって、それには確かな根拠も存在する」。

最も基本的なレベルでは、情報のスピードと質の高さは、電話システムにとっても射撃統制システムにとっても不可欠である。通話を目指す相手に届けるためには、ノイズとの戦いを伴う。一方、対空ミサイルを標的に命中させることも、概念的に同じような課題が突き付けられる。妨害を最小限にとどめてA地点からB地点に到達する方法を考えなければならない。ミサイルの場合には、風からミサイルを守る方法を考え、標的の動きを計算に入れなければならない。電話システムに伴う問題も、射撃統制システムに伴う問題も、確率を瞬時に計算しなければならない。前者では任意の時点で予想されるメッセージの構造、後者では任意の時点で予想される標的の位置を計算する必要があり、どちらも高レベルの統計的推論が求められる。そしてどちらの場合も、数学から正確な行動を導き出す機械の制作が大きな課題だった。

もちろん、このような問題の解決を任されたベル研究所のエンジニアたちは、思い違いをしていなかった。たとえ技術的な問題に関して一部の性質を共有していても、ふたつのシステムに賭けられているものはこれ以上ないほどかけ離れていた。高射砲の制御に一秒にも満たない違いが生じるだけで、生死を分けることになる。特にシャノンにとって射撃統制に関する研究は、それまで手がけてきたどの研究よりも具体性があった。たとえば遺伝学に関する研究とは異なり、飛行機を打ち落とすための研究には抽象的な要素がいっさい存在しなかった。

通信に関する研究と射撃統制に関する研究のあいだには、概念だけでなく機械的な構造にも類似性があった。ベル研究所で射撃統制の研究が始められると、エンジニアのひとりがある事実を発見した。通信技術のひとつであるポテンシオメータ（分圧器）を、高射砲の一部として作り変えられることに気づいたのだ。ポテンシオメータは蝶番のように動き、電話や無線受信機などの電圧の変化に対応する。ベル研究所の若きエンジニアのデイヴィッド・パーキンソンは、ポテンシオメータをグラフ用紙上のペンとつなぐ実験も行なった。するとペンは、電気機械システムの出力をグラフ上にきれいに描いた。これが航空機を打ち落とすために役立つという発想は、よりによって夢のなかで思いついた。

夢のなかで僕は、高射砲の射撃手と一緒に塹壕に身をひそめていた……僕は高射砲について詳しく知らないが、3インチ砲など、迫撃砲に関する一般的な情報を多少持ち合わせていた。時おり発砲するのだけれど、何がすごいかって、発砲するたびに航空機を打ち落としていく。三、四回発砲したあと、射撃手のひとりが僕に笑いかけ、銃のそばに来てみろと手招きした。そこで近づいてみると、左側のトラニオンの露出端を指差した。そこには何と、僕のレベルレコーダに使われているコントロール用のポテンシオメータが取り付けられている！　嘘じゃない、まったく同じものだった(9)。

翌朝になって夢を振り返ったパーキンソンは、「僕のポテンシオメータでレコーダのペンをコントロールできるならば、高射砲に適切な処置を加えれば、同じようにコントロールできるんじゃないか(10)」と気づいた。彼はこのアイデアを上司に報告し、それはベル研究所の上層部に、そこからさらに陸軍通信部隊にまで伝えられた。それから数年後に製造されたT－10ディレクタは、パーキンソンの夢の集大成であり、通信に関するベル研究所の長年の成果を応用したプロジェクトだった。

製造に当たっては、最も慣れ親しんでいる無線や電話関係の用語だけでなく、部品も取り入れた。後にM－9と改名された装置は一五〇〇個以上が製造され、戦場で利用されて大活躍した。銃にM－9が搭載されたおかげで、敵機を打ち落とすために必要な砲弾の平均数は一〇〇〇〇発からわずか一〇発に減少したのである。

ミサイルの弾道と通信の共通点

高射装置は多くの人たちの手をかけて完成したが、シャノンもそのひとりだった。「もしもこの装置がなければ、イギリスは壊滅状態だっただろうね[11]」と、彼は戦後に語っている。有人機は少しの幸運に恵まれれば、対空砲火を避けることができる。しかし「バズ爆弾やV1ロケット弾は適度なスピードで完璧な直線を描いて飛んでくる。だから、高射装置で進路を十分に予測できて、イギリス本土に到達する前に九五パーセントが打ち落とせた。あれがなければ、イギリスは戦争に負けていたよ」という。

シャノンは、「スムージング」の問題の解決に特に貢献した。ごく初期の射撃諸元算定器のプロトタイプは、時おり情報の読み出しを誤ることがあり、そうなると銃の動きに乱れが生じた。スムージングとは間違ったデータをきれいに取り除くプロセスで、しかも計算の遅れは許されない。シャノンの研究は長短さまざまな五本の技術論文にまとめられたが、二段階の解決策が提案されている。まずオリジナルのT－10モデルのグレードアップが提案され、その後スムージング全般に関する統計についてのレポートが提出された。最初の提案は日の目を見なかったが、あとの提案はその分野での重要な成果として評価された。

このような研究からシャノンは何を持ち帰ったのだろう。テクノロジー専門の歴史学者デイヴィッド・ミンデルは、つぎのように語っている。

戦時中にベル研究所で行なわれた射撃統制に関する研究によって、テクノロジーには新たなビジョンが加わった。具体的には、様々なタイプの機械（レーダー、増幅器、電気モーター、コンピュータ）を解析的に同類項としてとらえ、情報理論、システムエンジニアリング、古典制御論への道を開いた。研究の成果によって生まれたのは新しい兵器だけではない。シグナルやシステムに関するビジョンも生み出された。アイデアや人脈を通じ、このビジョンは工学文化のなかで拡散し、情報時代を技術や概念の面から支える土台として定着した。(12)

つまり、研究は直ちに役に立ったかもしれないが、本当の価値はアナロジーにあった。アナロジーをきっかけに科学が飛躍的な進歩を遂げた事例は歴史上めずらしくない。たとえば振り子に関するガリレオの研究はピサの教会で始まったと言われる。ここで彼は空中を左右に揺れ動くランプを見つめながら、その往復の時間が常に同じであることを自分の脈で確認した。ニュートンと言えば、もちろんリンゴだ。そしてアインシュタインは、自分が光のビームを追いかけているところを想像した。ではシャノンはどうか。とらえがたいけれども予測可能な飛行機の経路についての研究は、確率的な思考を養うための厳しい訓練コースだったのだろうか。標的がどこにいるかではなく、どこにいる可能性がいちばん高いかに注目することで航空機の位置が最も正確に理解できるとしたら、ほかにも定義しにくい物体に関して、同じ方法で照準を定められるのではないか。

シャノンはこのトピックに関し、ベル研究所のふたりの研究員と共同執筆したレポートのなかでつぎのように認めている。この問題は「伝達と操作とインテリジェンスの活用が関わる特殊なケースである……入力されたデータは……気象の記録や株価や生産統計などと時間的に類似した一連の動きをしていると考えられる」[13]。このような発想は、のちのシャノンの研究を支える大事な洞察の前触れとなった。「インテリジェンス」の源はミサイルの軌道、株式相場表示機の出力情報、電話線を伝わるパルス、細胞核から出される指示と本質的に異なるが、それまで思いもよらなかった共通点が存在していたのだ。

こうした洞察に至るのは、まだ何年も先の出来事だ。この時点のこの場所でシャノンにとって重要だったのは、NDRCのために行なった研究が上層部に注目されたことだ。「彼は我々のために驚くべき成果を上げてくれた」[14]とウィーヴァーは後に語っている。研究に取り組んでいるシャノンを一九四〇年の夏にはじめて見かけたフライは、いまや十分な証拠に基づいて彼が前途有望な青年であると判断した。そしてほどなく、数学研究員としてベル研究所でのフルタイムの職を準備した。

仕事のうえでも私生活のうえでも、シャノンにとってこの提案はありがたかったはずだ。当時の記述からは、精神的に追い詰められていたことがうかがわれる。無理もない。戦争のプレッシャーにさらされただけでなく結婚生活が破綻し、シャノンはぼろぼろになっていた。「一時は、神経的にも感情的にも完全に破綻するのではないかと思った」とウィーヴァーは振り返る。「彼をそんな状態から救い出した最大の恩人はソーントン・フライだよ。ベル研究所での職を提供したのだからね。あとの話は知ってのとおりさ」[15]。

10 戦時プロジェクト

これは科学者の戦争ではない。この戦争では、あらゆる人たちが何らかの役割を果たした。共同戦線を張る必要に迫られた状況で、科学者は専門家としての日頃のライバル意識を棚上げにして、多くの事柄を共有した。その結果、多くを学んだのである。[1]

ヴァネヴァー・ブッシュ

マンハッタンのウェストビレッジにあるベル研究所の本部は、科学のごった煮状態だった。化学実験室、広大な製造室、あるいは電話、ケーブル、スイッチ、コード、コイルなど「重要な部品の試験室が、統一感なく数えきれないほどたくさん寄せ集められていた」[2]。そしていまや、多くの新しい戦時プロジェクトが進行し、何百もの新しい顔ぶれがオフィスに切りもなく出入りして、しかもその多くは軍服姿で、ハドソン川に面した一三階建ての建物は混乱をきわめていた。真珠湾攻撃の後、研究所の職員数百人が徴兵されたが、それでも研究所内の労働力は膨れ上がっていった。職員の数はわずか数年のうちに、四六〇〇人から九〇〇〇人以上に増加した。一〇〇〇以上の研究プロジェクトが立ち上げられ、そのどれもが戦闘兵器の開発に少しずつ貢献していた。当然ながら研究所は活況を呈し、「週六日間労働が標準になった」と、ガートナーは書いている。

戦争の圧力を感じているのは、ベル研究所だけではなかった。海外での戦闘は、アメリカの科学エリートや彼らが所属する機関の多くに対し、途方もない要求を新たに突きつけた。戦時中の科学の歩みに関する記述のなかで、フレッド・カプランは、「この戦争では、科学者の才能が前代未聞のレベルで、惜しみなくと言ってもよいほど利用された[3]」と説明している。答えが早急に求められる喫緊の課題があれば、科学に明るい人材がユニークな才能を生かして答えを提供した。そのほんの一部について、カプランは以下のように紹介している。

特定のタイプの標的に一定のダメージを与えるためには、爆弾から何トンの爆発力が放出されなければならないか。爆撃機はどのような編隊で飛行すべきか。戦闘機は重装備すべきか、それとも飛行速度を上げるため防御装置を取り除くべきか。戦闘機から投下された対潜水艦兵器は、どのくらいの深さで爆発させればよいか。重要な標的のまわりには、いくつの高射砲を向ければよいか。要するに、最大の軍事的成果を上げるためには、新しい兵器の数々をどのように利用すればよいのか。

この時代の優秀な物理学者や数学者が駆り出され、何の束縛も受けずにこのような難問の解決に取り組んだ。

戦時中の数学に関して最も洞察に満ちた調査を行なったひとりが、ウィスコンシン大学のJ・バークリー・ロッサー教授だった。彼は自分と同じように国への奉仕に駆り出されたおよそ二〇〇人の数学者へのインタビューを行なった。そして、労力をかけても遅々として進まない研究開発も、数学者を加えれば促進剤として機能して、スピードが上がるという結論に達した。

問題の解決を任された数学者の多くは、与えられたのが実際には数学の問題ではなくても、緊急かつ速やかに解答が求められていることを意識して、真剣な態度で取り組んだ……数学によって答えを出す能力のある人材がいなければ、問題を抱えている人物は何らかの実験で試行錯誤を繰り返すしかなかっただろう。これは膨大な費用を伴うだけでなく、かなりの時間が消費されるが、誰もが一刻も早い戦争の終結を願っている。したがって、数学者は目の前に提供された問題のほとんどを馬鹿にしたが、そのような態度は微塵も見せず、答えを生み出すために情熱をかたむけた。(4)

かくして世界トップクラスの数学者たちが個人的な研究を棚上げし、程度の差はあってもそれぞれ自尊心を抑え込み、ロス・アラモス、ブレッチリー・パーク、タキシード・パーク、そしてベル研究所の前哨基地に集結した。こうして戦時中に交わされた契約の結果、特別研究員としての勤務を終えたばかりのクロード・シャノンにも、最新の軍事技術や思想に触れる機会が与えられたのである。

ヴァネヴァー・ブッシュ、ジェイムズ・コナント、ジョン・フォン・ノイマン、J・ロバート・オッペンハイマーらは、戦争をきっかけに脚光を浴びるようになった。権力者たちの委員会に招かれ、大統領への助言を求められ、何百万ドル相当もの人員や資材を取り仕切った。彼らの多くは科学や工学の世界でこそ名が知られていたが、戦時中の政治の舞台に登場すると、功績が一般に認められるようになった。

シャノンもこのエリートグループに参加できる可能性があったが、敢えてそれを選ばなかった。「彼は、ヨーロッパの戦況に無関心だったわけではないの」[5]と、当時のガールフレンドは回想している。当時の科学者の多くと異なり、政権に近い刺激的な舞台への野望はなかった。戦争遂行に関わる任務を与えられるために特別の努力をしたわけではないし、射撃統制に関する研究をわざわざ宣伝したわけでもない。注目度の低い同僚ならば、そんな努力は無駄だったかもしれないが、シャノンは違う。恩師は大物のヴァネヴァー・ブッシュで、履歴書には特別研究員としての経験や由緒ある研究機関の名が書き連ねてあるのだから、自らの希望に沿う形で、政府の高い地位にまで登りつめるのは不可能ではなかった。

しかしそうしなかった。それどころか、戦時の研究に対するシャノンの反応は正反対で、雰囲気全体がつらいものに感じられた。研究と言っても退屈な重労働を秘密裏に進め、しかもチームワークを義務付けられ、自分のやり方とまったく相容れなかっただろう。実際、今日まで残されているわずかな証言のひとつ――シャノンのガールフレンドの証言――からは、彼が戦時プロジェクトに退屈して不満を募らせ、自分の研究に打ち込める自由な時間は深夜しかなかったことが推測される。「あんなもの、大嫌いだって言っていたわ。朝目覚めたときから疲れきっていて、それでも遅刻することには罪悪感を抱いていたの……だから私が彼の手をとって、職場まで一緒に歩いてあげることもあった。それで少しは気分がよくなったみたい」。それから何十年が経過しても、シャノンがこの時期についてどのような形でもいっさい語らず、家族や友人にも口を閉ざしていたことには胸を打たれる。後日インタビューのなかで、「戦時中や戦争直後は忙しい時代で、［僕の研究など］後回しにされた」[6]と、言葉に多少の失望を込めて語っている程度だ。たしかにその通りだった。ベル研究所は開放的な雰囲気で有名だったが、それでもシャノンには耐え難かったのである。

ほかにも問題はあった。ロッサーも指摘しているように、戦争によって注目されるようになった数学の問題は、ほとんど数学とは呼べない代物だった。少なくとも、わざわざレベルの高い数学者に任せるようなレベルとは程遠かった。ある意味、防衛機関は頭脳集団に過剰投資してしまった。ロッサーの言葉によれば、同僚のひとりはつぎのように語ったという。

彼は終生……戦時中は数学の問題をいっさい解かなかったと語った。たしかにそのとおりで、問題のほとんどは数学としてごく平凡だった。私にしたって、ゲーデルの不完全性定理に注目してくれたとか、エルゴード定理やそれと同水準のほかの重要な結果を使ってくれたとか、頼まれたためしがなかった。あるとき、直交多項式で問題を解かなければならなくなって、そのときだけは退屈さから解放された。セゲの研究書を手に取るともう嬉しくて、夢中で取り組んだものだ。でもほとんどは、わが軍のロケットがどれくらいの速度でどこまで到達するかといったことをしていた。幸運に恵まれた日には、中学校の数学のレベルに達する問題もあった。[7]

数学者の気位の高さに呆れるかもしれないが、シャノンも同様だったのではないか。たとえ後世に書き残すつもりはなくても、同じように感じていたことは容易に想像できる。彼は直前まで、プリンストンやＭＩＴの象牙の塔で難しい問題の解決に若いキャリアを費やしてきた。大型の飛行物体がいつどこで、どのように落下するかについての計算などしていたら、順調なキャリアが一歩後退したように感じられたかもしれない。

しかし、シャノンの幸運に恵まれた人生において、アメリカが正式に参戦する少し前にベル研究所でフルタイムの職を確保したのは、最大の幸運のひとつに数えて間違いない。当時はまだ知る由もなかったが、彼が軍のために行なった研究には、戦闘を回避する手段以上の意味が込められていることがのちに判明した。シャノンが手がけた主要なプロジェクト、すなわち秘密通信システムと暗号学は、最先端のコンピュータ・テクノロジーがどれほど素晴らしい成果を上げられるものか、未来を垣間見る機会を与えてくれた。不本意ながら取り組んだ研究ではあったが、重要なきっかけになった。戦争に必要なテクノロジーの研究に関わったおかげで、将来どんな技術的進歩が実現する可能性があるか、大まかに把握できるようになったのではないかと、後に認めている。その進歩の実現を、シャノンは自分独自の方法で後押ししていくことになる。

11 話すことが許されないシステム

暗号をめぐる闘い

暗号文は戦争に付き物で、あちこちで利用されているが、細心の注意を払わなければ見つけられない。軍事力を構成する要素のなかでも、最も理解されていないもののひとつだ。たとえば核爆弾は、物理学の威力が目に見える形で鮮烈に表現されるが、それと比べ、暗号解析者の成果は難解で謎めいており、一世代もしくはそれ以上にわたって機密扱いとされる。

戦争当初から、暗号化されたメッセージの送受信や敵の暗号メッセージの解読は大きな課題で、数学、科学、コンピュータの各分野から世界最高の頭脳が集められた。暗号解読の必要から生まれたテクノロジーは、勝ち戦の大きな副産物のひとつに数えられる。ENIGMA、ENIAC、MANIAC、TUNNY、BOMBE、COLOSSUS、SIGSALYといったコードネームを持つ暗号機は、暗号解読能力向上の必要性を象徴しており、そのために秘密情報機関が統括した計画は、計算能力に革命的な進歩を引き起こすことになった。

しかし戦時中の暗号解読に関して、政府機関の深い関与について触れられることはあまりない。暗号解読というと、頭脳明晰な一匹狼が、たったひとりで紙に走り書きをしながら研究に打ち込む様子が思い浮かぶ。国家安全保障局が進めた暗号解読作業の歴史をまとめた『It Wasn't All Magic』のなかで、コリン・バークはつぎのように述べている。「暗号解読者の英雄的なイメージは、真実から大きくかけ離れたものであり、まったく役に立たない。暗号解読やテクノロジーの勝利は、そんな簡単に手に入らない……暗号解読の作業とは、パターンを見つけ出し、大量の生データの意味を理解するため、ひたすらに努力するのが通例で、それは昔も今も変わらない」[1]。暗号に関わる政府機関は秘密裏に発展し、しかもファイルの多くは未だに機密扱いなので、一九九四年にバークがまとめたこの歴史書も二〇一三年にようやく機密扱いを解除された。したがって、この機関の活動の実態が一般国民に十分に理解されたことはなく、今もその状態が続いている。

しかし、戦争という舞台の演出をそっと盛り上げる効果音のように、暗号の解読や作成、何千もの会話の分析、大量のデータやテキストの分類は、人間の手や機械によって続けられた。通信傍受による情報収集活動では、暗号の解読と同様に暗号の作成も重要だ。それは有名な悲劇的な逸話からも明らかだ。一九四一年一二月七日、陸軍参謀総長ジョージ・マーシャルは、太平洋方面軍に重要なメッセージを伝える必要に迫られた。アメリカとの見解の相違を争ってきた日本が、それを政治的に解決する道を放棄すると決断したのだ。戦争の可能性が現実味を帯びてきた。しかし、この情報をどのように伝えればよいか。当時、アメリカの軍事指導者や政治指導者が利用できる唯一のシステムは、かねてより安全性に問題があると見なされてきた。そのため代替策として、メッセージはかなりスピードの遅い無線電信機で送られた。結局、メッセージが届いたときは真珠湾攻撃が終了していた。太平洋艦隊がほぼ壊滅したことが何よりの衝撃となって、アメリカの暗号関係者は目を覚ましたのである。

一方、枢軸国のほうも、敵の会話を傍受・解読するために最高の頭脳とテクノロジーをつぎ込んだ。第三帝国の海外諜報機関の責任者を務めたヴァルター・シェレンベルクは、戦争末期の成功談のひとつについて以下のように詳細に語っている。

一九四四年はじめ、我々はルーズベルトとチャーチルの電話での会話を盗聴して大当たりをとった。盗聴と解読に成功したのは、ドイツ軍がオランダに設置した大規模な秘密情報収集所である。会話は暗号化されていたが、我々は非常に複雑な装置を使ってそれを解読した。五分ちかくの会話を解読した結果、イギリスでの軍事活動の全容が徐々に明らかになり、敵の侵攻が差し迫っていることを指摘する多くの報告の正しさが裏付けられた。敵が会話を盗聴していることをふたりの政治家が知っていたら、ルーズベルトはチャーチルにつぎのような別れの挨拶をしなかっただろう。「あとは最善を尽くすだけだ。これから私は釣りにでも出かけるよ」[2]。

暗号研究はソフトウェアとハードウェア両方にかかわる問題でもある。原則として、「ソフトウェア」は何でもよい。ひとつ有名な事例を紹介しよう。第二次世界大戦では、暗号化されたメッセージを伝えるためにおよそ五〇〇人のナバホ族が動員された。彼らの母語は複雑で一般に馴染みがなかったので、枢軸国は意味を理解できなかったのである。これはまさに暗号学の本質である。暗号では、ひとつの文字や単語をべつの文字や単語（あるいは言語）に次々に置き換えていく。その置換の複雑さをテクノロジーが強化すれば、暗号はなお一層難解になっていく。こうして暗号研究における八ードウェアの進歩のおかげで、第二次世界大戦の時代の暗号は指数関数的に複雑さを増していった。たとえば暗号作成者は、メッセージを一文字ずつ暗号アルファベットに置き換え、簡単に暗号化することができるようになった。その結果、メッセージ全体を暗号解読しようとする試みへの抵抗力は大きく向上したのである。

この分野での戦いにベル研究所は参加したのである。メッセージをより効率的に暗号化し、敵の暗号をより迅速に解読できる計算能力が、当時のアメリカには求められていた。一例が「プロジェクトX」という会話暗号化システムで、当時としては最も野心的な試みだった。一九四〇年の冬にプロジェクトは立ち上げられたが、アメリカが参戦すると開発は急ピッチで進められた。これはSIGSALYシステムとしても知られ、「およそ四〇のラックに真空管が詰め込まれた電気装置で、重さ約五五トン、二五〇〇平方フィートの面積を占め、三万ワットの電気を必要とした[3]」。一九四三年、このシステムに五〇〇〇万ドルの予算がつぎ込まれ、三〇人から成る研究員の集団が駆り出されたとも言われる。システム内部の回路は機密事項だったので、この技術に関連した特許は一九七六年になってようやく公表された。暗号化されワイヤーを通じて送られてくるメッセージは、「リムスキー＝コルサコフの華麗な作品『熊蜂の飛行』のバイオリン演奏のように[4]」聞こえた。出力音が実に耳障りで、理解しがたいとの批判もあったが、SIGSALYのエンジニアのひとりウィリアム・ベネットは、「安全のためには音のゆがみぐらい我慢してほしい[5]」と受け流した。

SIGSALYの装置はある意味、風刺漫画に出てくる初期のコンピュータそのものだ。部屋全体を占めるほどばかでかく、空調が二四時間欠かせず、大量の入力が必要なわりに、生み出される出力はわずか（「一ミリワットのどうでもいい会話を暗号化するのに、三〇キロワットの電力が要るんだよ」と作業メンバーが変換効率の悪さを愚痴ることが公然のジョークになっていた）[6]。しかし、効率は重要ではなかった。アンドリュー・ホッジスはアラン・チューリング伝のなかで、明白な理由に触れている。「ともかく暗号化できた、それが肝心だった。何しろ大西洋を越えて秘密の会話が交わされたのは初めてだったのだから」[7]。

「暗号の数学理論」

ＳＩＧＳＡＬＹシステムを心臓部で支えたのがヴォコーダーとして知られるテクノロジーだった。後に天才工学者として賞賛された創作者は、もともとエンジニアになるつもりはほとんどなかった。この人物、ホーマー・ダドリーは、教師になる夢を持っていて、実際に五年生から八年生までの生徒と高校生を教えた経験もあった。彼ほどの知能の持ち主にとって教材はまったく難しくなかったが、教室内の規律を保つ能力に欠けていた。思春期前の子どもたちのあいだに秩序を持たせることが自分にはできないと気付いて、彼は教師をやめて電気工学を研究し、ベル研究所の前身であるウエスタン・エレクトリックの技術部門に就職したのだ。このキャリア選択は吉と出た。以後四〇年のあいだに、電話による通信や音声合成に関するダドリーの研究は、三七の特許を生み出した。

当時のダドリーは知る由もなかったが、彼の最高の成果の影響はアメリカに限らず、世界中におよんだ。彼は、人間の音声は機械によって模倣できると仮説を立てた。人間の音声が最も基本的なレベルでは空気中の振動の連続にすぎないとしたら、その振動を機械で再現できない理由などない。

自分の仮説を検証するために彼は、専らそれを目的とする二台の機械を組み立てた。ひとつは会話を電子的に暗号化するための機械（ヴォコーダーという呼び名は「ヴォイス・エンコーダー」［音声暗号化機］の略語）、もうひとつはこのプロセスを反転させ、元の会話を合成して出力するための機械（ヴォーダーといって、こちらは「ヴォイス・オペレーション・デモンストレーター」［音声操作実演機］の略語）だ。一九三三年の万国博覧会でヴォーダーがデビューを飾ったとき、会場の聴衆のなかにヴァネヴァー・ブッシュもいた。

最近開催された万博で、ヴォーダーと呼ばれる機械が披露された。若い女性がキー入力をすると、認識可能な言葉が発せられる。しかも人間の声帯は、いかなる時点でもこのプロセスに関わっていない。電気で創造された振動同士を結び付け、それを拡声器に伝える以外、キーは何もしない。ベル研究所には、この機械の逆バージョンに当たるヴォコーダーという機械が存在している。この機械では、拡声器の代わりにマイクが音を拾う。マイクに向かって話しかけると、それに対応するキーが動く。(8)

発表からしばらく時間が経過してから、ダドリーの発明は軍事目的で使われるようになった。人間の音声からデータを創造する作業に携わるＳＩＧＳＡＬＹのエンジニアたちにとって、ヴォコーダーはシステムを支える基本要素として完璧な存在だった。当時の暗号化システムは、新しい文字や単語をメッセージに導入するたび、敵に探知される可能性が増えてしまうという重大な問題を抱えていた。言い換えれば、伝えられる情報が少ないほど安全は確保されるのだ。そんなときに解決策として注目されたヴォコーダーは、暗号化を行なった後にエネルギーを極力消費せずに母音や子音の再現を目指すので、人間の会話から余計な部分がきれいに取り除かれ、結果として伝えられる情報が節約された。要するに、本当に必要な部分だけが暗号化されるので、敵に解読される恐れのある情報の量が少なくなるのだ。

探知されるリスクを最小限に抑えて最大限の情報を伝えるシステムの開発は、戦時下における喫緊の課題であり、しかも複雑な問題であった。そしてベル研究所は、この研究分野では国のリーダー的存在で、一九四六年の「最優秀信号処理技術」賞をはじめ、いくつもの賞を受賞した。ただしＳＩＧＳＡＬＹは秘密の存在だったため、授賞式でも内部の仕組みはいっさい明かされなかった。ちなみにベル研究所の代表は、つぎのように暗号化された電話メッセージを使って受賞に謝意を表した。「Phrt fdygui jfsowria meeqm wuiosn jxolwps fuekswusjnvkci!　ありがとうございます！」[9]

ＳＩＧＳＡＬＹプロジェクトは三〇人近いメンバーがさまざまな部分に取り組んでおり、シャノンもそのひとりだった。彼の担当は、メッセージが受信側で適切かつ安全に再生されるためのアルゴリズムの確認だった。ＳＩＧＳＡＬＹはとにかく秘密保持が徹底していたので、シャノンはプロジェクトチームのメンバーだったにもかかわらず、自分が取り組んでいる複雑な計算の全体像について知らされなかった。しかしこの研究を通じて彼は、符号化された会話と情報伝達と暗号技術から成る世界を垣間見る機会を与えられた。この三つを統合する試みは、歴史のその時点ではベル研究所以外の場所で行なわれていなかったはずだ。「会話を暗号化する音声コード化装置を持っている研究所は、そう多くはなかった」[10]とシャノンは語っている。

のちにシャノンは、暗号作成は「いたって現実的な分野で、暗号作成者の作業手順や内容が研究対象だった」[11]と語っている。しかし、シャノンの研究の多くは暗号作成者を対象にしたものではなかった。SIGSALYプロジェクトの環境に制約されることなく暗号化に取り組み、現場の暗号作成者よりもむしろ「暗号技術に関心を持つ数学者や哲学者」をオーディエンスとして想定していた。本人も認めているように、暗号法に関する彼の論文は「反応が芳しくなかった……暗号作成者の期待には応えられなかった」。後にある暗号作成者はつぎのように打ち明けている。暗号技術をテーマにしたシャノンの論文は、「戦争を勝利に導くためにできることはたくさんあるが、そのなかで自分は何に貢献できるかアピールしているような印象だった」。

シャノンが生涯のうちに取り組んだほかの研究分野と同じく暗号法においても、この分野の重要な概念の多くに厳密な理論的土台を提供したことは彼の最大の成果だった。戦時中に暗号作成の日常業務に触れた経験は、シャノンにとって貴重だったはずだ。しかしそれも、のちに発表する予定の論文の論拠となる材料を確保することが主な目的だった。その論文は、日本が降伏文書に調印する前日に当たる一九四五年九月一日に発表されたが、機密扱いされた。「暗号の数学理論——事例20878」というタイトルのこの論文の中身は、シャノンの後年の研究の先駆けとして重要な意味を持っている。しかし同時に、暗号学の重要な概念がはじめて証明された点でも注目される。それは「ワンタイム・パッド」だ。

ワンタイム・パッドシステムは早くも一八八二年に考案されていたが、この時代になって、ベル研究所が開発したヴォコーダーの基礎を成す概念となった。このシステムでは、送られるメッセージの暗号化と復号化が鍵——メッセージと同じ長さの記号から成る乱数鍵——を使って行なわれ、しかも乱数鍵は一度しか使えない。このような厳密な（通常なら非現実的な）条件のもとで構築された暗号が完全に解読不可能で、少なくとも理論上は暗号システムで完璧な秘密が維持されることの証明には半世紀以上が費やされ、最後にシャノンが成功したのである。このシステムを土台にした暗号文は、敵の計算能力が無限でも解読は不可能だった。

暗号に関するシャノンの研究は、諜報組織の闇のなかに放り込まれた。人目に触れず機密情報を扱う世界では、研究の成果が受け入れられても執筆者にはその事実が隠された。この世界の住人について、シャノンはつぎのように語っている。「間違いなく、あまり饒舌でなかった。世界中のどの集団よりも秘密主義が徹底していた。たとえば、この国の重要な暗号作成者が誰なのかも簡単にはわからない」。この論文がもっと多くのオーディエンスの目に留まるまでには、さらに五年の歳月を要した。結局のところ、この論文の真の成果は解読不能な暗号の創造ではなかった。論文に凝縮されていた洞察が、シャノンの革命的な情報理論の核心部分で最終的に利用されたことだ。「素晴らしいアイデアは一箇所にとどまらず、あちこちを自由に移動する」のである。

12 チューリングとの出会い

暗号技術に関するシャノンの研究からは、のちの人生に重要な影響を与える結果がほかにも生まれた。デジタル時代のもうひとりの巨人、アラン・チューリングとの出会いだ。チューリングは一九四二年、軍事目的の暗号化プロジェクトを視察するためにイギリス政府が企画した視察旅行の一環としてアメリカを訪れた。この時点で、彼の名声はアメリカでも定着していた。数学に関しては小学生のときから驚異的な天才で、一六歳までにアインシュタインの研究の内容を理解していた。二三歳のときにはケンブリッジ大学のキングスカレッジの特別研究員に選ばれ、一九三六年にはチューリング・マシンを思いついた。この画期的な思考実験は、現代のコンピュータを理論的に支える土台となった。

チューリングもまた暗号解読に取り組んでおり、後にこの分野では世界的に有名な人物として歴史に名を残した。アメリカにやって来たのも暗号技術がきっかけで、アメリカの暗号研究者とのあいだで人脈を作り、滞在中に軍上層部と会談し、アメリカの機械の品質と安全性を確かめることを命じられていた。そのなかにはSIGSALYも含まれていた。イギリスの指導者がヴォコーダーで暗号化された会話を受信するのであれば、システムが解読不能だというお墨付きをチューリング博士が与えなければならない。

この件については秘密厳守が徹底され、チューリングとシャノンという評判の人物が関わり、当時は戦時下だったことからすると、ふたりの知的巨人の出会いにはどうしても陰謀の謎めいた雰囲気が漂う。しかし、ふたりの交流にスパイ小説のような展開はいっさいなかった。チューリング伝を書いたアンドリュー・ホッジスによれば、シャノンとチューリングが会った場所はいたって質素なベル研究所のカフェテリアで、周囲にほかの人たちがいる環境で、毎日お茶を飲みながら話し合ったという。チューリングはある意味、多方面にわたるシャノンのキャリアをうらやんでいた。「［チューリングは］この場所で、学究肌の達観したエンジニアに出会った。イギリスの制度で許されるなら、アランもそうなりたかったはずだ」(1)。一方シャノンは、チューリングの思考力のレベルの高さに舌を巻いた。「チューリングは偉大な人物、すごい人物だと思う」(2)と、後に語っている。

どちらも当時の会話の記録を残していないが、ひとつの話題を避けたことだけはわかっている。「僕たちは、暗号技術に関してはいっさい話し合わなかった……暗号技術については、ひと言も言葉を交わさなかったと思う」と、シャノンは後に説明している。チューリングがどんな研究に取り組んでいるかわかっていたのかどうか尋ねられると、大まかな枠組みしか知らなかったと答え、つぎのように説明した。「核心部分については確実にわからない。何をやっているのかはわかるし、推測もしたが……エニグマ（暗号機）のコンセプトに関しては知らされなかった……それがどんなものかも、彼が中心人物として関わっていることも知らなかったよ」。そう聞かされたインタビュアーはシャノンを問い詰め、あなたは暗号の謎解きに情熱をかたむけ経験も豊かなのに、なぜチューリングからそれ以上教えてもらおうとしなかったのですかと尋ねた。これに対するシャノンの答えは簡潔で的を射ていた。「だって戦時中は、あまりたくさん質問しないものだよ」。

　シャノンとチューリングが相手の研究の専門的な内容についてお互いに無視する姿勢からは、ふたりの暗号解読者が自分たちの関係の痕跡を巧妙に覆い隠しているような印象を受ける人たちもいる。しかし、どちらも相手を不愉快で危険な立場に追い込みたくなかっただけだという可能性は大いにあり得る。どちらの陣営にとっても、この研究は最高機密扱いだった。それぞれが与えられていた情報はごく限られた関係者しか知らないもので、ふたりで秘密を共有することはできなかった。仕事から解放されてお茶とケーキを楽しむ時間には、一日をかけて取り組んだ仕事以外の話題を取り上げたとしても意外ではない。

　そして、理由はもうひとつあった。アメリカがイギリスとの協力関係をどこまで積極的に進めるつもりか、当時はまだわからなかったのだ。チューリングほどの地位と名声を持つ人物でさえ、アメリカ訪問に必要な手続きを完了するまでには苦労の連続だった。アメリカに到着したときには、何とアメリカ当局によって拘束された。「ニューヨークには一一月一二日の金曜日に到着した。するとすぐ、入国管理局の手でエリス島にほぼ監禁状態になった。私とF・O［英国外務省］を結びつけるような命令も証拠もないことについて、きわめて横柄に尋問された[3]」。

　その何カ月も前にアメリカのレックス・ミンクラー司令官は、ベル研究所訪問を希望するチューリングの申請書を拒絶した。申請は最終的に認められたものの、ベル研究所と国家安全保障機関のつばぜり合いはこれをきっかけに始まり、以後長引いた。チューリングはつぎのように書いている。

私はベル研究所のポッターと会うつもりで、事前に電話をするだけで正式な手続きを踏まなかった。これは大きな間違いだった……解読プロジェクト以外のものを私が見るための許可が、文書で確認されていなかったおかげでトラブルが発生した。会話の暗号化に関わるものなら何でも、自分は見ることができると理解していたのだが……暗号化の現場へのイギリス人の訪問は認められないと、到着するなり言い渡された。しかしヘイスティングス大尉が介入し、コルトン司令官に圧力をかけた。おかげで今は万事が順調に進んでいるようだ。

アメリカ人に困惑させられたのはチューリングだけではなかったし、不満の対象は入国審査や機密情報の取り扱い許可をめぐる混乱に限定されなかった。レンドリース法〔武器貸与法〕が成立して以来、連合国軍は戦争遂行の現場で協力するようになっていたが、暗号の問題に関しては、常に見解が完全に一致するわけではなかった。

両国のあいだのシステムや方式、さらには個性の違いが相手への猜疑心をいつまでも生み出した。忍耐は限界に達し、自尊心は簡単に傷つけられた。このような対立は、アメリカとイギリスの軍事力の本質的な違いと、それによる「不完全な同盟関係」[4]が一因になっていた。たとえば軍需品の製造を強化すると言っても、イギリスが全力で取り組んでもアメリカの規模とスピードにペースを合わせることができなかった。チューリングはこの大きな違いをじかに観察した。ある意味、彼がアメリカ人の頭脳を尊敬した背景には、アメリカの体力への尊敬があった。その証拠に、海軍省を訪問したあとはつぎのように記している。「暗号技術についての判断が関わる問題では、この国の人たちをあまり信用できないことを思い知らされた。でもこの国の軍事力は大いに利用価値があると思う(5)」。

もっともな理由を裏付けとする相手への不信感は、両陣営に共通していた。たとえばイギリスは暗号解読に成功を収めても、その一部についてはアメリカに伏せたままだった。そのためチューリングは、アメリカ人のホストとどこまでの情報共有を許されるのか明確に把握できなかった。そもそも彼は、無愛想で相手に不快感を抱かせる態度で有名だった。自分の使命の目的が曖昧なままでは、アメリカ人の機嫌をとるつもりなどまったくなかった。おまけに彼は、問題を手際よく解決できる、生まれながらの外交官というタイプではなかった。

こうして両陣営のあいだには気まずい空気が流れ、シャノンもチューリングも重要な問題に関して沈黙を余儀なくされたが、ある意味それがきっかけとなり、ほかの共通の関心事についてふたりで自由に話し合うようになった。暗号技術の問題についてもっと自由に話し合える環境だったら、専門分野を共有する研究者同士の付き合いにとどまっていたところが、ふたりの関係は友情にまで発展した。すでに戦争が始まる前から、チューリングもシャノンも専門分野以外で似たようなものに情熱をかたむけ、時代の最先端をゆくアイデアに同じように注目していた。お茶を飲みながら「ふたりで数学の主題について話し合ったよ(6)」と、シャノンは回想している。特に思考機械には、ふたりとも大きな関心を持っていた。「考える計算機をつくるにはどうするか、それでどんなことができるか、色々と意見を交わした」とシャノンは回想する。

チューリングと僕は興味を持つ問題が驚くほど共通していたから、そんな問題について話し合った。当時彼はすでにチューリング・マシンに関する有名な論文を執筆していた。いまではチューリング・マシンという呼び方が定着しているが、当時はまだなかった。ほかには、人間の脳の中身はどうなっているかについてもずいぶん議論した。脳はどんな構造で、どのように機能するのか。機械に何ができるかも考えたな。人間の脳にできることは機械にもできるんじゃないかとかね。それから、ぼくの情報理論の概念について何度か話した。興味を持ってくれたよ。

ふたりとも幕を開けたばかりのコンピューティングの明るい前途に魅せられ、コンピュータにチェスをさせるというアイデアに大いに興味をそそられた。一九七七年にシャノンはつぎのように語っている。

一九四二年は……いわゆるコンピュータは生まれたばかりだった。ペンシルバニア大学には、ＥＮＩＡＣ（エニアック）というコンピュータがあってね……動作は遅く、やたらと大きくて扱いにくい代物だった。ふた部屋分を占めるほど大きいのに、いまなら一〇ドルで買える計算機と同じぐらいの能力しかなかった。それでも大きな潜在能力が感じられた。いまやっていることがもっと安くできるようになって、稼働時間を改善し、たとえば一〇分以上機械を動かせるようになったらと思うだけで、もうワクワクした。

チューリングもぼくも夢があった。人間の脳を完全に模倣できないものか、人間の脳に匹敵するような、いやその能力を大きく上回るようなコンピュータを作れないか、というね。実際、当時はいまよりも簡単にできそうな印象があった。遠からず、一〇年か一五年すれば実現するはずだとふたりとも考えた。でも三〇年が経過しても、まだ実現していない。(7)

シャノンは根本的に内向的な人物で、科学界での地位のわりには仲の良い友人が少なかった。世界トップクラスの科学者や数学者や思想家の多くと出会う機会は多かったが、シャノンは常に壁の花のような印象を与えた。その時代の名士が多数集まっている会議場にいても、大体は会話を振られるまで待っているようなところがあった。せっかく大物と知り合っても連絡を取り続けることはなく、会議に招待されても出席するのはほんの一部だった。そして、「ネットワーキング」という概念が電話回線以外のものに応用されることには不快感を示した。このような人物像を考えると、チューリングと熱心にコンタクトを取り続けたという事実そのものに、ふたりで話し合ったいかなる内容よりも驚かされる。ふたりがベル研究所で共に過ごしたのは数カ月にすぎないが、そのあいだにチューリングから信頼され友情を育んだという事実は、ふたりがお互いに相手を高く評価していた何よりの証拠だ。シャノンの言葉をかりれば、チューリングは「とにかく非常に印象的な人物」だった。チューリングはシャノンの自宅まで訪問したが、孤独を好むシャノンがホスト役を務めることなど滅多になかった。そしてチューリングが誰かの自宅を訪問することも稀だった。

チューリングがイギリスに帰国したあと、ふたりは戦後にもう一度だけ会っている。一九五〇年、シャノンが会議のためにロンドンを訪れ、そのとき時間を割いてチューリングを研究所に訪問した。それについて、シャノンはつぎのように回想している。

マンチェスター大学にチューリングを訪問した……このとき彼は、チェス指しコンピュータのプログラム開発に興味を持っていた……僕もこの問題にはかなり関心があった。実際、その頃の彼はコンピュータのプログラム開発に夢中で、二階がオフィスで、一階にコンピュータが置かれていた。当時はコンピュータの揺籃期だった。(8)

ふたりはチューリングが書いたプログラムについて議論した。数十年後、シャノンはそのときのことを回想している。

いま何をやっているのかと尋ねた。すると、コンピュータの内部で何が進行しているか知りたくて、コンピュータからのフィードバックを改善する方法に取り組んでいると教えてくれた。そしてそのために、すごいコマンドを発明したという。当時は様々なコマンドの研究がさかんで、優れたコマンドの発見が大きな課題だった。

それで、これは何のコマンドかと尋ねると、フッターにパルスを送るためのコマンドだと教えてくれた。フッターにパルスを送るといっても、ピンとこないだろうね。わかりやすく説明しよう。フッターというのは……イギリス英語で拡声器のことだよ。拡声器にパルスを送るということと、フッターにパルスを送ることは同じなんだ。

では、このコマンドのどこがすごいか。ネットワークでループ障害が発生したときにこのコマンドを使えば、コマンドがループを巡回するたびにパルスが送られ、所要時間に応じた周波数の音が聞こえるところだ。ループが大きくなれば、周波数はそれに応じて変化する。したがって、ループ障害が発生すればいつでも「ブー、ブー、ブー、ブー、ブー、ブー」と音が聞こえる。その音を上手に聞き取れば、ループ障害が発生しているのか、それともほかの何かが発生しているのか、状態を確認できる。以前には区別できなかったことだ。

情報時代の土台を築いたふたりの巨人は、戦後の再会を心から楽しんだ。しかしこれは、ふたりがじかに話し合う最後の機会になった。同性愛が違法とされる時代に、チューリングは「わいせつ行為」で有罪判決を受け、シャノンの訪問を受けた四年後に青酸中毒で死亡した。彼の死は自殺と断定されたが、詳しい状況は今日に至るまで謎に包まれている。

13

ベル研究所の三賢人

数学という大昔からの学問では……忍耐力や狡猾さほどスピードが報われない。しかし何よりも驚かされるのは、まるで最高のジャズミュージシャンのように、仲間と即興でコラボする才能が評価されることだろう(1)。

ガレス・クック

ノーマとの結婚が破綻したシャノンは、仕事は厳しいけれども面倒なしがらみから解放され、グリニッジビレッジの小さなアパートで独身生活を再開した。夜はほとんどひとりで過ごした。シャノンの人生のなかでも、本当に気ままに過ごせたのはこの時期だけだった。わずかな空き時間には大音響で音楽を演奏し、ニューヨークのジャズシーンを楽しんだ。夜も更けてからにぎやかなレストランへディナーに出かけ、ワシントン・スクウェアパークのチェス倶楽部に立ち寄った。A列車でハーレムまで行ってジルバを踊り、アポロシアターで音楽鑑賞をするときもあった。あるいはビレッジ内のプールで泳ぎ、ハドソン川沿いのコートでテニスに興じた。

西一一丁目五一番地の建物の三階にある彼の自宅は、ニューヨークによくある小さなワンルーム・アパートだった。「浴室に行く途中に寝室があったの。古い下宿で……でもロマンチックだったわ」[2]と、階下の住人だったマリア・モールトンは回想している。予想どおりというか、シャノンの部屋は散らかっていた。埃だらけで乱雑で、彼が分解した大きな音楽プレイヤーの部品が中央のテーブルに散らかっていた。「冬は寒いから、古いピアノを細かく切って、暖炉にくべて暖をとっていたわね」という。冷蔵庫のなかはほとんど空っぽ、質素な部屋のなかで高価な所持品と呼べるものはレコードプレイヤーとクラリネットぐらいだった。

この建物の住み込みの管理人で家政婦のフレディは、シャノンのことを気難しくて孤独を好む人物だと感じていたが、そのシャノンは階下に住むマリアと仲良くなってデートもしていた。音楽のボリュームがあまりにも大きくて、耐えかねたマリアがシャノンの部屋の扉をノックしたのが出会いのきっかけだった。不満から友情が芽生え、ロマンチックな関係へと発展したのである。

マリアはシャノンに対し、ドレスアップして町に出かけましょうと誘った。ふたりでドライブ中に馴染みの曲がラジオから流れてくると、「これはいいね！」とシャノンは嬉しそうに大声を上げたものだった。彼はジェイムズ・ジョイスや、お気に入りの作家T・S・エリオットの作品を読み聞かせるときもあった。でも、頭からは数学のことが離れず、レストランで食事をしている最中にナプキンに方程式をいきなり書き留める癖もあった。戦争や政治については明確な意見をほとんど持たなかったが、ジャズミュージシャンに関してはうるさかった。「自分の好きなミュージシャンと私が好きなミュージシャンの共通点を見つけようとしたわ」とマリアは回想している。さらにシャノンはウィリアム・シェルドンの体質類型論に興味を持ち、自分のガリガリに痩せた体型（シェルドンによれば外胚葉型）をシェルドンの解釈にそって理解しようとした。

ベル研究所の同僚にもわずかながら親友と呼べる存在がいた。そのひとりがバーニー・オリバーである。背が高くて穏やかな微笑みを浮かべ、立ち居振る舞いがゆったりしているオリバーは、スコッチを好み、話が面白かった。しかし穏やかな性格の下にはすごい知性が隠されていた。「バーニーの頭の良さは天才並みで、ＩＱは一八〇だと噂されていた[3]」と同僚のひとりは回想している。興味の範囲は、文字通り天と地の広い範囲におよび、やがて地球外生命を探索する運動のリーダーのひとりになった。ベンチャーキャピタル企業として名高いクライナー・パーキンスの共同創設者トム・パーキンスは、どんなに曖昧な話題にもしっかりと食らいつくオリバーの能力についてつぎのように回想している。「イルカとコミュニケーションをとるための装置を作れるのではないかと閃くと、何カ月もぶっ続けでその研究に取り組んだ[4]」。そして彼は、「サイクロプス計画」のブレーンのひとりでもあった。「独創的で崇高ながら未完成に終わった」この計画は、三六平方マイルの土地に直径一〇〇メートルのパラボラアンテナ一〇〇〇基を並べて受信した電波を増幅させ、惑星間の通信信号をとらえることを目指した。

オリバーの地上の問題に関する研究も野心的だった。「世界初のプログラム可能なデスクトップ計算機[5]」、つぎにその携帯用バージョン、そしてヒューレット＝パッカードの最初のコンピュータを開発したのも彼だ。さらにオリバーは、シャノンのアイデアを、まだ日の目を見る前に本人から聞かされた、数少ない人間のひとりとなる栄誉に浴した。後日、彼は誇らしげにこう回想している。「僕たちは友人同士だったから、彼の理論の多くが世に出る手助けをした。こんなのはどうかと、話を色々と振られた。だから情報理論については公表される前から理解していたよ[6]」。オリバーのこの発言にはやや誇張があるかもしれないが、シャノンは自分が温めている考えを、その片鱗さえほとんど誰にも教えようとしなかった。それを考えると、そもそも研究についてオリバーに話したこと自体が注目に値する。

ベル研究所のジョン・ピアースも、シャノンと勤務外の時間を共有した友人のひとりだ。研究所では、「熱心な取り巻きに囲まれていた。みんな、彼のウィットと快活な精神に魅せられた」。ひょろりとした体型はシャノンとよく似ていたが、自分があまり興味をそそられない事柄だとすぐ退屈するところもシャノンとそっくりだった。この傾向は人間にもおよび、「ピアースが突然会話に割り込んだり、逆に打ち切ったり、食事の途中で退席するのはまったく珍しくなかった」とジョン・ガートナーは書いている。これは驚異的な頭の回転の速さの副産物だろう。大学に入ったばかりの頃、工学の講義を担当する教授はピアースの頭の良さに強い印象を受け、講義が全部終了しないうちに学生から教師へと昇格させたという。ベル研究所でも、ピアースは同様の名声を手に入れた。発明の才は、同研究所でも一、二を争うと認められていた。

シャノンとピアースが知的な議論を応酬できる相手として認め合えたのは、ふたりの知能が同じようにずば抜けていたからである。ベル研究所に在職しているあいだ、ふたりはアイデアを交換し、一緒に論文を執筆し、数えきれないほどたくさんの本を共有した。ピアースが講演で紹介した以下のストーリーからは、親密な協力関係がうかがえる。


ある日、クロード・シャノンと世間話をしていると、彼がベル研究所以外の研究員が考案したシステムについて簡潔に説明してくれた。聞かされているときは大して気にもとめなかったが、いつまでも何となく頭のすみに残った。やがてその日のうちに、この新しいシステムの長所を発見した。そこで翌日クロードのところに行って、昨日のあれは素晴らしいアイデアだよと伝えた。私が長所について説明すると彼も賛同してくれたが、自分が説明したシステムとはまったく別物だよと言われた。クロードの説明をぼんやり聞いているうちに自分勝手に頭を働かせ、新しいシステムを発明してしまったようだ(7)。

ピアースはシャノンに対して何度となく、「せっかくのアイデアを書いてまとめるべきだ」と勧めた。すると地位や名誉に無関心なシャノンは、「『べきだ』ってどういう意味だ？」と言い返した。オリバー、ピアース、シャノンの三人は、それぞれ自分一人だけでも十分に考えを進められるだけの知識を持っていたが、他の二人といることが心地よく感じられた。デジタル通信という新しい分野への興味を共有し、正確さや信頼性に優れている点を説明するための重要な論文を共同執筆した(8)。当時の同僚のひとりは、ベル研究所の三人の天才についてこう回想している。

BTL「ベル研究所」には、三人の紛れもない天才が同時期に存在していた。情報理論で知られるクロード・シャノン、通信衛星と進行波増幅器で有名なジョン・ピアース、そしてバーニー・オリバーの三人だ。みんな確実にずば抜けた知能の持ち主で、一見鼻持ちならない。とにかく頭がよくて有能で、抜群の頭脳を働かせながら、工学世界の荒野に大胆に踏み込んでいった。これほどの天才を三人も一度に引き受けられるのは、名声の確立したこの研究所ぐらいだろう(9)。

しかしほかの証言からは、シャノンは短気ではあったが「鼻持ちならない」性格ではなかったよ

ジョン・ピアース。シャノン、バーニー・オリバーとともにベル研究所の三賢人と呼ばれた。Photo: NASA 提供。

うに思われる。彼は人なつっこいけれども仲間と距離を置いていたと回想する同僚もいる。本人はマリアに対し、ベル研究所での生活は毎日変わりばえがしなくてつまらないと不満を漏らしている。「うんざりしていたと思うわ。絶対に。自分の研究に集中したいのに、くだらない用事を押し付けられてばかりだったから[10]」とマリアは語っている。

シャノンと仲間のあいだに距離があった理由のひとつは、情報を処理するスピードの大きな違いだったと考えられる。研究室がシャノンと隣り合っていたブロックウェイ・マクミランは言う。「ありきたりの数学の議論に時間を費やすのは、我慢できないタイプだった。ほとんどの人たち、そしてほとんどの同僚と異なる角度から問題に取り組んだ……彼の議論の多くは、何て言うか、とにかく展開が速すぎて、同僚が付いていけなかったことは間違いない[11]」。みんなは彼を寡黙な性格だと評価したが、マクミランから見ると、それは周囲に対する不満の表れだった。「自分と同じように頭がキレない人間とは根気強く付き合えなかった」のである。

そのためせっかちな印象を、おそらくあまりにもせっかちで、協調性がない印象を与えてしまった。「いろいろな面でものすごい変人だった……でも、無愛想というわけではないよ[12]」と、やはり同僚だったデイヴィッド・スレピアンは回想する。自分とペースを合わせられない同僚のことは、どうやら頭になかったらしい。「自分のアイデアを論じることはなかった。価値をわかってくれない人のことは無視したね[13]」と、マクミランはガートナーに語っている。

かつてジョージ・ヘンリー・ルイスは、「天才はプロセスを説明する能力に乏しい[14]」と語った。これはシャノンにも当てはまるようで、自分のことを他人にうまく説明できず、それを気にするわけでもなかった。研究生活では孤独を好み、同僚との付き合いは最小限に抑えた。「呆れるほど、秘密主義が徹底していた[15]」と、モルトンは回想している。そして、後にシャノンの協力者となるロバート・ファノによれば「研究内容について他人の意見に耳を傾けるような人ではなかった[16]」。その証拠に、シャノンの論文に共同執筆されたものはほとんどない。

内向的な天才はシャノンがはじめてというわけではないが、優秀な頭脳のそろったベル研究所のなかでも彼の変人ぶりはかけ離れていた。マクミランによれば、「ほかのどの部門に所属しても、うまくやっていけなかっただろうね……扉をノックすれば応えてくれるけれど、それ以外は自分の殻に閉じこもっていた[17]」という。そしてスレピアンは、シャノンの孤独癖をもっと鮮やかに説明する。「あの頭のよさは詐欺師に向いていたと思う。その方面に進路を変更していたら、世界一になったんじゃないかな[18]」。

シャノンに親しい同僚とも距離を置かせてしまった原因と考えられるものは、ほかにもある。実は、彼には副業があったのだ。夜になって自宅に戻ると、個人的なプロジェクトに取り組んだ。それは大学院生のとき頭のなかで具体化したもので、正確にいつ思いついたかについては彼の発言は一貫しない。しかしアイデアが頭に吹き込まれたのがいつだったにせよ、ニューヨークに滞在するようになった一九四一年にようやく、真剣に取り組むようになった。ただしいったん始めてみると、この勝手気ままな研究の時間はベル研究所での仕事からの気晴らしにはうってつけで、おまけに、理論をとことん追求したくても戦時下では許されない状況への欲求不満のはけ口としても役に立った。この時期は、直感的にアイデアが閃いたものだとシャノンは回想している。研究は着実に進行するわけではなく、アイデアがいきなり降ってわいてくる。「時々やって来るんだ……ある晩には真夜中に目が覚めてアイデアが閃き、一晩中寝ずに取り組んだ[19]」という。

この時期のシャノンを描写するなら、みんなが寝静まった時間に痩せた男が膝を鉛筆で叩いている姿になるだろう。締め切りに追われている印象ではなく、個人的な難問に取りつかれており、その解読には何年もの歳月がかかることになる。「彼は寡黙に、すごく寡黙になっていった。でも、ナプキンに文字を書くことはやめなかった。二日も三日も、ずっと黙っているの。そのくせ顔を上げると、『きみはなぜそんなに黙っているんだ』と尋ねるのよ[20]」とマリアは語っている。

ナプキンはテーブルじゅうに散らばり、つぎつぎと浮かぶ考えや方程式の記号がどれにも乱雑に書き込まれていた。罫線が引かれた紙にはきちんとした文字で書いていくが、紙の代わりになる素材はどこにでもある。何かを走り書きしては修正し、その上から線を引いて取り消して、結局は何も解明できない可能性を承知で複雑な方程式にじっと目を凝らす生活は八年間続いた。休憩時間にも音楽を聞いたりタバコを吸ったり、午前中は寝ぼけ眼で散歩に出かけたが、ほとんどの時間は休みなく難問の解明に打ち込んだ。机に戻ると、おそらく何か重要なことを掴みかけていると感じたことだろう。シャノンの名まえを有名にした修士論文のテーマよりも、さらに重大な何かを見つけられそうだったが、まだその正体は明らかではなかった。

Ⅱ

天才の孤独

14 大西洋横断通信への挑戦

壮大なる失敗

「繰り返してください、どうぞ」
「差し当たっては、もっとゆっくり送ってください、どうぞ」
「どのくらいですか」
「これだと受信側はどうですか」
「もっとゆっくり送ってください」
「もっとゆっくり送ってください、どうぞ」
「これだと受信側はどうですか」
「これを読めるようなら教えてください、どうぞ」
「これを読めますか」

「はい」
「信号はどうですか」
「受け取っていますか」
「何かを送ってください、どうぞ」
「VとBを送ってください、どうぞ」
「信号はどうですか[1]」

広い海洋を三二〇〇キロメートル以上にわたって横断するケーブルが、全部で二万五〇〇〇トンの銅や鉄と何百万ポンドもの費用を投じて敷設された。作業は船があやうく難破しかけたほど困難を極めたが、その成果は、このようなちぐはぐな会話のやりとりだけだった。一八五八年の夏の終わり、ヨーロッパと北米を結ぶ大西洋横断電信ケーブルが敷設されたが、一日に交わされる会話はこの程度の内容で、二八日目には切断されてしまった。最初にメッセージが伝わると花火があがり、関係者は爵位を授けられ、新聞には祝賀ムードの社説が掲載された（「大西洋は干上がった」とロンドンの〈タイムズ〉紙は報じた）。しかしほどなく信号には雑音が混じり、ワイヤーを介した会話は一度に何時間も中断された。水深五キロメートルちかくの海底で、ケーブルには問題が生じていた。

二八日間で終わった散発的な会話のために、イギリスとアメリカの海軍の船団が五回にわたって派遣され、大西洋を東へ進みながらケーブルを敷設していった。四回目には記録的な激しさの嵐が船団に襲いかかる。蒸気船にも帆船にもなるイギリスの木造船のアガメムノン号は、一週間にわたって激しい風に翻弄され、船体は四五度も傾いた。デッキや船倉にはコイルとして使われる金属が何トンも積み込まれていたため、バランスを失ったのだ。乗船していて吐き気を催した新聞の特派員は、「生きたウナギが船荷に押し込められたら同じような気分だっただろう」[2]と書いている。最初の四回、ケーブルは損傷した。五回目の航海でようやくケーブルは接続される。

この壮大な事業には、すでに本書に登場している科学者が、最重要人物として毎回参加していた。それはウィリアム・トムソン、後のケルヴィン卿である。彼のアナログコンピュータが登場するのはまだ二〇年も先の出来事で、当時はそれほど有名ではなく、トレードマークのネプチューンのようなあごひげも生やしていなかった。しかし彼は、ワイヤーを通じた情報の伝達にかけては世界有数の専門家だった（本人は情報という言葉を使わなかったが）。そしてプロジェクトの理事会のメンバーに科学顧問として選出され、大西洋横断プロジェクトに将来の名声を賭けた。難破しかけたケースも含め、すべての遠征に参加したが、常に無報酬だった。五度目の航海に同乗したオーストラリア人記者は、真夜中にケーブルを走る電流が途絶え、今回も損傷したように見えたときのトムソンの状態をつぎのように描写している。「悲惨な結末を迎えるのではないかという考えに圧倒され、手は激しく震え、眼鏡を調節するのも難しかった。額には血管が浮き出て、顔は真っ青になった……それでも集中力を研ぎ澄ませ、テストの結果を待ち続けた[3]」。ほどなく信号が復活すると、ケルヴィンはドッと笑いだした。一週間後には、ケリー郡の丘陵が東の地平線に姿を現した。ケーブルはアイルランドの海岸に陸揚げされ、ヨーロッパのネットワークと接続されたのである。

しかし一カ月後、それは故障して海底のがらくたとなり、関係者の意見が統一されないまま処分されてしまった。

大西洋横断ケーブルが敷設される以前から、海底の経路を通じてやりとりされるメッセージはいかなる場合にも――たとえばイギリス海峡などでも――遅れやひずみが特に生じやすいことが明らかだった。水中での情報伝送は独特の難しさを伴う。水、それも特に海水は電気を通すので、水中のケーブルからは電流が漏出しやすいのだ。乾いたケーブルを介して伝えられる信号に比べ、長い海底ケーブルを介して伝えられる信号は、識別するのがはるかに難しい。

トムソンはこのジレンマを誰よりもよく理解しており、アガメムノン号に乗ってケーブルの敷設を見学する決心をしたのも、それが大きな理由だった。最後の航海に出発する三年前、彼はグラスゴーの研究室での実験の結果、長距離の送電は「二乗の法則」にしたがうと主張するようになった。すなわち、メッセージが到着する時間はケーブルの長さの二乗に比例して増加するのだ。さらに、信号は遠くまで伝えられるほど強度が衰えていくとも指摘した。もしもこれがすべて当てはまるなら、海底通信の信頼性が損なわれないためには、かつてない厚さのケーブルで厳重に絶縁したうえで、離れた受信先でかすかな信号も拾えるほど感度の高い装置を導入しなければならない。費用は馬鹿にならないが、それが唯一の望みだった。

しかし、一八五八年には試せる海底ケーブルそのものがなく、トムソンが導き出した結論は疑いの目で見られた。手っ取り早く儲けることを期待する支援者は、トムソンの主張をうとんじた。儲けられるかどうかは、大西洋を横断して瞬時に通信できるかどうかにかかっていた（ロンドンの相場師が、シカゴの商品相場を直ちに知ることができればどんなに便利だろう）。なのにトムソンの結論だと、真に信頼できるケーブルを敷設しても儲けは見合わないというので、気に食わなかったのである。さらに追い打ちをかけるように、トムソンを疑うグループの中心人物は彼の同僚であり、大西洋横断プロジェクトの主任電気技師だった。

Ｅ・Ｏ・ワイルドマン・ホワイトハウス博士は外科医を引退し、アマチュアとして電気の実験を行なっていた。この肩書は、かならずしも彼の専門知識に傷をつけるわけではない。一九世紀は、アマチュア紳士全盛の時代だった。大学で専門教育を受けたトムソンの評判を、経歴ではかなわないホワイトハウスは遠慮なく攻撃し、電気や通信の研究は「もはや哲学者に限られた特権ではない[4]」と言い放った。おまけに実験の経験が豊富なこともあり、二乗の法則など「学者のでっちあげだ[5]」と批判する。ジャーナル誌に掲載されたらエレガントに見えるように工夫された公式ではあるが（ニュートンの有名な引力の逆二乗の法則にすら似ているではないか！）、実際には通用しないと指摘した。これに対し、トムソンはビクトリア時代の紳士らしく礼儀正しい態度をとったが、自分が持っているホワイトハウスの著作のページには、「ほぼすべての点で誤っている[6]」と走り書きしている。トムソンは実験結果に基づき、もっと頑丈なケーブルと、信号を高感度で検知する装置の必要性を訴えたが、ホワイトハウスの提案する解決策は力任せだった。それについて、後日あるライターはつぎのように要約している。「電気を遠くまで送るほど、途中で大きな刺激が必要とされる[7]」。ひずみや遅れを克服するためには、もっと大きな力を加えればよいという発想は単純でわかりやすく、しかもトムソンの計画よりも費用はかからず、せっかく投資しても成功するか失敗するかわからないプロジェクトにとっては、計り知れないほど大きなアドバンテージがあった。

結局、ふたりの勝負は引き分け、茶番に終わった。微弱な電気信号を拾うためにトムソンが考案した装置「反照形検流計《ガルバノメーター》」はケーブルの両端に取り付けられたものの、事あるごとにホワイトハウスによって取り外された。一方、ケーブルそのものの強靭性は、ホワイトハウスの考える基準をはるかに下回っていた。一方、東の端に当たるアイルランド海岸沖のバレンシア島で、彼は自ら考案した長さ一・五メートルの大きくてかさばる点火コイルをケーブルに接続した。そして、信号の強度を上げるため、ワイヤーに二〇〇〇ボルトの電気を一気に送り込んだ。

船倉やデッキから何度も出し入れされ、何度もほどかれたり巻かれたり、海底に敷設されて四回も切断され、何度も接合し直された結果、最初の信号が送られた頃には、ケーブルはすっかり傷んでいた。そこにホワイトハウスが電気を一気に送り込んだものだから、絶縁体は焦げ付き、わずか数日で駄目になってしまった。バレンシアで受信された最後の悲しいメッセージは、「単語は四八個。大丈夫、問題ない(8)」というだけのものだったが、評判のケーブルでやりとりされたメッセージは、ほとんどがこの程度だった。通信のための通信でしかなく、サミュエル・ベケットの劇のなかでも特に暗い作品のせりふが電信を使って交わされているようだった。

ホワイトハウスは社命に背き、三キロメートル以上沖合からケーブルの一部を引き上げて、故障の原因になりそうな落ち度がワイヤーにないか確認しようとした。結局、信号が最後に送られた日に、彼は不服従を理由に解雇された。後に提出された議事録では、彼は失敗の中心人物にされている（ただし最近では、最初から条件の悪かったケーブルは、結局は駄目になる運命だったと学者のあいだで論じられている）。一部の新聞は、大西洋横断電信の全存在が悪ふざけであり、投資詐欺のようなものだと見なした。それから六年間、海を隔てた通信は過去四〇〇年間と同じく、船を使って行なわれた。敷設されたケーブルが正しく機能するのは、一八六六年になってからだ。

ではこれらの教訓のいっさいを、九〇年後のクロード・シャノンや同僚たちは心に留めていたのだろうか。その可能性は高い。アーサー・C・クラークはSF小説の執筆を中断し、大西洋横断ケーブルから始まる通信の歴史を執筆し、ベル研究所でシャノンの上司だったジョン・ピアースに献辞を捧げた。クラークは、ピアースのたっての願いで執筆プロジェクトに取り組んだのだ。(9) 大西洋をはさんでやりとりされた電信についての詳細が忘れ去られ、それに伴う特殊な問題が許容範囲内で解決されてかなりの時間が経過してから、電信プロジェクトの大きな失敗からは三つの永続的な教訓が浮き彫りにされ、通信科学関係者はそれを肝に銘じた。

第一に、通信はノイズとの戦いだ。ノイズは電話線の接続を妨害したり、雑音として無線送信を中断させたり、あるいは海を渡って伝えられる電信信号の絶縁状態が悪化して信号が減衰する原因になる。偶然にせよ故意にせよ、私たちの会話にいきなり入り込んできて、理解を妨げてしまう。短い距離や、それほど複雑ではない媒体を介するとき、たとえばベルが隣の部屋のワトソンに連絡をとるときや、ロンドンとマンチェスターのあいだで陸の回線を使って電信が送られるときには、ノイズには対処できる。しかし距離が長くなり、メッセージを送ったり蓄積したりする手段が増えてくると、ノイズの問題もそれに伴って深刻になる。そしてトムソンのようにじっくり耳を傾けるにせよ、ホワイトハウスのように大声で叫ぶにせよ、どんな暫定的な手段を選ぶにしても、それはその場しのぎにすぎず、根本的な解決策にはならない。エンジニアは問題に直面するたびに対処せざるを得ず、一定の距離や一定の通信回線では、完全に正確な形でのやりとりは不可能にしか思えなかった。これでは通信はいつまでも信用されない。しかしシャノンは（ほかにもごくわずかな関係者がいたかもしれないが）、ノイズの解決策をひとつにまとめられるのではないかと考えた。

第二に、力ずくのやり方には限界がある。電信の問題に対するホワイトハウスの解決策のように、電力を上げ、メッセージの音を大きくし、信号を強化することは、ノイズへの対抗手段として真っ先に本能的に思い浮かぶ。一八五八年の失敗によってホワイトハウスの信用は落ちたものの、彼が提唱した手段の大筋は残された。ほかに良さそうな解決策がほとんど見つからなかったからだ。しかし、音量を上げるためにはコストがかかる。最善のケースでも費用は高く、大量のエネルギーを消費する。そして最悪のケースでは、海底ケーブルのように通信媒体そのものを破壊する恐れがあった。

そして第三に、ノイズの問題を改善する希望がわずかながら存在する場所があるとすれば、それは物理学に象徴されるハードな世界と、メッセージに象徴される見えない世界の境界部分だった。研究の対象は、メッセージの特性——ノイズへの感受性、メッセージの中身の密度、送受信のスピード、正確さ——などと、メッセージを伝える物理的な媒体の関係であり、トムソンが提唱した二乗の法則は、これらの関係に注目した発想の先駆けだった。しかし、このような法則によって解決されるのは電気の動きだけで、伝えられるメッセージの性質は対象外である。この点について、科学はどのように語ることができるか。ワイヤーのなかを移動する電子のスピードを測定するのはすでに可能だった。しかし、伝えられるメッセージそのものも、かなり正確に測定し操作できるという発想が生まれるには、次の世紀を待たなければならなかった。情報の歴史は古いが、情報を科学として扱う学問が世間を驚かせるまでには、あと少しの準備が必要だった。

15 インテリジェンスから情報へ

かつて情報については語ると言うより、推測するものだった。様々な方法で暗示されたものが、最後にひとつにまとめられる。さらに、情報とは舞台裏に存在するものだった。カエルの筋肉に電気を流し、動物の神経系をメッセージが伝わる速度をはじめて測定した生理学者のヘルマン・フォン・ヘルムホルツの研究においても、ワイヤーのなかをメッセージが伝わる速度を測定したトムソンの研究においても、情報は裏方として活躍した。さらに、ルドルフ・クラウジウスやルートヴィヒ・ボルツマンといった物理学者の研究も陰で支えた。彼らは無秩序すなわちエントロピーを定量化する方法を開発し、情報もいまに同じように定量化できると信じて疑わなかった。そして何よりも情報は、大西洋横断ケーブルにはじめて挑戦したプロジェクトの流れを汲むネットワークのなかにも存在していた。AとBというふたつの地点を実際に結ぶ際には、工学的な問題に取り組まなければならない。一日分のメッセージを正しくやりとりするには、最低何本のワイヤーをつなぎ合わせればよいか、極秘の通話をどのように暗号化すればよいかといった問題だ。こうして情報そのものの特性は、全体として徐々に解明されていた。

クロード・シャノンの少年時代には、世界の通信ネットワークはトムソンの時代とは様変わりしていた。ワイヤーを電気の導管として使い、電子が移動する配管設備に仕立て上げる時代は終わっていた。いまや通信ネットワークは大陸間を結ぶ機械であり、間違いなく当時存在する機械のなかで最も複雑だった。[1] 電話線に沿って真空管増幅器が一定の間隔で設置され、音声信号を強化したので、何千キロメートルもの距離で信号が減衰して消えてしまう事態を防ぐことができた。ベルとワトソンは大陸横断通話を始める。このときベルは、かつての電話での第一声を再現するが、ベルは東海岸のニューヨーク、ワトソンは西海岸のサンフランシスコに待機していた。これはシャノンが生まれる前年の出来事だ。少年になったシャノンが手旗信号コンテストで優勝する頃には、フィードバックシステムが電話ネットワークの増幅器を自動的に管理するようになったので、音声信号は安定し、草創期の通話では悩みの種だった「ハウリング」や「シンギング」といったノイズが解消されていた。メッセージを伝えるワイヤーは感受性が高く、季節や天気の変化による悪影響を受けなくなった。当初、シャノンが電話をかけると人間のオペレーターが取り次いだが、年月がたつと機械が取り次ぐことが多くなった。これはベル研究所が開発した自動交換台で、「人工頭脳」という大仰な名前で呼ばれた。シャノンの世代の科学者たちは、このような様々な機械を組み立てたり洗練させたりするプロセスを通じ、情報について理解するようになった。ちょうど、かつての世代の科学者たちが蒸気機関を組み立てるプロセスを通じ、熱について理解したのと同じだ。[2]

シャノンによって、情報は最終的に統合された。彼は情報という概念を定義して、ノイズの問題を見事に解決した。様々な糸を撚り合わせ、新しい科学を創造したのはシャノンの功績である。ただしベル研究所には、彼に先駆けてこの研究に取り組んだ重要人物がふたりいた。どちらもエンジニアで、シャノンはアナーバーで自分の研究対象を発見して以来、思考の形成過程で彼らの影響を受けてきた。情報を科学的土台の上に成り立たせるためにはどうすべきか考えたのも、このふたりが最初だった。シャノンは画期的な論文のなかで、彼らをパイオニアとして紹介している。

情報を定量化する――ナイキストの公式

ひとりめはハリー・ナイキストである。一八歳のとき、家族で祖国スウェーデンの農場をあとにして、スカンジナビア移民の波に加わってアッパー・ミッドウェストにやって来た。それに先立ちナイキストは自分の船賃を稼ぐため、四年間スウェーデンの建設工事現場で働いた。そしてアメリカに到着して一〇年後には、イェール大学で物理学の博士号を取得し、ベル・システム社に科学者として採用される。ベルでの研究に生涯をかけたナイキストは、登場したばかりのファックスの試作品開発の責任者で、早くも一九一八年には「電送写真」の企画の概略を紹介し、二四年には実用モデルが完成する。この機械は写真をスキャンすると、各チャンク（ひとまとまりのデータ）をその濃淡にふさわしい電流に変換し、電話線を通じてパルス電流を送信した。受信された電流は写真のネガに変換され、暗室に向かう準備が整った。この機械の印象は鮮烈だったが、市場はほとんど興味を示さなかった。小さな写真一枚を電送するのに、七分かかることも障害になった。しかしナイキストは、これほどの派手さはないテクノロジー、すなわち電信についても構想をあたためていて、ファックスと同じ年に公表した。そして結局、こちらの洞察のほうがはるかに長持ちしたのである。

一九二〇年代には、電信はすでに古いテクノロジーになっていた。イノベーションの最先端だった時期は、数十年にも満たなかった。ハードウェアの開発は電話ネットワークや写真電送術の分野に集中した。ナイキストが示したように、写真の電送では連続信号が応用されたが、電信はドットとダッシュでしか通信できなかったのだ。それでも、ベル・システム社はまだ電信ネットワークを大量に利用しており、そこでお金とキャリアを手に入れる可能性はトムソンの時代と同じ問題の解決にかかっていた。それは、最大限のスピードで、かつノイズを最小限に抑え、ネットワークを通じて信号を送る方法である。

電信、電話、電送写真のいずれであろうと、ネットワークを通じてメッセージを送る電気信号は大きく変動することをエンジニアはすでに理解していた、とナイキストは回想している。紙に記すと、信号は波の形になった。しかも、静かでゆるやかな正弦波ではなく、強風を受けて無秩序に寄せては返す波のようで、動きにパターンがあるとは思えない。しかし、そこにはパターンがあった。どんなに混乱をきわめる変動も、穏やかで規則正しい波が数多く集まって作られている。独自の周期を持つ波がぶつかり合って崩れ、最後に白い泡となって混乱状態が引き起こされるのだ（実際にこれは、潮汐の変動が多くのシンプルな関数の集合であることを明らかにして、アナログコンピュータの誕生に貢献した数学的発想と同じだ）。そうなると、通信ネットワークには周波の幅、すなわち「帯域」を持たせればよい。そして、周波数の範囲が広く、利用可能な「周波数帯域幅」が多く確保されるほど、複雑で興味深い波が生み出され、充実した情報を伝えられる。電話の会話を効果的に伝えるために、ベルのネットワークではおよそ二〇〇ヘルツから三二〇〇ヘルツまでの周波数、すなわち三〇〇〇ヘルツの帯域幅が必要とされた。[3] 電信はそれよりも少なく、テレビの帯域は電話の二〇〇〇倍必要だ。

どんな通信回線の帯域幅も、所定の速度で送られる「インテリジェンス」の量には限界が設けられることをナイキストは示した。インテリジェンスの量に限界があるということは、(電話回線で送られるメッセージのような) 連続信号と、(ドットとダッシュ、あるいはそれに0と1を加えた) 離散信号の区別は思っているほど明確ではないことになる。[4] たしかに連続信号は振幅が滑らかだが、それを短い時間ごとに複数のサンプルに切り分けるとどうか。すると、特定の帯域幅の範囲内では、連続信号と離散信号を区別できなくなってしまう。実際にその結果からベル研究所は、電信と電話の信号を同じ回線で送っても、お互いが干渉しない方法を理解した。[5] しかしもっと重要なのは、ある電気工学の教授が記したように、「技術通信の世界は基本的に不連続で『デジタル』である」[6] ことが明らかになったことだ。

情報というアイデアへのナイキストの最も重要な貢献は、一九二四年に発表された論文のなかに埋もれてしまった。フィラデルフィアで開催されたエンジニアの技術会議の記録に掲載されたもので、わずか四つのパラグラフから成り、「電流値の異なるコードを利用する理論的可能性」というパッとしないタイトルが付けられていた。しかしこの四つのパラグラフには、電気信号の経路の物理的特性と、経路がインテリジェンスを伝える速度との関係の解明にはじめて試みた成果がまとめられていた。トムソンの一歩先を行き、インテリジェンスは電気ではないことが明らかにされた。

では、それはどんな内容か。ナイキストによれば、「異なる文字や数字などを表す記号が一定の時間内に送られる数によって、インテリジェンスの伝わる速度は決定される」[7] という。この説明は明快とは言えないが、メッセージを科学的に扱う有意義な方法を明らかにする最初の試みとして注目に値する。ここでナイキストは、電信がインテリジェンスを送るスピードをつぎのような公式で表している。

$$W=k\log m$$

Wはインテリジェンスのスピード、mはシステムが伝えることのできる「電流値」の数だ。電流値とは、電信システムで送られる離散信号で、その数とは、アルファベットで使える文字の数と似たようなものだ。システムが「オン」と「オフ」だけで情報を伝えるなら、電流値はふたつ、「負電流」「オフ」「正電流」で伝えられるときは三つで、「強力な負電流」「負電流」「オフ」「正電流」「強力な正電流」のときは五つになる。★ 最後にkは、一秒ごとにシステムが送ることができる電流値の数である。

言い換えれば、電信がインテリジェンスを伝えることができるスピードは、ふたつの要因に左右されることをナイキストは示した。それは、信号を送ることができるスピードと、語彙のなかで使える「文字」の数である。利用可能な「文字」すなわち電流値の数が増えるほど、回線を通じて実際に送られるインテリジェンスはコンパクトな形になる。極端なケースとして、この段落全体を表す表意記号と、直前の段落全体を表す表意記号があると想像してほしい。このような形にすれば、ふたつの段落のインテリジェンスを何百倍も速く送ることができる。電信システムでたくさんの「文字」を使えるほど、メッセージは速く送られるという、驚くべき結果をナイキストは示したのである。あるいは、電流値の選択肢の数が増えるほど、ひとつの信号または一秒ごとの通信に含まれるインテリジェンスの密度は高くなると言ってもよい。つまり先ほどの仮定の場合、この段落に含まれる一二六二個の文字のすべてを表意記号がインテリジェンスとして送ることができるのは、表意記号が何百万個も存在し、そのひとつひとつが段落全体を表せるからだ。★★

電流値に関するナイキストの余談は、インテリジェンスと選択の関連性についてはじめて触れた点で注目されるが、それ以上は進展しなかった。彼はインテリジェンスの性質についてじっくり考えるよりも、少しでも効率的なシステムを設計するほうに興味があった。しかも、実践で役に立つ結果をある程度出すことを未だに期待されていた。そこで、電信ネットワークにもっと多くの電流値を組み込むことを同僚に勧めたあとは、ほかの研究に移ってしまった。電信と同じくすべての通信システムは本質的にデジタルだという興味深い提案[8]をしたあとは、通信そのものの一般化には進まなかった。一方、「異なる文字や図形など」というナイキストのインテリジェンスの定義は、非常に曖昧だった。文字や図形の背後には、一体何が存在しているのだろうか。

★電流値が三つや五つ、あるいはそれ以上に増えても、このようなシステムはデジタルのままだ。ひとつの電流値からべつの電流値へと、（デジタル時計のように）離散的に移動しており、（アナログ時計のような）連続性はない。デジタルシステムはバイナリのケースが非常に多いが（スイッチング回路でシャノンが論じたように、ふたつの電流値しか持たない）、かならずしもふたつである必要はない。

★★もちろん、大量の情報をまとめて記憶することには限界があり、記号や電流値を詰め込めば犠牲を伴う。アルファベット言語が少なくて効率が悪いほうが、理解はしやすい。同様にある時点に達すると、電信システムに組み込まれる電流値を増やすためのコストが、メッセージを速く送ることの利便性を上回ってしまう。

情報と選択——ハートレーの公式

インテリジェンスから情報へと名まえが変更されても、基礎をなす数学が大きく変わるわけではない。しかしこの場合には、名称の変更が境界線として役に立つ指標になっている。多くの境界線と同じく恣意的なものではあるが、新しい科学が青年期から成熟期へと移り変わる境目になっている。

ラルフ・ハートレーの研究について読んだ経験は、「僕の人生に重要な影響を与えた[9]」とシャノンは言う。影響がおよんだのは学問や研究の領域だけでない。シャノンは研究人生の大半において、ハートレーが構築した概念をツールとして利用した。「情報理論の父、クロード・シャノン」という世間で定着したアイデンティティも、ハートレーのアイデアを推し進めることで出来上がったもので、ハートレーもほかの誰も想像できないほど遠くまで発展させたのである。難解で知られる論理学者のジョージ・ブールを除けば、シャノンの思想形成に誰よりも貢献した人物である。シャノンは一九三九年に書いた手紙で、九年後に完成する通信の研究にはじめて言及しており、そこではナイキストの「インテリジェンス」という言葉を使っている。しかし研究が完成する頃には、ハートレーが考案した「情報《インフォメーション》」という言葉を使うようになっていた。シャノンのようなエンジニアは指摘される必要もないが、情報にインテリジェンスという表現は明らかに不適切であることをハートレーは見抜いたのである。

最初のローズ奨学生のひとりとしてオックスフォード大学を卒業したハートレーは、大西洋を結ぶ新たなプロジェクトに配属された。ベル・システム社のチームリーダーとして、電線ではなく電波で大西洋の両側を結ぶ、最初の音声通話の受信機の設計を任されたのである。このときの障害は、物理的なものではなく政治的なものだった。テストの準備が整った一九一五年、ヨーロッパは戦争の最中だったのだ。ベル社のエンジニアはフランス当局に対し、大陸でいちばん高いところにある無線アンテナの使用を認めてもらう必要があったが、これは重要な軍事資産としても利用されていた。結局、アメリカ人がこのアンテナ、すなわちエッフェル塔のてっぺんの使用を許可されたのはわずか数分間だったが、それで十分だった。ハートレーの受信機は成功し、バージニアから送られた声は塔のてっぺんまで届いた。

通信ネットワークへのハートレーの興味は、最初からナイキストよりも見境がなかった。いかなる媒体の情報伝達力も包含できる単一の枠組を追い求めたのである。そうすれば、電信も無線もテレビも同じ土俵で比較することができる。ハートレーが一九二七年に発表した論文は、ナイキストの研究の抽象化をさらに高いレベルまで引き上げた内容で、それまでの誰よりも目指す目標に近づいた。その抽象化の度合いにふさわしく、イタリアのコモ湖で開催された科学会議でハートレーが発表した論文のタイトルは、「情報の伝達」という簡潔なものだった。

アルプスのふもとで開かれた会議には錚々たる顔ぶれが勢ぞろいした。量子物理学の創始者であるニールス・ボーアとヴェルナー・ハイゼンベルク、世界初の原子炉を完成させることになるエンリコ・フェルミなどの出席者が、シカゴ大学のスタジアムの外野席を髣髴させる会場で見守るなかで情報の研究結果を披露するのは、ハートレーにとって苦行に等しかった。最初に彼は、聴衆にひとつの思考実験を提示した。マイナス、オフ、プラスの三つの電流値を持つ電信システムを想像する。ここでは訓練されたオペレーターが電鍵を使って電流値を選ぶのではなく、素人の私たちが無作為に選んだ装置に電鍵を接続する。ちょうど、「ボールが三つのポケットのひとつに転がって入っていくような」[10]状態だ。ボールをスロープに転がし、無作為に信号を送る行為を何度も繰り返す。こうして送られたメッセージには意味があるだろうか。

それは、「意味がある」という言葉の解釈次第だとハートレーは答えた。電線が頑丈で信号にひずみがなければ、明確で読みやすい符号が受信機に送られてくる。実際、障害のある電線を通じて人間が伝えるメッセージよりもはるかに明快である。しかし、どんなに明快なメッセージであっても、十中八九、理解不能だろう。「それは、考えられるシーケンスのなかのごく限られた数だけに意味が割り当てられるからだ」。シーケンスを無作為に選んでいると、その範囲に収まらない可能性が非常に高くなる。たとえばトントントントントン、トン、トンツートントン、トンツートントン、ツーツーツーというシーケンスは意味をなすが、トントントントン、トン、トンツーツートン、トンツートントン、ツーツーツーというシーケンスは意味をなさないことが任意に決められてしまう。★要するに、あらかじめ決められている場合だけ、符号は意味を持つのだ。そしてこれはすべての通信に当てはまる。電線を介して波が送られると、合意にしたがって文字が符号化され、そこから意味を象徴する言葉が再現される。

ハートレーから見ると、様々な符号の意味に関する合意は専ら「心理的な要因」に左右されるが、心理的な要因など禁句だった。なかには意味がかなり固定している符号もあるが（たとえばモールス信号など）、解釈に統一感のない符号は多く、言語、個性、気分、声の調子、一日の時間帯など、様々な要素に影響される。これではまったく正確さに欠ける。ナイキストが指摘するように、情報の量は多くの符号のなかから何を選択するかに関わっているとすれば、気まぐれな心理の影響を受けず、選択する符号の数を明確に定めておくことが真っ先に必要となる。情報の科学は、意味のあるメッセージも不可解なメッセージも、どちらも解明しなければならない。以下の重要な一節のなかでハートレーは、情報について心理的ではなく物理的に考えるようにするにはどうすべきかを説明している。「物理的なシステムが情報を伝える能力について評価する際には、解釈の問題を無視したうえで、完璧に任意な形で選択が行なわれるべきだ。そして、特定の符号を選択した結果とそれ以外の符号を選択した結果を、受信者が区別できるように心がけなければならない」。

このような形でハートレーは、電話会社がすでに抱いていた直感を具体化した。結局のところ、電話会社の仕事は情報の解釈ではなく、伝達なのだ。ボールが転がる行方に左右される電信の思考実験で明らかにされたように、符号がルートを通じて伝えられ、受信者がそれを識別できることだけを心がければよい。

情報を正しく測定するためには、送られる符号に注目するのではなく、送ることができたのに実際には送られなかった符号に目を向けなければならない。メッセージを送るときには、送信可能なたくさんの符号のなかから一部を選択する。「そして選択するたび、選ばれる可能性のあったそれ以外の符号はすべて取り除かれる」。選ぶということは、代わりの選択肢を抹殺することに等しい。メッセージがたまたま意味を持つケースでは、それが非常によくわかるとハートレーは述べている。「たとえば『リンゴは赤い』（Apples are red）という文章では、最初の単語（apples）によって、

★モールス信号で解読すると、最初のシーケンスは「hello」、二番目のシーケンスは「heplo」となる。それでも受信者が「heplo」は打ち間違えか伝送エラーだと認識できるのは、私たちの言語に備わった冗長性のおかげだ。このアイデアは、後にシャノンにとって大いに役立った。

ほかの果物や果物以外のすべての一般的な物体が排除される。二番目の単語（are）は、リンゴの何らかの属性や条件に注意を誘導している。そして三番目の単語（red）は、ほかに考えうる色を取り除いている」。こうして順番に排除していくプロセスは、どのメッセージにも当てはまる。そうなると情報にとっての符号の価値は、選別のプロセスで抹殺された選択肢の数に左右されることになる。たくさんの語彙のなかから選ばれた符号のほうが、少しの語彙のなかから選ばれた符号よりも多くの情報を伝えられる。情報は選択の自由の尺度なのだ。

選択に関するハートレーのこうした考え方は、電流値に関するナイキストの洞察とよく似ている印象を受ける。ただし、ナイキストの研究対象は電信に限定されたが、ハートレーの場合はいかなる通信形態にも当てはまるところがミソだった。結局のところナイキストのアイデアは、ハートレーのアイデアの一部でしかなかった。大局的な見地から言えば、符号が一度にひとつずつ送られる離散的なメッセージにおいて、情報の量はたった三つの変数によって制御される。一秒ごとに送られる符号の数（k）、選ばれる可能性のある符号の集合体のサイズ（s）、メッセージの長さ（n）の三つだ。伝えられる情報の量をHとすると、以下のような式が出来上がる。

$$H=k\log s^n$$

符号の集合体のなかから一部を無作為に選ぶときには、メッセージが長くなるほど、メッセージで使われる可能性のある符号の数は指数関数的に増えていく。たとえばアルファベットには二六文字あるが、ふたつの文字を並べる場合の可能性は六七六通り（二六の二乗）で、文字が三つになると可能性は一万七五七六通り（二六の三乗）ある。かつてのナイキストと同じく、ハートレーにとってもこれは不便だった。符号を増やしても、可能な組み合わせが指数関数的ではなく直線的に増えていけば、情報はもっと管理しやすい。たとえば、一〇文字から成る電報と二〇文字から成る電報が同じアルファベットを使っていれば、二〇文字の電報で送られる情報の量は一〇文字の電報の二倍ですむ。[11] ハートレーの（そしてナイキストの）公式では、対数がその役目を果たしている。対数によって、指数関数的な変化が直線的な変化へと変換されている。ハートレーにとってこれは、「現実的で工学的価値のある」[12] 問題だった。★

情報をめぐるトレードオフ

ハートレーが情報の正体を突き止めようとする姿勢からはまるで哲学者か言語学者のような印象を受けるが、実際に追い求めていたのは工学的価値だった。通信にはどんな性質が備わっているのか。メッセージを送るときには何が起きるのか。理解できないメッセージにも情報は存在するのか。これらはいずれも本質的に重要な疑問だ。しかしその答えにいきなり途方もない価値が備わると、解明は喫緊の課題になった。それは人間が考案したあらゆる世代の通信にあてはまる。海底ケーブ

★人間にとってのニーズを想定して新しい測定法を考案するのは、ちっともおかしくない。測定法に内面的な一貫性が備わっていれば、何ら問題はない。たとえば、摂氏の一度が華氏の一度よりも広い範囲をカバーしているのは、当然の理由があるからではない。水が〇度で凍結し、一〇〇度で沸騰すれば考えやすいので、そのように設定したうえで、あいだを一〇〇等分しただけだ。同様に、メッセージの長さに伴う情報量の増加も、指数関数的か直線的か、人間にとっての扱いやすさが重要になってくる。そんなわけでシャノンは、情報の対数目盛りについて「ほぼ直感的に適切な尺度だと感じられるもの」だと述べている。

ルの敷設、大陸を横断した無線のやりとり、電話線を通じた画像の送信、空中を介した動画の送信。いずれのケースも、当時の通信に関する知識では対処できないほど、伝達技術がいきなり大きく向上した。そのため、ケーブルがショートして厄介な事態に陥っても、初期のテレビの画面がチラチラして見づらくても、すぐには解決できず信頼性が損なわれた。

ハートレーはそれまでの誰よりも情報の本質に迫った。しかも彼の研究は、情報の解明はすでにエンジニアの力がおよばない域に達したことが認識され始めた傾向を反映していた。たとえば当時は、人間の声のような連続信号を複数のデジタルサンプルに切り分けることが可能になっていた。そうすると、連続信号と離散信号のどちらを使っていても、いかなるメッセージの情報の中身もひとつの基準に当てはめられる。たとえば、写真にはどれだけの情報が含まれているのか知りたいときには、写真を電信と同じように考えればよい。電信をドットとダッシュの個別の連なりに分解できるように、写真もたくさんの四角形に分解することができる。ハートレーはこれを「基本領域」と呼んだが、のちに画素あるいはピクセルと呼ばれるようになった。電信のオペレーターが限られた数の符号の一部を選ぶように、基本領域を構成する明暗が様々な四角形も、限られた数の集合体のなかから選ばれる。四角形の選択肢の数が多いほど基本領域の数は多くなり、写真には多くの情報が含まれる。そのため、黒白の画像よりはカラーの画像のほうが情報量は多くなる。各ピクセルはたくさんの符号のなかから選ばれるのだ。

名画「最後の晩餐」にせよ、意味不明な絵画にせよ、結局のところ画像は明暗度の異なる四角形の集合体である。情報はそんな区別に無関心である。画像さえも定量化できるという概念においては、悪魔との取引さながら、過激なまでに実利的な前提が鋭く洞察される。しかしその前提を受け入れると、あらゆるメッセージのあいだの一貫性がはじめて漠然と理解できるようになってくる。

人間が意味に無関心になるためには、禁欲的とも言えるほど大変な努力が必要とされるが、機械は配線さえすれば、努力しなくても無関心になれる。こうして情報に共通の尺度が採用されれば、機械の限界と人間のメッセージの中身を同じ方程式で表すことができて、機械とメッセージはうまく調和する。そうなるとたとえば、情報を測定することによって、通信媒体の帯域幅、メッセージに含まれる情報、情報を送るのにかかる時間との関連性が明らかにされる。ハートレーが明らかにしたように、この三つの量のあいだには常にトレードオフが存在するのだ。メッセージを送るスピードを速めたければ、費用を払って帯域幅を増やすか、あるいはメッセージをもっと単純にしなければならない。帯域幅を節約したければ、その代償としてメッセージに含まれる情報は減少し、送信時間が長くなる。一九二〇年代に電話線を通じて画像を送るためにうんと時間がかかったのも、そのためだ。電話線には、複雑なものを伝えられるだけの帯域幅が欠けていたのだ。情報と帯域と時間の三つの交換可能な量を正確に表せれば、メッセージを送るためにどのアイデアは「物理的に可能な範囲内[13]」にあるか、どのアイデアは試すだけ無駄であるかが一目瞭然となる。

そして最後に、情報について明らかになれば、ノイズについても明らかにされる。ノイズは、パチパチと耳障りな雑音や大西洋の海底で失われた電気パルスよりも明瞭で、測定も可能になる。ハートレーの研究はこの目標の途中までで終わったが、「符号間干渉」と名づけた特殊な歪みに注目した。有効なメッセージの主な基準が、受信者に符号が識別できることだとすれば、前後の符号が一種のノイズとして働き、符号をきちんと読み取れず、メッセージが不正確になるのは何よりも困る。ちょうど熱心すぎるオペレーターが、電信パルスを重複して送るときと同じだ。でも情報が測定されるようになれば、特定の帯域で何かメッセージを送るのにかかる時間だけでなく、一秒ごとに送ることができる符号の数も計算されるので、あわてて識別不可能な符号を送る事態は回避される。

クロード・シャノンが引き継いだとき、情報はおおよそこの程度まで理解が進んでいた。メッセージを何らかの方法で定量化できれば、離れた場所にいる相手ともっと正確に会話ができるのではないかという疑問から一九世紀に始まった研究は、新しい科学へと成熟していた。研究は一歩先へ進むたび、ますます抽象的になった。情報とは、電線を伝わる電流である。情報とは、電信によって送られる多くの文字である。情報とは、多くの符号から選別されたものだ。前進するたび、具体性は失われていった。

シャノンが独身生活をおくるウェストビレッジのアパートやベル研究所の孤独なラボで一〇年にわたってこれらの問題に頭を悩ませているあいだ、情報科学は足踏み状態だった。シャノンがベル研究所に就職したとき、ハートレーはまだ在籍していたが、科学者としてのキャリアは終わりに近づいていた。しかも、ふたりが良い形で協力し合うには、主流からあまりにもかけ離れていた。シャノンがようやく出会ったハートレーは、学生時代に彼を魅了したハートレーとは別人のようだった。シャノンはつぎのように回想している。

ある意味、非常に頭がよい人物だが、物事にこだわりすぎる一面がある。たとえば、アインシュタインは間違っているという理論にとらわれ、ニュートンの古典物理学は救済できると考えた。そして、視点を変えれば相対論で説明できるあらゆる事柄を、視点を変えずに説明するためにすべての時間を費やした。当時は誰もがそうだった……一九二〇年代のあたりはね。でも、科学界もようやくアインシュタインは正しいことを認識するようになった。認識しなかったのは、ハートレーひとりだったと思う[14]。

したがって、ハートレーからシャノンへと時代が移った頃の情報科学は「長くて快適な休息を楽しんでいるような状態だった[15]」とベル研究所のジョン・ピアースは言う。たしかに、ハートレーの固定観念は責められるべきだろう。あるいは、戦争を責めてもよい。戦争が始まると、飛行機追跡型ロボット爆弾、デジタル電話、暗号の作成と解読、コンピュータによるデータ処理など、様々な分野に情報は一気に応用されるようになったが、通信全般について何が学習されたのか、振り返って考える時間や動機のある科学者はほとんどいなかった。いや、ハートレーのつぎに来る決定的な段階は、天才がじっくり時間をかけなければ発見されなかったという事実を責めてもよい。あとから考えれば、つぎの段階が明白なら、二〇年間も足踏み状態は続かなかったはずだ。そして、みんながあれほど驚愕することもなかっただろう。

ピアースによれば、「まさに爆弾が落とされた[16]」のである。

16 爆弾級の発見

「通信」とは何か

通信の基本的な問題は、ある地点で選択されたメッセージを、べつの地点で正確に、あるいはおおよそ復元することである。[1] メッセージはしばしば意味を持つ……このような通信の意味的側面は、工学の問題とは無関係である。

『通信の数学的理論』を読み始めれば、情報科学のパイオニアたちの最も優れた成果をシャノンが自分のものにしていることがすぐにわかる。ナイキストは「インテリジェンス」という曖昧な概念を使い、ハートレーは心理に影響される意味的部分を捨て去ることの価値の説明に苦労したが、これに対してシャノンは迷わず、意味は無視できるものだと考えた。同様に彼は、情報は選択の自由度を測定するものだという発想も容易に受け入れた。メッセージが興味深いのは、「可能なメッセージの集合から選ばれたものである」[2]ことだ。また、パンチカードを二枚使えば、一枚のときと比

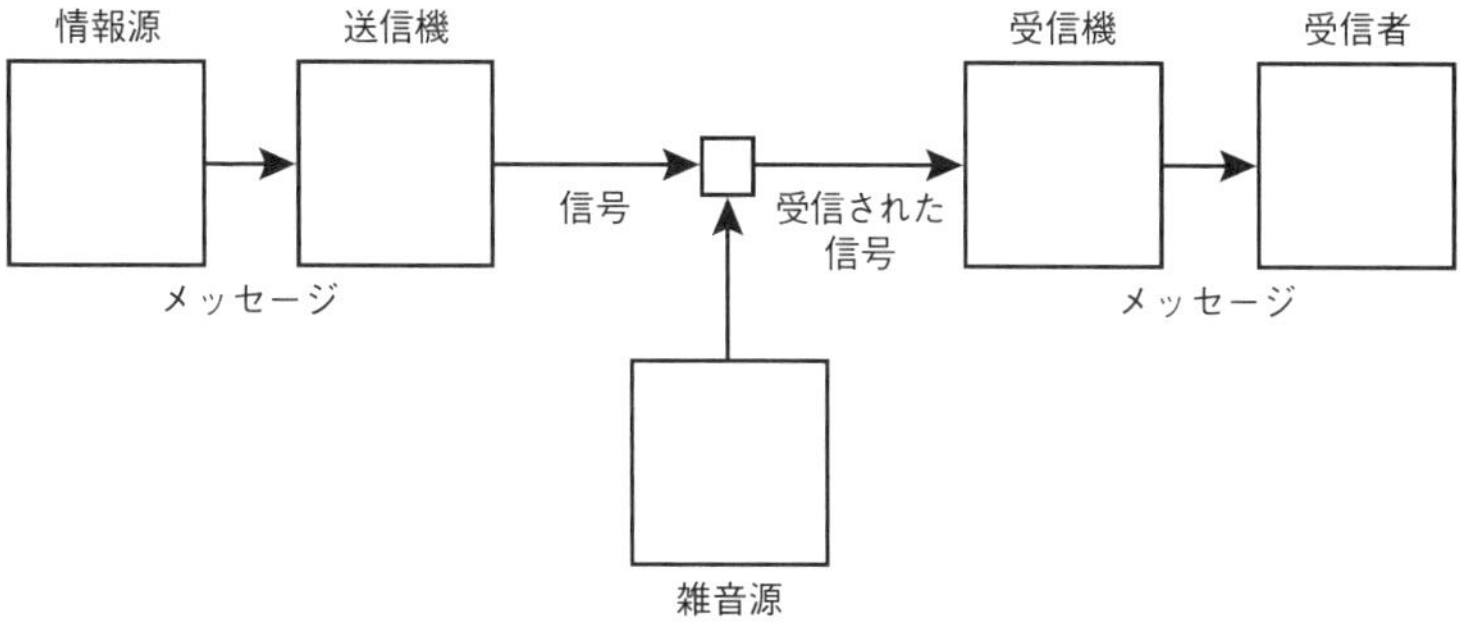

べて情報量が（二乗ではなく）二倍になり、電子通信路をふたつに増やせば、伝えられる情報量は二倍になるという形になれば、直感的に理解されやすいと考えていた。

これらの課題を解決するため、シャノンは大胆な発想を取り入れた。あらゆる通信システム——一九四八年の時点で存在していたものや、人間の手で作られるものだけでなく、想像し得るすべてのシステム——は、ごくシンプルな要素にまとめられると考えたのである。

情報源はメッセージを作成する。
通信機はメッセージをコード化し、送信可能な信号へと変換する。
通信路は信号が通過する媒体である。
雑音源は受信機へ向かっている信号に歪みや乱れを発生させる。
受信機はメッセージを解読し、送信機とは逆の操作を行なう。
受信者はメッセージを受け取る。(3)

余分なものを取り除いたこのモデルの長所は、例外なく適用されることだ。人間が伝えるメッセージ、回路を伝わるメッセージ、ニューロンを伝わるメッセージ、血液を伝わるメッセージなど、どんなメッセージにも確実に当てはまる。たとえば、あなた（情報源）が電話に話しかけると、電話（送信機）はあなたの声の音圧をコード化して電気信号に変換する。信号は電線（通信路）を伝わっていくが、近くの電線の信号がそれを妨害するとノイズ（雑音）が発生する。無事に伝わった信号は（受信機で）音声に戻され、それが向こう側の耳（受信者）に到達するのだ。

あるいは、あなたの体を構成するひとつひとつの細胞のなかにある二重らせん構造のDNA鎖には、たんぱく質合成の指示が書かれている（情報源）。この指示は、メッセンジャーRNA（送信機）にコード化される。RNAは、細胞内でたんぱく質が合成される場所（通信路）までコードを伝える。このとき、RNAが運んでいるコードのなかの「文字」のひとつが無作為に「突然変異」を起こす（ノイズが発生する）ことがある。「文字」は三つ一組で、たんぱく質の構成成分であるアミノ酸（受信機）に変換される。アミノ酸が鎖状につなぎ合わされてたんぱく質が作られると、DNAからの指示は無事に（受信者のもとに）伝えられる。

さらに、これは戦時にも応用できる。連合軍本部（情報源）が、敵の海岸への攻撃を計画したとしよう。参謀将校は、この計画を指示書に記す（送信機）。命令のコピーは、無線や密使や伝書鳩（通信経路）によって前線に送られる。このとき本部はメッセージに意図的にスクランブルをかけて、できるかぎりランダムに見えるように暗号化する（一種の人工的なノイズ）。前線の味方のもとにコピーが届けられると、鍵を使って暗号は解除され、戦闘計画に変換される。一方、コピーが途中で敵に奪われれば、敵方の暗号解読者が解読する（どちらのケースも受信機）。こうして本部から出された命令や敵の手に落ちた命令は、来たる戦闘の戦略や報復戦略へと（受信者のもとで）変換されるのだ。

六つのボックスから成るプロセスは柔軟性を十分に備えているので、世界がまだ考え出してもいないメッセージにも応用できる。この点こそ、シャノンが入念に準備を整えていたものだ。人間の音声を電磁波に変換して衛星に跳ね返らせたり、デジタル信号に変換してインターネットを介して伝える場合もこのプロセスが当てはめられる。これは、DNAコードにも使えた。DNAの分子構造が発見されるのはまだ五年先だったが[4]、遺伝子が情報を伝達するものだという発想を思いついたのは、間違いなくシャノンが世界で最初だった。こうしてシャノンが想像力を大きく飛躍させたおかげで、機械で送られようが電子的手段であろうが、あるいは生体内であろうが、メッセージを隔てる境界は取り払われたのである。

通信という行為をこうして複数の普遍的な段階に分解してみると、各段階についてそれぞれ的を絞って取り組めるようになった。情報源でメッセージを選んだらつぎは何をすべきか、あるいは、ノイズに対抗して情報を伝えるにはどうしたらよいか、と順番に考えられる。なかでも重要だったのが、「送信機」について、明確な概念を象徴するボックスと考えたことだ。これから紹介していくが、暗号化してメッセージを送信するという仕組みは、シャノンが革命的な結果を導き出すための鍵を握った。何かを思いもよらないものにたとえるとき、シャノンの頭は最も冴えわたる（たとえば、ブールの論理を複数のスイッチのある箱にたとえた）。この応用範囲の広い構造は、有望な類推を公表するために非常に便利なツールだった。

ビット――情報の単位

ただし情報科学は、そもそも情報に関して重要な点をまだ把握しきれていないとシャノンは考えていた。それは、情報の確率的性質である。ナイキストやハートレーは符号の集合からの選択を定義する際、どの選択も等しく確率によって支配されており、すでに行なわれた符号の選択とは無関係だと仮定した。これに対してシャノンは、一部の選択に関してはそれが当てはまるが、あくまでも一部にすぎないと反論した。そして、「これ以上ないほどシンプルな情報源、シンプルな情報とは、どんなものだろう。そこで、コイントスについて考えた」[5]と後に説明している。公平な条件でコインを投げれば、表と裏が出る確率は五分五分だ[6]。表か裏か、イエスかノーか、1か0かといった最大限にシンプルな選択は、存在し得る最も基本的なメッセージであり、実際のところ、ハートレーの考え方とも矛盾しない。情報を真に正しく測定するための基準として使えるだろう。

　新しい科学には新しい測定単位が必要とされる。これまで何度も取り上げられ、回りくどく説明されてきた概念が、ようやく数字によって表現されることになった。シャノンが考案した科学で新たに使われる単位は、基本的な状況での選択を表す。0か1かの選択、すなわち「二進数《バイナリ・デジット》」である。シャノンが論文を書くにあたって周囲の協力を求めた数少ない機会がこの単位の名付けだった。シャノンは食堂のテーブルに集まったベル研究所の同僚に対し、何か覚えやすい名まえはないかと尋ねた。「ビニット」や「ビジット」という呼び名は検討されたすえに却下され、最後は、当時ベル研究所に勤務していたプリンストン大学教授のジョン・テューキーによる提案が採用された。「ビット」である。

　一ビットは、等しい条件下でふたつの選択肢のどちらかが選ばれた結果として伝えられる情報の量を表す[7]。つまり、「ふたつの安定したポジションを持つ装置は、一ビットの情報を蓄えることができる」[8]。ふたつのポジションを持つスイッチ、ふたつの面を持つコイン、ふたつの状態を持つアラビア数字など、装置の情報量がビットで表されるのは、選択の結果ではない。選択の可能性の数と、選ばれる確率の結果である。装置がふたつあれば、選択肢は全部で四つになり、二ビットの情報が蓄積される。そしてシャノンの選択肢は対数によって測定されるので（2を底とした対数、すなわち、2が任意の累乗で増える「逆対数」）、選択肢の数が二乗で増えるたびにビット数は二倍になる。

ビット	1	2	4	8	16
選択肢数	2	4	16	256	65,536

一部の選択はこのような形で行なわれるが、すべてのコインが公平な条件下に置かれるわけではない。すべての選択肢が平等に扱われるわけではなく、すべてのメッセージが同じ確率で選ばれるわけではない。

そこで今度は、先ほどとは正反対の極端な例を考えよう。表がふたつあるコインだ。このコインを何度も放り投げたとして、何らかの情報は手に入るだろうか。手に入らないとシャノンは主張する。まだ知らないことを何も教えてくれないのだから、これでは不確実性は解決されない。

そもそも情報は何を測定するのかと言えば、克服すべき不確実性である。まだ学習していない何かを学習するチャンスを測定する。もっと具体的に説明しよう。何かがべつの何かについての情報を伝えるとき、たとえば計測器の目盛りから物理的な量を知り、一冊の本から人生について教えられるときには、伝えられる情報の量は、対象物に関する不確実性がどれだけ減少したかを反映している。そうなると、最も多くの不確実性を解決できるメッセージ、すなわち最も広範囲から集められた符号のなかから最も公平な確率で選ばれるメッセージにおいて、情報の内容は最も豊かになる。しかし、完璧な確実性が存在している場所に情報は存在しない。何も語るものはない。
「真実を語ることを誓いますか。真実だけを語り、それ以外はいっさい語らないと誓いますか」。法廷での宣誓の歴史のなかで、答えが「イエス」以外だったケースは何回あっただろうか。この場合にはひとつの回答しか考えようがないので、答えから新しい情報はほとんど提供されない。あらかじめ推測しているはずだ。これは、人間の儀式のほとんどに、そして発言の内容が規定され、結果を確実に期待できるあらゆる機会に当てはまる（「あなたはこの人を夫とすることを誓いますか……」など）。ところが、情報から意味を分離してみると、最も意味のある発言の一部にもほとんど情報が含まれていないことがわかる。

宣誓が破られたり、花嫁が祭壇に置き去りにされたりするケースは稀にしか発生しないという固定観念を誰でも抱きがちだ。しかしシャノンによれば、情報量が決まるのは何かが特に選択されるからではなく、何らかの選択によって新しい何かを学習できる確率が増えるからだ。たとえば、表のほうが重いコインを放り投げたときの結果の平均は予測可能だが、これでは得られる情報が乏しい。

さらに、最も興味深いケースは、完全な不確実性と完全な予測可能性という、ふたつの極端なケースのあいだに存在している。表しか出ないコインと裏しか出ないコインのあいだには、どちらかのほうが出やすい広い領域が存在しているのだ。現実の世界で送受信されるほとんどすべての情報は表と裏の重さに独特の偏りがあるコインのようなもので、その偏り次第で情報量は様々に異なる。そこでシャノンは、コイントスで伝えられる情報は、どちらか一方が出る確率（生起確率 p と呼ぶ）によって決定され、〇パーセントから五〇パーセント、一〇〇パーセントと推移する様子を以下のグラフ[9]で示した。

　確率が半々のケースが一ビットの最大値となるが、重さの差でどちらかが予測しやすくなっていくにつれて、意外性は着実に減少し、完全に予測可能となった時点で情報はゼロになる。確率が半々の特殊なケースは、ハートレーの法則でも説明される。しかしシャノンの理論は、いまや明らかにハートレーの理論を上回った。あらゆる確率を考慮に入れているからだ。そうなると、伝えられる実際の情報量は、これらの確率に左右されることになる。

$$H = -p \log p - q \log q$$

　ここでは、pとqはふたつの結果の確率、すなわちコインの表と裏、送られるふたつの符号のいずれかを表し、ふたつを合計すると一〇〇パーセントになる（三つ以上の符号が可能なと

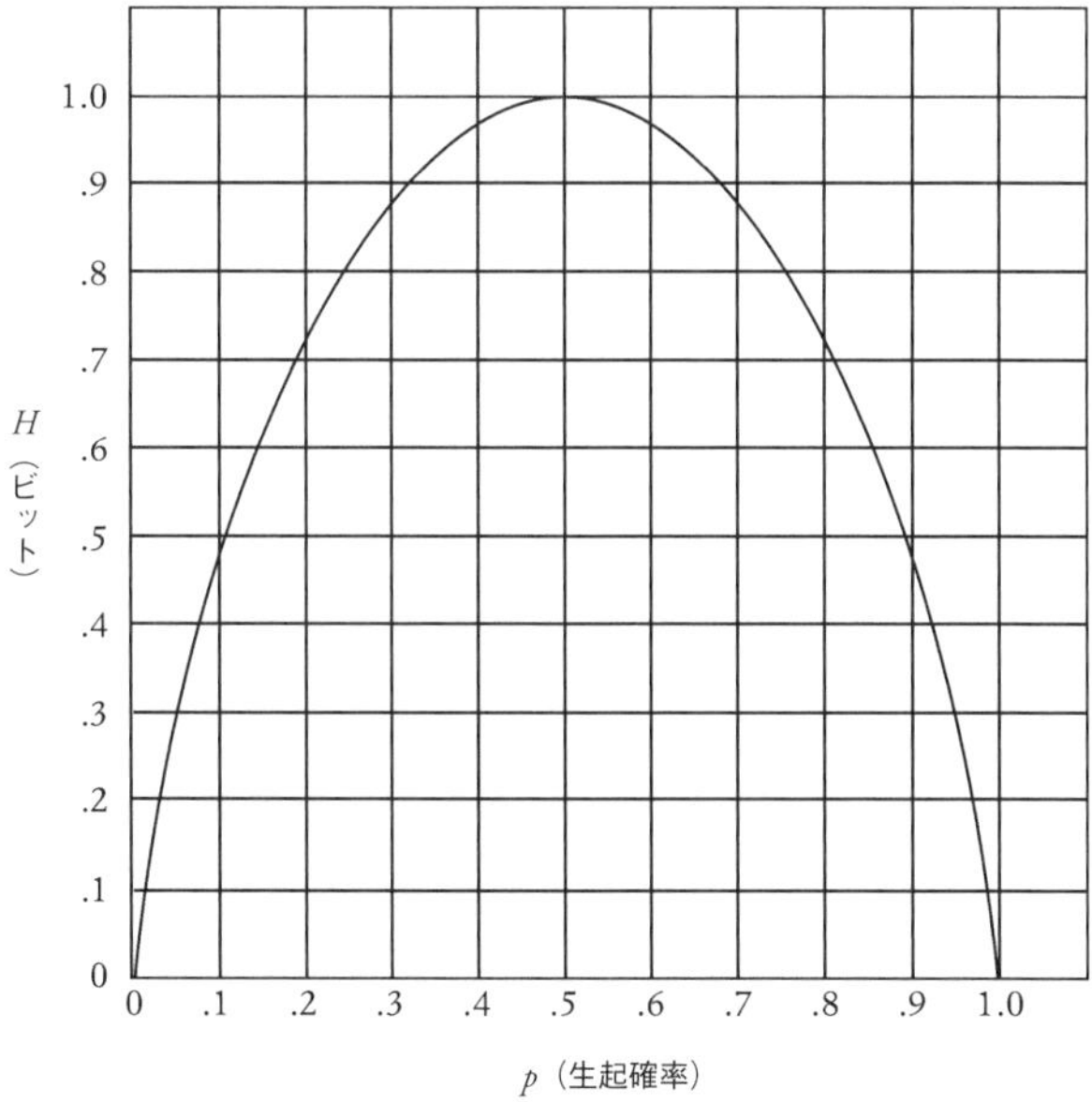

きには、方程式に挿入する確率を増やせばよい)。メッセージに含まれるビット数(H)は、不確実性に左右される。確率が五〇パーセントに近づくほど、最初の時点での不確実性は高くなり、意外な結果に驚かされる可能性は高くなる。そして五〇パーセントから離れるほど、解決すべき不確実性の量は減少していく。したがってHは、コイントスによって「驚かされる機会の平均値[10]」とも考えられる。七〇パーセントの確率で表が出るようなコインの場合には、放り投げることで伝えられるメッセージの数は〇・九ビットになる。

ただし、このような作業は、考えられるあらゆるメッセージに含まれる正確なビット数を割り出すことが最終目標ではない。コイントスよりも複雑な状況では、可能性がもっと増えて、確率を正確に特定するのは難しくなってしまう。シャノンの功績は、情報を確率と不確実性の観点からとらえるよう、同業者たちの考えを改めさせたところだ。研究のきっかけとしてナイキストやハートレーの研究が役に立ったのは事実だが、シャノンはその伝統を断ち切り、例によって、とるに足らぬものとして切り捨てたのである。「べつにそんなに難しいことではない[11]」と語っている。難しいかどうかはともかく、シャノンのアイデアは斬新で、情報を伝えたりノイズを克服したりするための新しい可能性を明らかにした。不公平な確率は、有利にはたらくようになったのだ。

予測可能性

実際、メッセージの圧倒的多数において、符号は公平なコインのようにふるまわない。これから送られる符号は、直前に送られた符号から予測可能な形で重大な影響を受ける。つまり符号は、つぎに送られる符号に対する「牽引力」を持っている。画像で考えてみよう。たとえばハートレーは、各「基本領域」の明暗度を測定することによって情報量を測る方法を示した。しかし、テレビ放送が空電妨害を受けていないときのような映像では、明暗度は隣のピクセルと無関係に決められるわけではない。明るいピクセルは明るいピクセルと、暗いピクセルは暗いピクセルと隣同士になる可能性が高い。あるいはシャノンは、電信メッセージという最も単純なケースで考えることを提案している（いまでは電信は、離散的通信の最も基本的なモデルであり、難しい理論を単純化して研究するには理想的との見方が定着している。今日、電信は時代遅れになったが、情報理論の論文では相変わらずさかんに取り上げられている）。たとえば、アルファベット文字をモールス信号の三つの基本要素、すなわち短点と長点と空白[12]で表現するとしよう。いかなるメッセージでも、短点のあとには短点、長点、空白のいずれかが、長点のあとにも短点、長点、空白のいずれかが来る可能性があるが、空白のあとには短点か長点しか来ない。空白のあとに空白は来ない。符号の選択は完全に自由というわけではないのだ。たしかに、規則性を持たない機械に電鍵が取り付けられていれば、ルールが破られる可能性はある。ルールを無視して空白のあとに空白が来ることもあり得るが、エンジニアが関心を抱くメッセージは、ほぼすべて暗黙のルールに明らかに従っており、自由気ままに送られるわけではない。シャノンはエンジニアに、この事実を大きな利点として生かす方法を教えた。

　シャノンはこれを直感的に思いつき、一九三九年にプリンストン大学のヘルマン・ワイルに打ち明け、それからほぼ一〇年をかけて理論にまとめ上げた。この理論によれば、情報とは確率的なものであり、まったく予測不能でもなければ、完全に決定されているわけでもない。おおむね推測可能な形で展開していく。そのため、確率過程の古典的モデルには、街路を千鳥足で歩く酔っぱらいの男性が登場する。まっすぐ歩くわけではないので、進路を完璧に予測することはできない。よろめきながら踏み出すつぎの一歩を予測するのは、博打のようなものだ。しかし、しばらく様子を眺めていると、千鳥足のなかに一定のパターンが見えてくる。注意深く観察すれば、パターンを統計的に理解することができる。そして、最後は歩道のどのあたりに到達する可能性が最も高いか、およそ予測できるようにもなる。酔っぱらいが概してどんな歩き方をしているのか前提としてわかっていれば、予測の精度はさらに高くなるだろう。たとえば、街灯に向かって歩く癖があるかもしれない。

シャノンがすごいのは、このモデルがメッセージや言語の様式にも当てはまることを示したところだ。何かを伝えるときにはかならず、つぎに来る文字やつぎに来るパイナップルを選択する自由が、あらゆる場所に通用するルールによって制約されることになる。★これらのルールのおかげで一定のパターンは発生する可能性が高くなるが、べつのパターンは発生がほぼ不可能になるので、英語などの言語はまったく予測不能ではなくなる。完全に不確実でもない代わりに、最大限の情報が含まれるわけでもない。たとえば「th」という連続は、本書ですでに六四三一回も登場しているが、「tk」という連続はここだけしかない。情報理論学者の視点に立つと、言語は退屈なほど予測可能なのだ。

それを証明するためにシャノンは文字化けを使い、正式ではないが巧妙な実験を行なった。ここでは確率過程を利用しながら、英語と似たような言語をゼロから構築する方法が使われている。まず、乱数の書かれた本を開き、任意の乱数に指を置き、二七文字（二六文字に空白を加える）の「アルファベット」からそれに該当するものを選んで書き出す。彼はこれを「零次近似」と呼んだ。

すると、以下のようなものが出来上がる。

XFOML RXKHRJFFJUJ ZLPWCFWKCYJ FFJEYVKCQSGHYD QPAAMKBZAACIBZLHJQD.(13)

ここではどの文字も等確率で、お互いに「影響」をおよぼさない。空電による雑音がプリントアウトされたような状態だ。もしも私たちの言語が完璧な不確実性に支配されていれば、このような形をとることになり、どの文字にも完璧に有益な情報が含まれる。

しかし、英語には一定の確実性が存在する。たとえば、一部の文字はほかの文字よりも使用頻度が高いことはよく知られている。シャノンよりも一世紀前にサミュエル・モールスは、（植字機の鉄製の文字盤を試しにじっくり観察した結果に触発されて）文字の使用頻度について直感的に閃き、それを電信符号に取り入れた。そして、たとえば「E」には短点、すなわちトンひとつの簡単な形、「Q」にはツーツートンツーの組み合わせを割り当てた。モールスの直感はほぼ正しかった。シャノンの時代には、英語の文章のおよそ一二パーセントには「E」という文字が含まれるが、「Q」という文字が含まれるのはわずか一パーセントであることが明らかになっていた。そこで、文字の

★これらのルールについては誰もが無意識に感じているので、ここに置かれた「パイナップル」の語は伝送エラー、誤植だと認識される。ここまでのパラグラフや文章の展開から判断するかぎり、正しくは「単語」という語以外、まず考えられない。

頻度に関する表と乱数の書かれた本を参考にして、シャノンは各文字が登場する確率をつぎのような形で表現し直した。これは「一次近似」と呼ばれる。

OCRO HLI RGWR NMIELWIS EU LL NBNESEBYA TH EEI ALHENHTTPA OOBTTVA NAH BRL.

ただし、英語の文章にはどんな文字も自由に挿入できるわけではない。直前に来る文字によっても制約を受ける。たとえば、「K」が「C」のあとに来るのはめずらしくないが、「T」のあとに来るのはほぼ不可能だ。そして、「Q」には「U」が続くケースが多い。シャノンは二文字「組」の厳密な頻度表を作成する代わりに、大まかな発想を考案した。それでも要点を伝えられる自信があったからで、彼はつぎのように説明した。二文字組の構造が理に適った頻度で導入された文章を組み立てるためには、「ある本をランダムに選び、ランダムに開いたページから一文字をランダムに選び、その文字を記録する。つぎに同じ本のべつのページを開き、いま記録した文字と同じものに遭遇するまで読み続ける。そうしたら、あとに続く文字を記録する。つぎに再び同じ本のべつのページを開き、二番目に記録した文字と同じものを探し、見つけたら、そのあとに続く文字を記録する、といった具合に続ける」。うまくいけば、出来上がった文章には英語のある文字のあとに特定の文字が続く傾向が反映されることになる。これは「二次近似」と呼ばれる。

ON IE ANTSOUTINYS ARE T INCTORE ST BE S DEAMY ACHIN D ILONASIVE

TUCOOWE AT TEASONARE FUSO TIZIN ANDY TOBE SEACE CTISBE.

するとと何もないところから、確率過程を通じていきなり五つの英語の単語が創造される（大目に見て、ＡＣＨＩＮという単語の後にアポストロフィを加えれば、六つの単語になる）。つぎに三文字組の構造を同じ方法で探す「三次近似」の段階になると、何とか英語として通用する文章にさらに近づく。

IN NO IST LAT WHEY CRATICT FROURE BIRS GROCID PONDENOME OF DEMONSTURES OF THE REPTAGIN IS REGOACTIONA OF CRE.

二文字組と三文字組の構造が同時に発生するだけでなく、文字の連なり全体、すなわち単語に関しても同じことは発生する。単語全体の頻度に関して、「単語の一次近似」が行なわれるのだ。

REPRESENTING AND SPEEDILY IS AN GOOD APT OR COME CAN DIFFERENT NATURAL HERE HE THE A IN CAME THE TO OF TO EXPERT GRAY COME TO FURNISHES THE LINE MESSAGE HAD BE THESE.

そしてさらに、つぎに来る単語の選択は、直前の単語の影響を強く受ける。ここでシャノンは「単語の二次近似」に注目した。単語をランダムに選び、同じ事例が改めて見つかるまでページをめくり、見つかったあとには、つぎに来る単語を記録する。この作業を続けた結果、複数の単語がつぎのような形で連なった。

THE HEAD AND IN FRONTAL ATTACK ON AN ENGLISH WRITER THAT THE CHARACTER OF THIS POINT IS THEREFORE ANOTHER METHOD FOR THE LETTERS THAT THE TIME OF WHO EVER TOLD THE PROBLEM FOR AN UNEXPECTED.

「このなかの一〇個の単語の連なり、すなわち『attack on an English writer that the character of this』の部分は、『このような特徴を持つイギリス人作家への攻撃』という意味になり、理屈に合わないとは言えない⑭」と、シャノンは誇らしげに語っている★。

わけのわからない内容からわけのわかる内容へと変化して、単語の羅列は意味の通用するテキストへと近づいていった。しかも意図的に書かれたのではなく、生み出された。人間が介入するのは、ルールを操作する部分だけである。では、どのようにすれば意味の通る英語になるのかとシャノンは問いかけた。それには、ルールをもっと厳密にして、予測可能な部分を増やし、新しい情報が得られる機会を減らせばよい。こうした確率的なプロセスは実のところ、私たちが文章を話したり何らかのメッセージを送ったりするときにかならず、無意識のうちに行なっている選択のモデルである。

世界に関するきわめて子供っぽい疑問の一部──「なぜリンゴは上に落ちていかないの」など

――も、科学的にきわめて生産的であることがわかる。このような道理に合わないおかしな疑問が存在するならば、シャノンのつぎのような質問が含まれる余地も存在するはずだ。「なぜ誰もXFOML RXKHRJFFJUJとは言わないのか」。この質問について考えるうちに、「言論の自由」はほとんど幻想であることが明らかになる。言論が自由であると考えるのは、自由についての理解が乏しいからだ。私たちよりも自由な――もちろん、不確実性や情報に関して自由な――コミュニケーターならば、XFOML RXKHRJFFJUJと言ってもおかしくない。しかし現実には、可能なメッセージの大部分は、私たちが単語を書いたり文章を書いたりする前に取り除かれてしまう。あるいは、偶然の連なりの一部をわずかに変更した結果、シャノンのメモ帳には偶然にも、「THE LINE MESSAGE HAD [TO] BE THESE」（連なるメッセージは以下のようでなければならない）とい

★一年後に執筆された未発表のパロディー[15]のなかでシャノンは、自分が考案した手法が悪の手に落ちたときのダメージについて想像している。ちょうどこの頃、ナチスの邪悪な科学者ハーゲン・クランクハイト博士が、Müllabfuhrwortmaschine（単語ねつ造マシン）のプロトタイプを持ってドイツを脱出していたが、これは「クロード・シャノン博士の……研究成果から予想するかぎり」恐ろしい戦争兵器だったような印象を受ける。クランクハイトの機械は、文章のランダム化という理論を応用し、プロパガンダ産業の完全な自動化を狙った。実際、人間の言語に近似したアジ宣伝のフレーズをランダムに繋ぎ合わせることによって、敵の士気をくじく声明を際限なく生み出すことができた。たとえば、ある試運転では、「著名なコラムニストの結婚に関して危険な要素が明らかになった」「資本主義国で戦争を挑発する政治家は、核の安全を脅かす」「原子力科学者は特定の宗教団体や人種集団と関わっている」といった文章が生み出された。機械によって作られたこれらの文章が、人間によるプロパガンダと区別がつかない点は注目される。そして当時は、この機械が共産主義者の手に落ちたのではないかと憂慮されていた。

う文章が書き込まれた。

冗長性と情報理論

しかし、文字の頻度など誰が気にかけるのだろうか。

少なくとも、暗号解読者は気にかける。そしてシャノンは、最高の暗号解読者のひとりだった。文字や二文字組や三文字組の頻度を示す表に彼が慣れていたのは、暗号解読者にとって不可欠なツールキットだったからだ。ほとんどすべての暗号のなかで、一部の符号は優位を占める。そしてこれらの符号は、最もよく使われる文字を象徴している可能性が高い。シャノンの少年時代の愛読書だった『黄金虫』では、以下のような一見すると解読不可能な暗号を変わり者のルグラン氏が見事に解読し、宝の隠し場所を見つけたのを思い出してほしい。

53‡‡†305))6*;4826)4‡.)4‡);806*;48†8¶60))85;;]8*;:‡*8†83 (88)5*†;46(;88*96*?;8)*‡(;485);5*†2:*‡
(;4956*2(5*—4)8¶8*;4069285);)6†8)4‡‡;1(‡9;48081;8:8‡1;48†85;4)485†528806*81 (‡9;48;(88;4(‡?34;48)4
‡;161;:188;‡?;

優れた暗号解読者の例に漏れず、ルグラン氏は手始めに文字が登場する頻度を数えた。すると、いちばん多いのは「8」という符号で、三三回も使われていた。この小さな事実を突破口にして、構造全体を解明していくのだ。ルグラン氏の以下の説明は、少年時代のシャノンを虜にした。

ところで英語では、最も頻繁に使われる文字はｅである……どんな長さの文章であっても、ｅという文字が頻繁に登場しないものは滅多に見られない……

８はこの暗号のなかで優位を占めているので、８はアルファベットのｅと仮定するところから解読を始める……

つぎに、英語のすべての単語のなかで最もよく使われるのは「the」である。そこで、三つの文字の連なりが繰り返され、しかも最後が８で終わるものがないかを探す。それが見つかれば、その部分は「the」だと考えて間違いないだろう。そして調べてみると、そのような三文字の組み合わせ、すなわち「;48」は七回も繰り返されている。したがって、セミコロンは「ｔ」、４は「ｈ」、８は「ｅ」ということになり、「the」という単語がようやく確認される。これは大きな進歩だ。[16]

文字をほとんど読み書きできない海賊の作成した暗号は、解読がかなり簡単だった。もっと高度な暗号では、頻度数が確認されないように数多くの巧妙な計略が工夫されている。アルファベットを表す暗号をメッセージの途中で取り換えたり、二重母音と二重子音を排除したり、あるいは「ｅ」という文字を取り除くだけの簡単なものもある。[17] シャノンがルーズベルトのために試験的に作成し、チャーチルに送られたあとにチューリングが解読した暗号は、もっと複雑である。それでも最終的に解読は可能で、それはいまも変わらない。なぜならいかなるメッセージも、人間のコミュニケーションにとって基本的な現実を無視できないからだ。メッセージには常に冗長性が含まれる。コミュニケーションは予測可能でなければならない。

暗号解読者がかねてより直感的に理解していたことに、シャノンは情報理論に関する研究で一定の形を与えた。すなわち、暗号解読が可能なのは、私たちのメッセージには不確実性がかなり少ないからである。もちろん、シャノンは暗号学について研究したことをきっかけに情報理論でのブレークスルーを果たしたわけではない。暗号について正式な形で考え始めるよりも何年も前から、情報について考えていた。実際、アメリカ政府のために数年間にわたって暗号解読者として働く以前から、情報について考えていた。しかし同時に、情報に関する研究も暗号に関する研究も、原点は同じだった。研究対象として注目されないうちから、メッセージには統計的性質が備わっていることにシャノンは興味を抱き、この性質を理解すれば通信は大きく発展すると直感的に信じていたのだ。後に彼はつぎのように説明している。「僕が［情報理論に関する論文を］執筆したのは、ある意味、少なくとも頭のなかで、［暗号学に］費やしてきた時間の一部を正当化するためだった……でも、このふたつは密接に関わっている。非常によく似ていると言ってもよい……情報は、あるときはメッセージを隠そうとし、またあるときは伝えようとする」[18]。

暗号解読を可能にする特徴がメッセージには備わっており、シャノンの言葉を使うなら、それは冗長性と呼ばれる。暗号学の歴史に詳しいデイヴィッド・カーンは、それをつぎのように説明する。「大雑把に言えば、冗長性とは、情報を伝えるために実際に必要とされる以上の符号がメッセージとして伝えられる状態を意味する」[19]。情報は不確実性を解決してくれる。メッセージの冗長な部分は、何か新しいことを伝えてくれるわけではない。しかし、つぎに何が来るか私たちが推測しているときにはかならず、冗長性の影響を受けている。Qのあとにはほぼ自動的にUが続くが、U自体は何かを教えてくれるわけではない。だから普通はUを捨ててもかまわない。ほかにも同じような文字はたくさんある。シャノン曰く「MST PPL HV LTTL DFFCLTY N RDNG THS SNTNC」[20]（訳注　MOST PEOPLE HAVE LITTLE DIFFICULTY IN READING THIS SENTENCE から母音が削除されたもの）なのだ。

単語には冗長性がある。「the」はほぼ常に文法の形式上挿入されるもので、普通は省いたところで、文章を理解するうえでほとんど悪影響がおよばない。ポーの作品で暗号を作成した海賊が賢明なら、「the」すなわち「;48」の部分をすべて削除して、メッセージから冗長性を取り除いただろう。ルグラン氏は、まさにそこを突破口として暗号を解読した。どんなメッセージも冗長的になり得る。裏表の重さが違うコインを放り投げるときのように、答えが予めほとんどわかっている状況では、いくらしゃべり続けても新しいことは伝えられない。情報に関するシャノンの理解によれば、冗長性のある符号のほとんどは取り除いたところで困らない。文字や単語や文章を取り除いても、情報には何らダメージがもたらされない。

したがって、シャノンのテキスト近似が英語らしくなっていくほど、冗長性は増えていく。この冗長性は、自由を制約するためのルールから生まれた一方、現実のコミュニケーションを円滑に進めるためにも必要とされる。結局、人間の言語はどれも冗長性が高い。情報理論家の冷静な視点に立つと、私たちの発言の大多数は——普段の会話、文法にしたがった発言、習慣的な発言のいずれにしても——ないと困るものではない。通信の理論のなかでシャノンは、世界全体の英語のテキストを半分に減らしても、情報は失われないだろうと推測し、つぎのように指摘している。「英語を書くときには、その半分は言語構造によって決定され、残りの半分は自由に選ばれる」[21]。後になると冗長性についての見積もりは八〇パーセントにまで上昇する。これだと、実際に情報を伝えているのは、五つの文字のなかのひとつだけになってしまう。

しかもシャノンは、冗長性がこれ以上高くないのは幸運だと示唆している。これ以上高ければ、クロスワードパズルは存在しない。たとえば、ＲＸＫＨＲＪＦＦＪＵＪが単語として通用するような冗長性がゼロの世界では、「いかなる文字列もその言語における適切な文章になり、任意の二次元配列はクロスワードパズルになる」と語っている。冗長性が高くなると、可能な文字列の数は減少し、ひいては共有性が薄れ、パズルを作るのはほとんど不可能になってしまう。一方、もし英語の冗長性がもう少し低ければ、三次元のクロスワードパズルを楽しめただろうとシャノンは言う。

私たちの言語の冗長性をシャノンが評価するようになったのは、「暗号学ではよく知られた結果[22]」に触発されたからだと彼は曖昧な書き方で説明している。このヒントからは、暗号作成に関する優れた研究成果である「秘匿システムの通信理論」が、一九四八年には未だに機密扱いだったことが思い出される。ただしほかのソースに関しては、もっとオープンに論じている。そのひとつがレイモンド・チャンドラーだ。

ある晩、シャノンはチャンドラーの大衆的な探偵小説『ヌーン街で拾ったもの』を手に取り、ページをぱらぱらとめくってランダムな一節で指を止めた。当時はそれが習慣になっていたのだが、彼はその一節を一文字ずつ書き出していき、つぎに来る文字をアシスタントの女性に推測させ、正しく答えられるまで繰り返した。やがて A S-M-A-L-L O-B-L-O-N-G R-E-A-D-I-N-G L-A-M-P O-N T-H-E D と文字が続いた時点で、つぎの三文字がＥＳＫだと彼女は完璧に推測することができた[23]。

ここで重要なのは、アシスタントの予測能力ではない。英語を読むときには誰でも同じ立場で、同じ暗黙のルールの下で直感をはたらかせることだ。だからアシスタントは、Ｄが来た時点で、ルールに基づいた正解はＥＳＫだとわかった。そして、わかってしまえばＤのあとは悩む必要がない。

言語の冗長性はさらに徹底される。「その上にある小さな楕円形の卓上スタンド」（a small oblong reading lamp on the）という始まりの文章のつぎに来るのは、ほぼ確実にDかTだ。もしも言語の冗長性がゼロだったら、アシスタントが正確に推測できる可能性は二六分の一しかないので、つぎに来る文字からはできるかぎりの情報が提供されなければならない。しかし英語では、アシスタントが正解する可能性は五〇パーセントにずっと近く、つぎの文字から情報がほとんど提供されなくても困らない。ちなみに、オックスフォード英語辞典には二二万八一三二語が収められている。この全二〇巻から成る辞書のなかからでも、シャノンが書き出した短い文章のつぎに来る単語の候補がふたつである可能性はきわめて高い。「机」か「テーブル」のどちらかだ。レイモンド・チャンドラーは「the」と書いたあとに、自分を追いつめてしまった。それは彼のせいではない。私たちはだれでも、書いたり話したり歌っているうちに、つぎに来る言葉の条件を狭めていくのだ。

メッセージを圧縮する

冗長性を理解したら、それを意図的に操作することができる。ちょうど、かつてのエンジニアが蒸気と熱を操作したのと同じだ。

もちろん、人間は何世紀にもわたって試行錯誤を繰り返しながら、冗長性に関する実験を行なってきた。速記文字で書くとき、ニックネームで呼ぶとき、あるいは意味を詳しく説明する（「正面を向いているときのボートの左側」代わりにひとつの専門用語（「左舷」）で表現するときには、冗長性を減らしている。逆に、「ヴィクター（Victor）のV」と言って単語を明確に聞き取りやすくするとき、明白な事柄を回りくどく説明するとき、あるいは同じことを何度も繰り返すときには冗長性を増やしている。しかし、これらの行動のすべて、いやもっと多くの行動の背後に概念的な統一性が存在していることを示したのは、シャノンが最初だった。

今日の情報時代の土台には、すなわちワイヤーやマイクロチップをはぎ取り、0と1の連続を分解したところには、シャノンが考案した通信のふたつの基本定理が存在している。このふたつを使えば冗長性を操作することは可能だ。一方の定理では冗長性を減らし、もう一方の定理では冗長性を増やす。

まず、私たちはメッセージをどれくらい速く送れるか。それは、冗長性をどれだけ減らせるかに左右されることをシャノンは示した。最も効率的なメッセージは実際のところ、文字がランダムに連なっているテキストに似ている。新しく加えられる符号はできるかぎり多くの情報を有し、ひいてはできるかぎり意外性を備えていなければならない。排除してもよい符号など、ひとつも存在しない。その一方、私たちがやりとりしたいメッセージは当然ながら、電信であれテレビ放送であれ、常に符号を「無駄にしている」。したがって、限られたチャネルのなかで通信を行なうスピードは、メッセージをいかにコード化するか、できるかぎり簡潔に送られるよう、メッセージをパッケージにまとめていかに圧縮できるかにかかっている。シャノンの第一基本定理（情報源符号化定理）は、いかなるメッセージのソースにも、圧縮の限界点が存在することを証明した。すなわち、すべての符号が何か新しいことを教えてくれるようになった時点で、通信は限界に達するのだ。しかし、今日では情報をビットという形で正確に測定できるので、メッセージが完全に特異点に達する前に、どこまで圧縮できるか理解することができる。情報を物理的な視点からとらえると、メートルやグラムと同じようにビットについて考えられる。つまり、通信の効率性は通信媒体の質、ワイヤーの太さ、無線信号の周波数帯域だけでなく、メッセージそのもののなかにある、測定も特定も可能な何かによって左右されることにもなる。

そうなるとあとは、情報源の符号化だけが解決すべき問題として残される。情報源となるきわめて人間的で冗長性の高いメッセージから無駄を取り除く一方、受信者のもとに届いたらそれが再現されるような、信頼性の高いシステムを構築することが欠かせない。シャノンはMITのエンジニアのロバート・ファノと一緒にこの方向へと重要な一歩を踏み出した。そして有名な論文を発表したしばらく後に執筆した百科事典の項目のなかで、冗長性を取り除くシンプルなコードがいかに機能するかを説明している。[24]それによれば、すべてはメッセージの統計的性質に左右されるという。すなわち、画像のなかで白いピクセルの隣に白いピクセルが並ぶ確率、あるいは一次近似から二次近似、三次近似へと進むうちにランダムに並べた文字が英文らしくなり、意味のある単語が登場する頻度に左右されるのだ。たとえば、私たちの言語がA、B、C、Dの四文字だけで構成されると想像してほしい。さらに、ほかのあらゆる言語と同じく、この言語にも時間が経過すると次第に一定のパターンが出来上がると考えてほしい。文字の半分にはAが、四分の一にはBが、残りはCとDが八分の一ずつの確率で登場するとしよう。このような言語の場合、0と1を使って電波でメッセージを送りたければ、どんなコードを使うのが最善なのか。

ひょっとすると明快な解決策として、それぞれの文字に同じビット数を割り当てるかもしれない。たとえば四文字から成り立つ言語において、各文字は以下のようにビットふたつで表現することにするのだ。

A＝00
B＝01
C＝10
D＝11

しかし、もっといいやり方がある。実際、伝達速度が重視されるときには（電話回線を利用したモデムでは対処できない場合）、もっと上手に表現しなければならない。それにはこの言語の統計的特徴を考慮すればよい。最も頻繁に使われる文字のビット数はいちばん少なくして、滅多に使われない文字には最も複雑な形でビットを割り当てる。つまり、最も「意外性」の少ない文字は、最少のビット数でコード化するのだ。以下のようなコードを試してみたところを想像してほしいと、シャノンは提案する。

A＝0
B＝10
C＝110
D＝111★

こちらのコードの方が効率的であることを証明するためには、各文字で使われているビット数に、その文字が使われる確率を掛け算すればよい。そうすると、一文字ごとに必要なビット数の平均が以下のように割り出される。

$$\frac{1}{2}\cdot1+\frac{1}{4}\cdot2+\frac{1}{8}\cdot3+\frac{1}{8}\cdot3=1.75$$

この二番目のコードで送られるメッセージのほうが冗長性は少ない。どの文字にもビット二つを割り当てるときに比べ、同じアイデアが一文字につきビット一・七五ですっきりと表現される。つまり、四つの文字から成る言語では、一・七五は特別な数であり、文字が伝えられる情報量の平均ビット数でもある。実のところこれは限界点で、この言語をこれ以上効率的なコードで表現することはできない。情報が最大限に圧縮され、数字がひとつも無駄にされていない。もっと複雑な情報源――オーディオ、ビデオ、テレビ、ウェブページ――も、基本的には同じような方法で効率的に圧縮されることが、シャノンの第一定理によって明らかにされている。

シャノンとファノがパイオニアとなったこのような形のコード化は、その後はファノの弟子のデイヴィッド・ハフマンや大勢の研究者によって改善された。これが非常に重要な意味を持っているのは、送ることができるメッセージの範囲が飛躍的に拡大したからだ。メッセージを圧縮できなければ、一本のオーディオファイルのダウンロードに何時間もかかり、ウェブビデオの進行は呆れるほど遅く、テレビ番組を何時間分も録画するために本棚いっぱいのテープが必要になる。小さな箱

★なぜCに11を使わないのか。そうすると、複数の符号から成るメッセージを明快に解読するのが不可能になってしまうからだ。たとえば1110は、「CB」と「DA」のどちらにも解釈できる。

に収納可能なディスクだけではとても足りない。しかし、メッセージは圧縮可能なので、ビデオのファイルは本来のサイズの二〇分の一にまで縮小される。こうして大量の通信が迅速かつ安上がりにやりとりできるようになったのは、私たちの言語の予測可能性についてシャノンが認識したおかげだ。この予測可能性は、削除すべき脂肪のようなものだ。シャノン以後、信号は身軽に移動できるようになった。

デジタル・ワールドの誕生

しかし、移動には危険が伴う。どの信号もノイズの影響から逃れられない。ノイズが混入するとメッセージには誤りや歪みが発生し、どんなに素晴らしいメッセージも、どんなに複雑なパルスも、長い距離を移動するうちに簡単に歪められてしまう。ノイズの問題が解決されないかぎり、人間による通信はまもなく――まもなくと言っても一九四八年ではなく、シャノンやベル研究所の同僚の存命中に――限界にぶつかって目標に届かなくなる恐れがあった。

シャノンの第二定理（通信路符号化定理）はこの問題の解決を目指した。第一定理では、ノイズを一時的に除去した方程式が使われたが、第二定理ではノイズに満ちた現実の世界に注目し、その世界のなかでどこまで正確さとスピードを追求できるのか、限界を明らかにした。この限界を理解するためには、伝えたい内容だけでなく、それを伝える手段についても考えなければならない。電線であろうと光ファイバーケーブルであろうと、メッセージが伝えられる通信経路の特質を考えるのだ。

シャノンの論文は、通信路容量というアイデアの意味をはじめて明確に示した点で注目に値する。

通信路容量とは、通信路が一秒ごとに正確に処理できるビットの数である。ここでシャノンは、通信路容量とほかのふたつの特質——帯域幅（周波数の範囲の幅）ならびに信号とノイズの比率——とのあいだには密接な関係があることを証明した。通信路容量と複雑さとスピードとのあいだのトレードオフについてはナイキストもハートトレーも研究課題として取り組んだが、これらのトレードオフをきわめて正確かつ制御可能な形で表現したのはシャノンが最初だった。ただし、通信路容量が画期的だったのは、トレードオフされることではなく、上限が存在することである。どんな媒体であれ、毎秒ごとにビットを正確に送る「スピードには限界が存在する」のだ。まもなくシャノン限界と呼ばれるこの限界を超えると、正確さは損なわれてしまう。シャノンは、後のあらゆる世代のエンジニアに何を目指すべきか明らかにしただけでなく、望みのない目標を追い求めて時間を無駄にしていることに気付く方法も示したのだ。要するに、大西洋横断ケーブルにトムソンが取り組んだ時代から、エンジニアがずっと追い求めてきたものを与えたと言ってもよい。それは、メッセージと通信媒体を同じ法則のもとで支配する方程式だ。

これだけでも十分素晴らしいが、見方によっては想像を絶する奇跡とも解釈できるのは、そのつぎの段階である。通信路を伝わる速度には限界があるが、その範囲内でメッセージを望みどおり正確に送ることは可能なのだ。どんな意図も完璧なまで正確に、ノイズのない状態で送ることができる。これこそシャノン最大の発見であり、ファノ曰く、シャノンが思いつくまでは「誰も知らず、誰も考えなかった」ことだ。

シャノンが登場するまで、ノイズは我慢するしかないというのが世間一般の通念だった。ワイルドマン・ホワイトハウスが海底ケーブルの敷設に苦労した時代以来、ノイズを軽減する手段はほとんど変化しなかった。常識的に考えれば、情報の伝達は電力を送るのと同じようなものだった。[25] 高い費用をかけてパワーアップさせるのが最善の解決策だったが、これは当てにならなかった。いわば雑音のなかで大声を出すようなもので、信号の音量を上げることによって信号とノイズの比率を力ずくで変化させてきたのである。

そんなとき、シャノンは完璧な正確さを保証したのだから、新しい発想に誰もが衝撃を受けた★。工学教授のジェイムズ・マッセイによれば、何よりもこの保証によって、シャノンの理論は「コペルニクス的な」ものとして評価された。それまでの明白な真実を見事に覆し、世界についての私たちの理解に革命をもたらした点で、コペルニクス的だった。太陽が地球の周りを周回していることが「明白な事実だった」ように、ノイズの最善の解決策は物理的な通信経路に、つまり出力や信号の強さにあるとの考えが、これまでは「明白な事実」だった。ところがシャノンは、みんなをあっと言わせる逆転の発想を提案した。物理的な通信路を無視して、その限界を受け入れるよう提案したのである。ノイズの問題は、メッセージを操作することによって克服できる。肝心なのは、どれだけ大声で話すかではなく、伝えたい内容をどのように伝えるかだった。

当時、大西洋の向こう側に電信を送ろうとすれば信号の歪みが生じ、メッセージを正確に伝えられず苦労したものだが、オペレーターはそんな事態にどう対処していたのだろうか。いたって単純で、同じ言葉を繰り返した。「もう一度繰り返してください」「もっとゆっくり送ってください」「それで大丈夫です」といった具合に。実際、アイルランドとニューファンドランドでそれぞれ悩みながらキーを叩くオペレーターは、本質的に状況を正しく理解しており、自分では気づかないうちに問題を解決していた。もしもシャノンの論文を読んでいたら、「冗長性を加えてください」と相手に語りかけていたかもしれない。

　ある意味、これはあたりまえにすぎる。騒々しい部屋で同じことを二度繰り返すのは冗長性を加える方法のひとつであり、ここには同じ場所で同じエラーが繰り返される可能性はまずないという前提がある。しかしシャノンにとって、これだけでは十分ではなかった。私たちの言語には予測可能性が備わっていること、そして人間は情報を最大化する能力を生来持ち合わせていないことが、まさにエラーに対する最善の防御になっているのだ。数ページ前の記述を思い出してほしい。私たちの言語の構造では、「つぎに来る文字やつぎに来るパイナップル」を選ぶ自由が制限されることを説明した。「パイナップル」という語に到達した途端――いや、「p」という文字を見た途端――何かが間違っていると気付く。エラーを発見して、おそらく修正するだろう。なぜなら、わざわざ計算せずとも、英語の統計的構造を本能的に把握できるからだ。特定の文やパラグラフで「パイナップル」という語が理に適っている確率は宝くじに当選するほど低いことを本能が教えてくれる。言語に備わっている冗長性が、私たちに代わってエラーを修正してくれるのだ。これに対し、「XFOML」言語でエラーを見つけるのがいかに大変か想像してほしい。この言語では、すべての文字が同じ確率で登場するのだから★★。

　そうなるとシャノンにとって、肝心なのはコード化である。冗長性が後ろ盾として作用するようにコードを書かなければならない。必要不可欠なビットがひとつも存在せず、したがってどのビッ

★もっと正確に言うなら、「任意に小さな」エラー率である。自分の希望にできるかぎり近く、我慢できる限界に近い程度に、低いエラー率である。

トもノイズのダメージを吸収できるようなコードが必要になってくる。ここで再び、AからDまでの四文字で構成されるメッセージを送る可能性について考えてみたいが、今度はメッセージを圧縮することよりも、ノイズの混じった通信路を介してメッセージを安全に伝えることのほうに関心を向ける。ここでは、先ほどと同じ最も平凡なコードで見てみよう。

A＝00
B＝01
C＝10
D＝11

空電妨害の発生、大気の干渉、もしくは通信路への物理的なダメージにせよ、ノイズの発生によって引き起こされる最悪の事態はビットの改竄《かいざん》である。そうなると、送信者が「1」と言ったのに、受信者には「0」に聞こえたり、逆に「0」が「1」に聞こえたりする。このコードだと、ビットにひとつエラーが発生しても致命的である。たとえば、Cを表すふたつのビットのうちのひとつが改竄されると、通信路からはCが消えてしまい、BまたはDとなり、受信者は混乱してしまう。全体でふたつのビットが改竄されるだけで、「DAD」は「CAB」に変わってしまう。

しかし、この問題は解決可能だ。実際、人間の言語はビットを追加することによって、同じ問題を直感的かつ自動的に解決している。たとえばつぎのようなコードだ。(27)

Ａ＝０００００
Ｂ＝００１１１
Ｃ＝１１１００
Ｄ＝１１０１１

すると、どの文字もビットひとつがダメージを受けたぐらいでは、本来の姿とほとんど変わらない。エラーがふたつになると、少々わかりづらくなる。０００１１は、Ｂのビットがひとつ改竄されたようにも、Ａのビットがふたつ改竄されたようにも見える。しかし、べつの文字と間違われるのは、エラーが三つ以上のときだ。最初のコードとは違い、新しいコードはノイズに耐えることが可能で、しかも単にメッセージを繰り返すよりも効率的な方法が使われている。通信手段に関して

★★この点についてカーンは、有効な思考実験を使って説明している。[26]「ａａａａ」から「ｚｚｚｚ」まで、いかなる四文字の組み合わせも同じように可能な言語について考えよう。すると四五万六九七六通りの組み合わせが出来上がり、英語の辞書にあるすべての単語の数よりも多くなってしまう。しかも、**いかなる**文字の組み合わせも妥当であれば、エラーを認識するのがきわめて難しくなってしまう。おそらく「来る」（come）を意味する「Xfim」が、おそらく「行く」（go）を意味する「xfem」に変更されても、冗長性がなければ警報のベルは鳴らない。対照的に普通の言語は、文脈の冗長性だけでなく（そのおかげで「パイナップル」はあり得ないとわかる）、何の情報も持たない文字の冗長性の恩恵も受けている。たとえば、モールス符号の短点がひとつなくなると、「individual」が「endividual」になってしまうが、エラーは見つけやすい。ほとんどの英語の単語は、いくつかの文字に同様のエラーが発生する可能性があるが、それでも送信者の意図は失われない。

は何も変更を迫られない。騒々しい部屋で大声を出す必要も、電信に点火コイルをつなぐ必要も、テレビジョン信号を空に向かって二度放つ必要もない。必要なのは、賢い形で信号を送ることだけだ。

通信路のスピードの限界を尊重するかぎり、正確さに限界はないし、どんなノイズにも負けずにメッセージを聞きとってもらうことができる。もっとたくさんのエラーを克服したり、もっとたくさんの文字を表したりするためには、もっと複雑なコードが必要とされる。そのときは、圧縮コードと、エラー防止コードのふたつの長所を組み合わせればよい[28]。つまりメッセージをできるかぎり効率的な形でビットに変換したうえで、正確さが損なわれないように冗長性を加えるのだ。たしかにそれでも、コード化とコードの復元には時間と労力が必要とされる。しかしシャノンのおかげで、答えは常に存在していることが証明された。その答えとは、デジタルである。ここでようやくシャノンは、一一年前の修士論文でスイッチに対して使った発想の転換を完成させた。1と0を使うだけで、論理をそっくりそのまま表現できることを証明したのである。1と0は情報の根本的な性質を備えており、どちらが選ばれる確率も等しい。こうして、どんなメッセージも損なわれずに送信できることが明らかになれば、どんなに離れた場所にいる誰にでも、どんなに複雑な情報も伝えられる。しかも、1と0に変換するだけでよい。論理はデジタルで、情報はデジタルである。

そうなると、どのメッセージもすべて同類ということになる。「それまで通信においては、話し言葉、書き言葉、写真、動画など、様々な対象を送るための方法をそれぞれ見つけなければならないと誰もが考えていた。伝達する方法は異なるのが当然だとね」。シャノンの同僚のロバート・ギャラガーは言う。「ところが、クロードはそんな発想をノーとはねつけた。どれもすべて0と1の二進数で表現できると主張したんだ」[29]。どんなメッセージもビットの連続としてコード化することが可能で、しかもどこに送られるのか確認する必要はない。そして、どこから送られてきたかわからないビットの連続を、効率的かつ確実に転送することもできる。情報理論家のデイヴ・フォーニーによれば、「ビットは普遍的な仲介役」なのだ。

やがて、ベル・システム・テクニカル・ジャーナル誌に七七ページにわたって掲載された論文の発想から、デジタルワールドが誕生した。人工衛星はバイナリコードで地上に語りかけ、CDは傷だらけで不鮮明な状態でも音楽を再生できるようになった（記憶装置《ストレージ》は通信路の一形態にすぎず、傷はノイズのひとつと見なせるからだ）。世界中の情報は、五センチ幅の黒い長方形に変換されたのである。

しかし、それが実現するのはしばらく経ってからだ。コードが存在しなければならないことをシャノンは証明したものの、本人もほかの誰もしばらくは、それが具体的に何なのかを示せなかった。シャノンは新しい学問分野を立ち上げ、ほとんどの問題を一気に解決したものの、研究は最後の最後で行き詰まった[30]。その結果、クロード・シャノンや彼の理論について話すときはいつでも、ある重大な要素の欠如が主に指摘された。そもそも、コードを発見するまでにはどれくらいの時間がかかるのだろう。発見されたものは、日常生活で実用的な意味を持つのだろうか。それとも、その場しのぎのための安上がりな手段であり続けるのだろうか。架空の言語、意味のないメッセージ、ランダムなテキストについて取り上げる不思議な研究は、あらゆる情報が信号の形で伝達されると主張するが、このエレガントな理論は現実の世界でも通用するのだろうか。エンジニアに共通する言葉をかりるなら、一体これは機能するものなのだろうか。

情報とエントロピー

しかも、べつの方角からまったく異なる視点で眺めてみると、べつの問題も浮上した。それは、シャノンとフォン・ノイマンがプリンストンで交わしたとされる会話のなかで最も顕著に表れている。この会話は、結婚生活が破綻したシャノンが理論の構築に取り組みはじめた一九四〇年に行なわれたと言われる。このときシャノンは偉大なるフォン・ノイマンに、不確実性の解決策としての情報というアイデアを紹介した。それは彼の研究の中心的部分だったが、これをどのように呼ぶべきでしょうかと、シャノンは控えめに尋ねた。するとフォン・ノイマンはすかさず、情報は「エントロピー」を減らす[31]と答えた。この語は物理学の言葉として定着し、評価されている。「しかも、エントロピーとは実のところ何を意味するのか、誰もわからない。だから議論では常に優位に立てる[32]」とフォン・ノイマンは説明した。

こんな会話は実際には交わされなかったと見てほぼ間違いない。しかし、偉大な科学には伝説がつきもので、このストーリーはシャノンの論文とほぼ同年代に誕生した。セミナーや講演や本のなかでは繰り返し紹介されているが、シャノン本人は会議やインタビューのなかで、いつもと同じ曖昧な笑みを浮かべながら否定している。それでもこのストーリーが長く語り継がれ、ここでも紹介されているのは、情報とエントロピーの関連性がきわめて暗示的に指摘されているからだ★。当時は、シャノンの論文は文字通り解釈すべきだという声が上がる一方、本人は認めたがらないが、もっと奥深い何かが隠されているのではないかとも憶測された。

実際のところエントロピーとは何か、誰も知らない。それは誇張かもしれないが、エントロピーは少なくとも概念の世界で様々なものになり得る。情報それ自体になるときもあるし、科学的に健全なものも、そうでないものも表現する。蒸気機関が機能できない状態、熱やエネルギーが放散した状態、閉鎖系のあらゆる部分が緩やかな混乱状態にかならず陥る傾向など、どれもエントロピーである。大雑把に言えば、無秩序や混乱を目指す傾向と表現すればわかりやすい。生きていくためには、最初から混乱状態に立ち向かわなければならない。ジェイムズ・グリックは、これについて「有機体は組織する」[34]と簡潔に表現し、以下のように説明している。

私たちは郵便を仕分けし、砂の城を築き、ジグソーパズルを完成させ、小麦ともみ殻を選り分け、チェスの駒を並べ直し、切手を収集し、本をアルファベット順に整理し、対称性を編み出し、十四行詩《ソネット》やソナタを作曲し、部屋を整頓する……私たち（人間だけでなく、生けるものすべて）は構造を増やす。私たちは、平衡へと進む傾向を呼び覚ます。このようなプロセスを熱

★情報とエントロピーの関連性は、シャノンの論文のなかで明確に示された。しかし、情報と物理学の関連性は、早くも一九二九年、ハンガリーの物理学者レオ・シラードによって最初に指摘されている[33]。ひと言で説明するなら、シラードは熱物理学における古くからの謎を解決した。熱力学の第二法則によればエントロピーは常に増加している。しかしここで、ジェイムズ・クラーク・マクスウェルが「悪魔」と呼んだ、ある微小でも知性を備えた存在を想像しよう。その存在が、熱い分子と冷たい分子を分類してエントロピーを減らそうとしたらどうか。これは第二法則と矛盾するだろうか。シラードは、矛盾しないことを示した。どの分子はどちらに該当するのか決定する行為そのものがエネルギーを消費するので、マックスウェルの悪魔がエネルギーの節約を目論んでも相殺されてしまう。要するに、分子について情報を得るためにはエネルギーが必要なのだ。ただし、シャノンは一九四八年に論文を執筆したとき、シラードの研究について読んでいなかった。

力学的に説明しようとするのは不条理かもしれないが、エントロピーをひとつずつ、すなわち一ビットずつ減らしていると表現しても不条理ではない。

こうして秩序を追求するうちに、私たちの世界で有益な情報は少なくなっていく。解決すべき不確実性の量が減少するからだ。そうなると通信には、予測可能性の向上を目指すイメージが出来上がる。私たちは誰もが予測可能性の向上を機械のように追求している。自分たちは情報を絶え間なく創造しては消費しているようなイメージを思い描くが、シャノンのエントロピーの視点に立つと、真実は正反対である。私たちは世界から情報を取り除いているのだ。

ところが、私たちの試みは失敗している。熱は拡散し、非常に長い目で見れば無秩序は増加していく。エントロピーは永遠に増大し続けると物理学者は指摘する。そしてエントロピーが最大化された時点では、予測可能性のあらゆる要素がとっくに失われており、どんな小さな情報も驚きと見なされる。目で確認できるならば、このときすべては非常に役に立つメッセージとして映るはずだ。

そうなると、つぎの点が未解決の問題として残される。エントロピーとしての情報というのは、的外れで無駄な比喩なのか。それともエントロピーは、世界について語ることができる程度に豊かな言語なのか。あるいは実際のところ情報そのものが、物理学者も認めざるを得ないほど根本的な存在なのか。状態を軽々と変化させる素粒子が、スイッチや論理回路や0と1の二進数と類似していることには、目の錯覚以上の意味が込められているのだろうか。あるいは、こう考えてみてもよい。情報とはメッセージや機械の副産物であって、その性質が世界に押しつけられているのか。それとも、情報は世界のなかから見つけ出されたもので、以前からずっと存在していたのか。

いま紹介したのは、シャノンの理論が発表された後に付きまとった問題の一部にすぎない。シャノン本人は、「エントロピー」という興味深い言葉を比喩に使って理論を構築したが、残された謎についてはほとんど取り合わなかった。彼の理論はメッセージと伝達と通信とコードに関するもので、それで十分だった。「僕の興味はそれだけだ」と語っている。

しかし、シャノンはこのような点を強調したが、人間の古くからの習慣にぶつかることになった。人間は、道具というイメージを介して世界を再認識しようとする傾向がある。時計を作ったことで、世界が時計回りに進行することを認識し、蒸気機関によって、世界は熱を処理する機械のようなものだという事実を発見した。そして、スイッチング回路やデータの伝送、さらには大陸間を結ぶ八〇万キロメートルもの海底ケーブルから構成される情報ネットワークが構築されると、そのイメージのなかに世界を発見したのである。

17 便乗する者たち

「情報」が理論の名から時代の名称になるまで、彼は生きながらえた。シャノンが一九四八年に発表した論文について、〈サイエンティフィック・アメリカン〉誌は数十年後に「情報時代のマグナカルタ」と呼んだ。「クロードの研究成果がなければ、今日のような形のインターネットは創造されなかっただろう」というのが典型的な評価で、誰もが言葉の限りを尽くして賞賛している。「文明に大きく貢献した」「科学の様々な分野での問題解決に役立つ普遍的な手がかりが与えられた」「私は毎年これを読み直すが、最初の驚きはまったく色あせない。読むたびにＩＱが上昇するのを感じられる」「技術的思想に関する論文集のなかで、これほど卓越したものをほかに知らない(1)」といった具合だ。

しかし一九四八年の時点では、このような賞賛の嵐は何年も先の出来事だった。当時、情報理論のすごさを理解できたのは通信エンジニアや数学者など予備知識のある集団に限られ、しかも論文はベル研究所が発行する〈ベルシステム・テクニカル・ジャーナル〉という専門誌だけに掲載された。この点がかえって、シャノンのアイデアがいかに大きな力と説得力を持っていたかを物語る。「通信の数学的理論」は一〇年もたたないうちにベル研究所という制約された環境、さらには工学という狭い研究分野の外から瞬く間に大きな注目を集め、一種の世界的現象にまで発展したのである。皮肉にもシャノンはこの現象を阻止しようとしたが、努力は無駄に終わった。

シャノンの論文が発表されてから数カ月間は、通信エンジニアのコミュニティで飛躍的なアイデアに関する感想が飛び交った。「もちろん、一九四〇年代にシャノンは孤立状態で研究を続けていたわけではない。しかし、彼が導き出した結果は驚くほど独創的なので、当時の通信スペシャリストでさえ意味の理解に苦しんだ(2)」と情報理論家のR・J・マッケリースは指摘する。しかし当時でさえ、これらの結果がいずれこの分野を一変させることになるだろうとの見通しに疑問の余地はなかった。シャノンの論文は直ちに、ほかの複数の論文にとっての出発点となった。学問の世界では、これは一斉に拍手喝采がわき上がるに等しい。シャノンの第二弾の論文が発表されたわずか一カ月後の一一月には、二本の派生論文が登場し、プリズムを用いたパルス符号変調という、第一弾で紹介されたアイデアの長所を探究した。ほかにもシャノンの研究と直接関連する重要な論文が五本、それからまもなく発表される。

こうして、まずは〈ベルシステム・テクニカル・ジャーナル〉の少人数ながら熱心な読者に注目された情報理論に関するニュースは、数学や工学の世界へとさざ波のように伝わっていった。そして、特にひとりの読者がとりわけ大きな関心を持ち、後にシャノンにとって最も重要な宣伝係となった。それはワレン・ウィーバーという、ロックフェラー財団の自然科学部門の責任者で、同財団はアメリカにおける科学と数学の研究への主な資金提供者だった。

ウィーバーは、それ以前からシャノンの人生に関わっていた。戦時中、ソーントン・フライとヴァネヴァー・ブッシュの支援を受けたシャノンが射撃統制に関する研究に従事できたのは、ウィーバーが契約を発注してくれたおかげだった。そして今回、彼はシャノンのキャリアにとってさらに重要な役割を果たすことになった。「通信の数学的理論」が書籍の体裁を整えて発行されるよう奔走してくれたのだ。本として出版されると、シャノンの画期的な理論に、技術専門誌の論文だったときには考えられなかったほど大きな反響がもたらされた。

ふたりは一九四八年の秋に出会い、シャノンの理論について話し合った。おそらくウィーバーは論文を熱烈に賞賛するあまり、情報理論を後ろ盾とするコンピュータが冷戦に導入されて、ソ連の文書が瞬く間に英語に翻訳される世界を予測した。シャノンとの出会いに触発され、ロックフェラー財団理事長のチェスター・バーナードを相手に、彼の研究がどれほどすごいか、情熱を込めて褒めちぎった。一九四九年のはじめには、門外漢ではあるが「通信の数学的理論」の書籍版の解説を著し、それをバーナードに送った。

「ウィーバーがシャノンの解説者になったのはほとんど偶然だった」[3]と最近の歴史では語られる。実際、偶然だった。ふたりの人物が関わっていなければ、ウィーバーのメモは学部間で交わされる書簡の山に埋もれて忘れられたか、ジャーナル誌に掲載されても読まれなかっただろう。そのふたりとは、イリノイ大学大学院の学部長のルイス・ライドナーと、同大学の通信研究所所長のウィルバー・シュラムだ。

ライドナーは、物理学と地政学が豊かに交わる環境で二〇世紀のはじめを過ごした。第二次世界大戦中は、MITの有名な放射線研究所、通称ラドラブに勤務した。ラドラブは、とてつもなく大きな野望から生まれた。それは、ドイツ空軍によるイギリス空爆を失敗させるための大量生産型レーダー技術の完成で、研究は秘密裏に進められた。出資者のアルフレッド・リー・ルーミスは莫大な資産を持つ投資家であり、弁護士であり、物理を独学で学習していた。そして当初は、ルーミスが一手に資金を提供していた。ドイツのUボートを探知するために使われたレーダーシステムの大半はラドラブで生産され、研究所の科学者や技術者のネットワークは、マンハッタンプロジェクトの中心メンバーとして活躍することになる。所長のリー・デュブリッジは後に皮肉交じりにこう語っている。「レーダーは戦いに勝利を収め、原子爆弾は戦争を終わらせた」(4)。ここは、戦う物理学者たちの世界だった。

ウィーバーは、イリノイ州シャンペーン＝アーバナへの出張の折にライドナーと出会った。イリノイ大学の生物科学プログラムにロックフェラー財団が出資すべきかどうか調査することが目的だった。このとき彼は、シャノンの論文の解説のコピーをライドナーに渡し、ライドナーはまだ下書きのその解説をシュラムに見せた。ライドナーと同じく、シュラムはイリノイ大学の期待の星のひとりで、彼が所長を務める通信研究所は、正式な研究分野としての通信学の土台を築きつつあった。シュラムは一部のあいだでは最初の通信学者とも評価されるが、いまでは有名なアイオワ・ライターズ・ワークショップを設立した人物でもある。ここは、ロバート・ペン・ウォーレンからマリリン・ロビンソンまで、優れた作家を輩出している。

通信はある意味、シュラムにとって皮肉な選択分野だった。子ども時代の扁桃切除手術がうまくいかなかったせいで、彼はひどい吃音に悩まされるようになった。そのため高校時代には卒業生総代に選ばれる栄誉に浴したが、スピーチをする代わりにフルートを演奏したほどだった。こうして言語に障害を抱えていたが、マリエッタ・カレッジを最優秀で卒業してファイ・ベータ・カッパのメンバーにも選ばれ、ハーバード大学に寄り道してアメリカ文学の修士号を、その後はアイオワ大学では博士号を取得して、そのかたわらアイオワシティーの有名な吃音クリニックで治療を受けた。

シュラムはイリノイ大学で学校関連の様々な業務を引き受けており、そのひとつがイリノイ大学出版会の監督だった。そしてライドナーから勧められて目を通した「数学的理論」は、一般受けする可能性があると判断した。ライドナーと同じくシュラムの動機も、組織運営者としての現実的なものだった。彼の研究所は「通信の研究」という新しい分野で、どんな形でもよいから信頼性を勝ち取りたいと願っていた。ライドナーは、当時、イリノイ大学がコンピュータの購入を検討していることも知っていた。ここでワレン・ウィーバーとクロード・シャノンの共著による本を大学が出版すれば、完璧なお膳立てが整う。「出版会では、コンピュータ構築者による講義という新シリーズを企画していた。したがって、ライドナーとシュラムのどちらにとっても、プロジェクトの完成に役立つはずだった[5]」。

動機は何であれ、本は現実のものになった。大学出版会が目標とする基準は間違いなくささやかであることを考えれば、これは驚くほどの大成功を収めた。理論が発表された一年後の一九四九年に本として出版された『通信の数学的理論』は、最初の四年間で六〇〇〇部の売り上げを記録した。一九九〇年の時点では、売り上げ数は五万一〇〇〇部を超え、大学出版会の学術書のなかではベストセラーのひとつに数えられている[6]。

最終的にこの本は、シャノンが最初の三分の一を、ウィーバーが三分の二を担当した。第一部は、シャノンが一九四八年に発表したオリジナルの論文である。そして第二部と第三部はウィーバーが執筆し、門外漢にもできるかぎりわかりやすい言葉を使って理論の説明に努めている。このような構成のため、意図したわけではないものの、ウィーバーも理論の発達に大きく貢献したかのような印象を与えてしまう。実際に論評者や観測者は何十年にもわたり、「シャノンとウィーバーの」情報理論という呼び方を続け、ウィーバーを理論の共同構築者として言及するケースさえ見られた。ウィーバーは不正確な表現を決して放置せず、すぐに修正させた。ライドナーにはこう語っている。「シャノンに比べたら私の貢献がごく小さいことは、本人である私が誰よりも強く認識している」。実際、この本に関するウィーバーの唯一の懸案は、情報理論の発達に自分が果たした役割が誇張されることだった。そもそも彼の記述はシャノンの研究への導入なので、本来なら最初に来るべきだった。

短い記述を添えて（私自身による記述が最もふさわしいだろう）、私のごくささやかな解説が最初に登場することを謝罪する形にするのはごく簡単だっただろう。なぜそうするのが賢明なのか説明し、あとには本格的で重要な部分が続くのだと、大きな期待感を表現すればよかった。(7)

このように、ウィーバーは間違って賞賛されるたびに思い悩んだが、シュラムとライドナーは大満足だった。本の出版によって、望みがすべて叶えられたからだ。一九五二年には、イリノイ大学はデジタルコンピュータの取得に成功した。そして同時に、「通信理論」研究を目的とする大型契約を連邦政府から提供されたのである。

『通信の数学的理論』の出版は、情報理論の歴史のなかで決定的瞬間のひとつとして際立っている。しかもそれは、商業的成功だけが理由ではない。タイトルにさえも、重要なメッセージが込められている。シャノンのオリジナルの論文（「A Mathematical Theory of Communication」）が発表された翌年に出版された本のタイトルは『The Mathematical Theory of Communication』で、理論への評価が定まったことを表している。電気技師で情報理論家のロバート・ギャラガーはつぎのように指摘する。専門誌に掲載されるいくつもの論文から、ひとつ選んで一冊の本の中心に据えると、論文を巡る状況はそれほど変わらなくても、周囲からの評価は急上昇する。タイトルの変化は、シャノンの理論の比類なき素晴らしさへの認識を科学界が高めつつある何よりの証拠だった。

18
純粋数学者たちの反感

純粋数学者の不遜

　科学的発見は不幸にも、誤解されたり、まったく無視されたりする機会が実に多い。チャールズ・ダーウィンの地質学の恩師として著名なアダム・セジウィックは、『種の起源』が出版された後、弟子であるダーウィンにつぎのような手紙を書いた。「きみの本を読むのは、楽しみよりも苦労のほうが多かった。第一部は素晴らしい。読みながら笑いすぎて、わき腹が痛くなったよ。でもそれ以外の部分は、読んでいるうちにすっかり呆れた。だってそうだろう。書かれている内容はまったく間違っていて、悪ふざけとしか思えないのだからね[1]」。シルヴィア・ナサーは、ゲーム理論でノーベル賞を受賞したジョン・ナッシュの研究について、つぎのように述べている。彼のアイデアは「あまりにも単純で真に興味深い内容には感じられず、あまりにも範囲が狭いので広く応用が可能とは思えなかった。そして後には、ほかの誰かが同じ発見をしてもおかしくないと確信した[2]」。

科学の革命が反対に遭わないケースは滅多にない。

シャノンの研究も、一部では冷ややかに受け止められた。なかでも最初に手厳しく批判した人物の発言は、最も辛辣だった。その人物とは、数学者のジョセフ・L・ドゥーブだ。中西部で生まれて三歳のときニューヨークに引っ越してきたドゥーブは、早くから優等生として抜きん出た存在で、ニューヨークのエシカル・カルチャー・フィールズトン・スクールに通った。当時、ニューヨークの社会でこの学校はユニークな存在だった。貧しい者も最高の教育を受ける価値があるという創立者の信念は過激だったが、学業面での評判は高く、裕福な階級の生徒も集まっていた。二〇世紀には、人工知能のパイオニアで後にシャノンの同僚となるマーヴィン・ミンスキーや、原爆の父と言われるロバート・オッペンハイマーなどの著名人を卒業生として輩出している。

ドゥーブはこの学校を優秀な成績で卒業するとハーバード大学に入学したが、数学の講義の進み方の遅さに苛立ちを募らせた。そして二年生と三年生の微積法の講義を同時にとって、どちらでもAの評価を受けた。同級生の多くとは異なり、ドゥーブは数学者としての自分の未来に何の疑いも持たなかった。

ドゥーブが自信満々だったことは、取り組んだ研究のスケールの大きさからもわかる。一九五三年に出版された確率論に関する著作は八〇〇ページにもおよぶ大作で、この主題に関しては一九世紀以降で最も影響力のある研究として評価された。一方、自信たっぷりな性格はべつの形でも表現された。考え方が軟弱だと決めつけたものを、とにかく厳しく批判したのである。少々度が過ぎるほどトラブルを探し求めていた事実については、本人も認めている。そして、そもそもなぜ数学に興味を持ったのかという質問には、つぎのように答えている。

自分は何をやっているのか、なぜそれをやっているのか、私は常に理解したいと考えてきた。たびたび厄介者になったのは、自分が聞いたり読んだりしたものが正しく理解されない状況が許せなかったからだ。王さまは裸だと気づいて、大声で指摘した少年の話があるだろう。あれが常に私のモデルだった。数学は私の心理にピッタリだと感じられた。数学を創造したのは人間だという事実を考慮しなかったのは、間違いだったがね[3]。

ただし、ドゥーブの辛辣な言葉には、しばしばユーモアが混じっていたと友人たちは回想している。あるとき彼と同僚のロバート・カウフマンは、学生に古典文学を読ませるべきかをめぐって激しい議論を展開した。「ロバートはこれに大賛成だったが、ジョーは言葉の限りを尽くして相手を挑発した。うんざりしたロバートが『オーマイゴッド！』と言うと、ジョーは冷静にこう切り返した。『誇張はやめてくれないかな。プロフェッサーと呼んでくれれば十分だよ』[4]」。

そして何よりもドゥーブは、純粋数学の「厳格で、しばしば難解な世界」への忠誠を明言した。応用数学には具体的な質問が関わるが、純粋数学はそれ自身のために存在している。そこでは、「電話の会話をどのように暗号化すればよいか」ではなく、「双子素数は無限に存在するのか」「正しい数学的命題はどれもかならず証明できるか」といった質問が何よりも重要になる[5]。ふたつの学派の絶縁状態は古代に起源を持っている。歴史家のカール・ボイヤーは、それはプラトンにまで遡ると指摘する。プラトンは、単なる計算は商人や将軍にふさわしいと考えた。将軍は「数字を操る技術を学ばなければ、軍隊を配置する方法がわからずに苦労する[6]」からだ。しかし哲学者は高度な数学を学ばなければならない。「なぜなら変化の海のなかで抜きん出て、真の存在をつかみ取らなければならない」からだ。これに対し、幾何学の父であるユークリッドはもう少し俗物的だった。「彼については、こんな話が伝えられている。あるとき、幾何学を学ぶことは何の役に立つのですかと弟子のひとりに尋ねられた。すると、その弟子に三ペンスを与えるよう奴隷に命じてこう言った。『学んだことから利益を得なければならないからだよ』」[7]。

もっと現代に近いところでは、二〇世紀の数学者のG・H・ハーディが後に純粋数学の原典となった本を執筆している。『ある数学者の生涯と弁明』は「数学そのもののための宣言書」[8]であり、原書のタイトル（A Mathematician's Apology）は、死刑を宣告されたソクラテスの「弁明」から借りてきたものだ。ハーディにとって、数学に備わっているエレガンスは目的そのものだった。「何よりも求められるのは美しさだ。醜い数学が永遠に落ち着ける場所など世界に存在しない」と主張している。そうなると数学者は、現実的な問題を解くだけでは評価されない。「画家や詩人のように、パターンを作らなければならない。もしも創作したパターンに他人のものよりも永続性があれば、それはアイデアが備わっているからだ」。対照的に、平凡な応用数学は「退屈で」「醜く」「取るに足らず」「単純」だという。

実際、純粋数学者たちは、ゲーム理論に関するフォン・ノイマンの研究を軽蔑し、「一時的な流行にすぎない」とか「落ちぶれている」と酷評した。そして同じグループは、ジョン・ナッシュにも同様の判断を下し、そのひとりであるドゥーブはクロード・シャノンを標的にしたのである。

手段としての数学

アメリカの一流の確率理論家であるドゥーブは、シャノンの研究を論評するのにふさわしい人物だった。一九四九年、彼の批評が〈マセマティカル・レビュー〉に掲載される。シャノンの論文の中身について簡単にまとめて紹介したあと、彼はそれをこきおろしたが、その際の言葉はシャノンの支持者たちを何年間も怒らせた。「論じられている内容は数学的というより、一貫して思わせぶりだ。著者の数学的意図が賞賛に値するものか、かならずしも明確ではない」[9]。学者による論評の一般的基準からすれば、これは相手をひどく傷つける内容で、暁の決闘でピストルを撃たれることにも匹敵した。

ほぼ四〇年後、インタビュアーのアンソニー・リヴァーシッジはドゥーブの批評について取り上げ、シャノンとつぎのようなやりとりをした。

リヴァーシッジ　『通信の数学的理論』が出版されたとき、ある数学者が憤慨し、あなたのことを数学的誠実さに欠けると論評のなかで非難しました。その理由として、あなたが導き出した結果は、厳密には数学の証明になっていないと指摘しています。それについて、実にくだらないと思いましたか。それとも、「そうか、彼の批判に応えてもっと研究しなければいけない」と思いましたか。

シャノン　あの論評は気分がよくなかった。そもそも論文をていねいに読んでいない。小さな推論を少しずつ積み重ねていけば、数学に関する詳細な論文を書けるものだよ。それに、読者はこちらの話す内容を理解できるはずだ。直感的にも、厳密にも、自分は正しかったと確信している。何をやっているのか正確に把握していたし、落ち度はまったくなかったね[10]。

シャノンが自己弁護する必要性を感じることはめったになかった。なのにここまで言うということは、ドゥーブの批判が明らかに癇に障ったのだ。しかも、実用性を優先し、途中の数学の一部を省略していることを彼は十分に意識していた。その証拠に「通信の数学的理論」の論文の途中で、「今回の分析ではプロセスがどうしても限定される。どのケースにおいても、時おり実用性を重んじる自由は正当化される」[11]と述べている。これは理に適っている。彼の主な読者は通信エンジニアで、彼らにとって実用性は純粋数学以上ではなくても、同じ程度に重要であり、だから意図的に重んじたのである。それなのに数学が不正確だと批判するのは、シャノンの支持者から見れば、モナリザをじっくり観察して額縁のあらさがしをするようなものだった。

こうしてドゥーブは、論文は数学的に十分ではないと批判したが、皮肉にも、エンジニアからは正反対の苦情が寄せられた。数学者のソロモン・ゴロムはこう語る。「シャノンの論文が発表されたとき、一部の通信エンジニアにはあまりにも数学的で（二三もの定理が含まれている！）あまりにも理論的に感じられた」[12]。あとから考えれば、ドゥーブが論文中の数学について誤解したことよりも、シャノンの数学は手段であって目的ではない点をドゥーブが理解しなかったことが問題だったのかもしれない。「実際、何が真実なのか、シャノンは本能的にほぼ確実に理解していた。そして、ほかの数学者なら厳格に取り組む証明を大まかに説明した」とゴロムは語っている。のちにシャノンの協力者となった人物のひとりはこう言う。「ドゥーブは著名な数学者で、業績も申し分ない。しかし、シャノンの論文のなかで彼が大きな飛躍だと感じた箇所は、シャノンにとって、ごくささいで明白なステップだった。ドゥーブがそれに気づかなかったのは、シャノンのようなすごい知性の持ち主に出会った経験がなかったからではないか」[13]。

情報理論家のセルジオ・ヴェルデュも、シャノンの論文について似たような評価を下してこう述べている。「彼の主張はすべて、本質的に真実であることが明らかになった。いわゆる『逆命題』に関して弱いところはあるが……実際のところ、それは彼の天才としての評価を損なうどころか、むしろ高めている。自分では十分に理解したうえでこのような形をとっているのだ」[14]。ある意味、いくつもの点を残し、それをつなげる作業を他人に任せたのは、シャノンにとって計算ずくのギャンブルだった。そこまでひとりで根気強く取り組んでいたら、論文はずっと長くなり、発表する時期が遅れ、あれほど熱狂的な反応もなかったかもしれない。一九五〇年代末には、アメリカとソ連の両国のエンジニアや数学者がシャノンの後に続いた。そしてシャノンの独創的で厳格な説明は、純粋数学者の言葉とエンジニアの言葉のどちらにも変換されたのである。

ドゥーブのような批判は腹立たしいが、そもそもドゥーブほどの大物数学者がシャノンの研究を読んだという事実は一定の評価に値する。やがて一九六三年、ドゥーブとシャノンは意見の違いを解決した。このときシャノンは米国数学会の招きで、栄えあるジョサイア・ウィラード・ギブズ記念講演を行なった。数学の分野では大変な名誉である。その晩に彼を招待し、数学会の会長として間違いなく人選に関わっていた人物こそ、ほかならぬジョセフ・L・ドゥーブだった。

19 奇才ノーバート・ウィーナー

　ある著述家によれば、彼は「アメリカのジョン・フォン・ノイマン」[1]だそうだ。誇張ではあるが、そう言われても無理はない。

　ミズーリ州コロンビアで生を受けたノーバート・ウィーナーは、幼い頃から父親の尋常ならざる英才教育を受けてきた。父親のレオ・ウィーナーは膨大な量の蔵書と強靭な意思によって、ノーバート少年が九歳になるまで自宅で勉強を教えた。「父の書斎には、非常に広い範囲から様々な種類の本が集められていたが、私はそれをまったく自由に使うことを許された。ある時期、父の科学的関心は、研究対象として想像し得るほとんどの科目におよんだ[2]」とウィーナーは書いている。

　しかし、レオの教育は非情でもあり、残酷でさえあった。そのため息子のノーバートは普通の少年時代を奪われてしまう。回想録『神童から俗人へ——わが幼時と青春』のなかの一節で、ウィーナーは父の教育についてつぎのように回想している。

父は会話のようなさりげない口調で議論を始めた。でもそれが続くのも、私が最初の数学的間違いを犯すまでだった。するといきなり、穏やかでやさしかった父が、復讐の鬼に変わり……激しい怒りを爆発させ、私は泣きじゃくり、母は私を守ろうと最善を尽くしたが、結局それは勝ち目のない戦いだった。

あるときなど医者が、ノーバート少年に読書をやめるよう命じた。幼い少年の視力が、それ以上の緊張に耐えられなかったからだ。すると父親のレオは、読めなくても暗記ならできると判断した。医者の親身な忠告も、決意のゆるがぬ父親にはまるで効果がなかった。レオは延々と講義を続け、息子のノーバートはあらゆる言葉や思想を聞き逃さないことを要求された。

純粋に職業的な意味では、超スパルタ式の教育は実を結んだ。ウィーナーは一一歳の時点で、高校の課程を終えた。その三年後、一四歳のときに数学の学位を取得してタフツ大学を卒業する。快進撃はさらに続く。ハーバード大学で動物学を、コーネル大学で哲学を学び、最後はハーバードに戻り、一七歳で数学の博士号を取得する。専門は数理論理学だった。かくして数学界のエリートの階段を昇りつめ、父親が息子に期待していたような人生が始まったのである。

しかし、特殊な子ども時代から受けた傷は、誰の目にも明らかだった。何しろ、自分よりはるかに年上の人たちに囲まれて、少年から大人へと成長したのだ。よくあることだが、ウィーナーは年長の子どもたちから残酷に容赦なくからかわれた。その結果、おどおどした性格の持ち主になり、それは生涯にわたって付きまとった。外見から判断するかぎり、それも無理はなかった。彼は、からかわれる対象になりやすかった。あごひげを生やし、眼鏡をかけ、近視で、肌には血管が浮き出て、歩き方はアヒルのようだった。平凡な学者のステレオタイプからは、まったくかけ離れていた。「どこから見ても、ノーバート・ウィーナーには何か風変わりなところがあった」[3]とポール・サミュエルソンは当時を振り返っている。そして、ハンス・フロイデンタールはつぎのように回想している。

外見も行動も、ノーバート・ウィーナーはとにかく変わっていた。背が低くてまるまると太り、目が悪く、そのうえ風変わりな資質の数々が目立った。話すときの態度は尊大で節度がなく、他人の話を聞くのが苦手だった……たくさんの言語を話したが、どれも容易に理解できなかった。講演がへたくそなことでは有名だった[4]。

彼についての逸話は、ほかの数学者たちの回想録にも記されており、そのほぼすべてが、本人の知らないところでささやかれていた噂話と変わらない。そのひとつによれば、あるときウィーナーは自宅に戻ったと思い、鍵を開けようとするが、どうしても鍵穴に差し込めない。そこで、通りで遊んでいる子どもたちにこう尋ねた。「ウィーナーさんの家を教えてくれるかな」。すると小さな少女が答えた。「さあパパ、私についてきて。新しいおうちへの行き方を教えてあげなさいって、ママに言われてきたの[5]」。

数学の世界に、彼は深く広く貢献した。量子力学、ブラウン運動、サイバネティックス、確率過程、調和解析など、数学の宇宙のなかで彼の知性が探究しなかった場所はほとんどなかった。一九四八年には、ウィーナーの履歴書には輝かしい賞や名誉がずらりと並んでいた。さらに、協力者や交流のあった人物のリストもすごい。ヴァネヴァー・ブッシュ、G・H・ハーディ、バートランド・ラッセル、ポール・レヴィ、クルト・ゲーデル……そしてクロード・シャノンだ。

シャノンはMITで、ウィーナーのフーリエ解析の講義をとった。[6] 半世紀後に大学院時代を振り返ったシャノンは、ウィーナーは「学生だったときの僕のアイドルだった」[7]と回想している。しかしウィーナーのほうはシャノンに同じような印象をもたなかったようで、一九五六年の回想録にこう書いている。「シャノンがここ〔MIT〕に学生として在籍していた頃、ふたりのあいだにほとんど交流はなかった」[8]。ただし、そのあとにつぎのように補足している。「しかしそれ以後、私たちふたりは専門分野こそ異なるが、同じ方向を目指して共に成長した。科学への関わりは、範囲が広がり深みも増した」。

ウィーナーは、シャノンよりも二二歳年長だった。そこからも、シャノンの思考がいかに高度で、研究がいかに重要だったかがわかる。早くも一九四五年には、情報理論での功績をめぐるレースの勝者はどちらになるか、ウィーバーは神経をとがらせていた。ふたりの競争は一九四六年から本格的に始まる。

伝えられているところによれば、ウィーナーの情報理論への貢献の概要をまとめた原稿は、もう少しで人類から失われるところだった。ウィーナーから原稿をあずかった大学院生のウォルター・ピッツは、ニューヨークのグランド・セントラル駅からボストンに向かうとき、原稿を荷物として預けたが、回収するのを忘れてしまった。忘れ物に気づいたピッツは、原稿の入ったかばんの引き取りをふたりの友人に頼むが、どちらもそれを無視したか、頼まれたことを忘れてしまった。原稿がようやく見つけ出されたときは、五カ月が経過していた。「未請求資産」に分類され、手荷物一時預かり所に放置されていた。

ウィーナーが烈火のごとく怒ったのも無理はない。「このような状況になったからには、きみの将来のキャリアから私が完全に手を切ることを理解してもらいたい[9]」とピッツに書き送った。そしてある職員に、「学生たちのまったく無責任な行動[10]」について不満を述べ、べつの教員には、荷物が行方不明になったおかげで「ある重要な研究での優先的立場が失われた[11]」と嘆いた。「ライバルのひとりであるベル研究所のクロード・シャノンが、私よりも先に論文を発表している[12]」と、怒りは収まらなかった。しかしウィーナーは、そこまでこだわる必要はなかった。この時点でシャノンは、一九四七年にハーバード大学とコロンビア大学の会議で披露した研究結果を見直したところで、まだ公表の段階ではなかった。一九四七年四月、ウィーナーとシャノンは同じ場所に登壇し、まだ初期段階の発想について発表する機会を与えられた。自尊心が極端に強いウィーナーは、同僚につぎのように書き送っている。「統計学と通信工学に関する私の論文を、ベルの連中は完全に受け入れている[13]」。

情報理論は誰のものか

ウィーナーの貢献は、幅広い分野を網羅した著書『サイバネティックス』にまとめられている。この本は、シャノンが二部構成の論文を発表したのと同じ年に出版された。シャノンの一九四八年の論文は少なくとも当初、世間一般には広く知られなかったが、サイバネティックスというウィーナーの概念は違った。サイバネティックスとは、ギリシャ語で「舵手」を意味する言葉にちなんでウィーナーが命名したもので、「機械にせよ動物にせよ、制御理論や通信理論の分野全体[14]」がそこには含まれている。本は刊行されるなり世間から大きな関心を集め、ベストセラーとなって一般読者も広く獲得した。度が過ぎるほど称賛され、ほとんどの著者が一生に一度しか達成できないほど高い評価を受けた。〈ニューヨーク・タイムズ〉紙では、物理学者のジョン・R・プラットが絶賛し、「最終的な重要性に関してはガリレオ、マルサス、ルソー、ミルにも引けを取らない[15]」と評した。ウィーナーの熱烈な支持者のひとりであるグレゴリー・ベイトソンは、「人類が過去二〇〇〇年のうちに、知恵の木から食べた最大の果実だ[16]」と語った。

時代を象徴する万物の理論としてサイバネティックスを位置づけたかったウィーナーは、このような絶賛の数々に大いに満足したことだろう。実際、世間の評判に対する態度の違いは、ウィーナとシャノンの資質の違いのなかでも特に際立っていた。「ある意味ウィーナーは、曖昧なアイデアであるサイバネティックスを認知させるために努力を惜しまず、おかげでサイバネティックスは世界中で知られるようになった。でも、そういうのはシャノンのやり方ではない。ウィーナーは目立つことが大好きだったが、シャノンは関心がなかった[17]」と、スタンフォード大学のトーマス・カイラスは語っている。

こうして『サイバネティックス』が世間で成功を収めると、数学者たちの小さな集団のなかでは、情報理論はウィーナーとシャノンのどちらの功績なのかという点に関心が集まり、優先権を巡って議論が展開された。さらに、ウィーナーの著書では情報を統計量として取り上げた章が短いことに注目し、そもそもウィーナーは情報理論の意味を理解していたのかどうかについても論争が引き起こされた。

一方、一九四八年に発表されたシャノンの論文では、通信の統計的性質に関する見解に影響を与えてくれた人物として、ウィーナーに謝辞が贈られている。しかしこの分野への注目が高まってくると、シャノンも自分の見解が重要な点でウィーナーと異なることを認識するようになった。たとえばシャノンは、情報の伝達に意味は無関係だと考え、これは非常に重要な点だと確信していた。これに対し、情報に関するウィーナーの見解では、意味は排除されない。しかし、最も大きな違いは、ウィーナーが符号化されたメッセージの解析に関心がなく、情報伝達を妨げるノイズの問題解決に符号化が威力を発揮するという点にいっさい触れていないことだ。一方、エンジニアでもあり、そのための訓練も受けているシャノンは、エンジニアの立場からノイズの問題解決に取り組んだ。その結果として生まれた通信路符号化定理を出発点として、現代の情報テクノロジーに欠かせない符号化の大半は進められた。この大事な要素がウィーナーの研究には欠けている。情報理論への功績を独り占めしようとするウィーナーに対し、シャノンの信奉者の多くがいら立つのは、それが理由でもあるようだ。後の時代の情報理論家のセルジオ・ヴェルデュはこう語っている。「実際、情報理論の核心を占め、符号化定理に由来する操作上の意味を備えた概念について、ウィーナーが把握していた証拠は存在しない[18]」。

ただし、一九五〇年代から一九六〇年代にかけて、シャノンもウィーナーもどちらも慎重な態度を崩さず、相手の解釈に表立って反論しなかった。たびたび同じ会議に出席し、同じ定期刊行物に執筆したものが掲載されたが、辛辣な言葉のやりとりはなかったようだ。しかし一九八〇年代になるとシャノンは、ウィーナーが自分の研究を十分に理解していないと決めつけるようになった。「たとえば一九五〇年代にノーバートと話をしたとき、僕が言っていることを理解しているように

ノーバート・ウィーナー（中央）、クロード・シャノン（右）、MIT 学長ジュリアス・ストラットン（左）。Photo: MIT Museum 提供。

は感じられなかった[19]」とシャノンは語っている。そしてべつのインタビューではさらに遠慮がなくなり、「ウィーナーが情報理論と大いに関係があったとは思えない。情報理論に関する僕のアイデアに大きな影響など与えなかった。かつて講義を受けただけだよ[20]」と述べている。日頃、シャノンはあからさまな対決姿勢に興味がないことを考えれば、このような発言は印象的だ。しかしこれ以外はほとんど、功績に関する争いは他人に任せた。

数学の解釈を巡る大物同士の争いの基準からすれば、たとえば微分の発見を巡るゴットフリート・ライプニッツとアイザック・ニュートンの争い、数学的推論の性質を巡るアンリ・ポアンカレとバートランド・ラッセルの論争と比べれば、シャノンとウィーナーのライバル関係は残念ながら、伝記作者に好まれるような劇的な要素が欠けている。しかしそれでも、シャノンのストーリーのなかでは重要な瞬間として注目に値する。当時の彼は、世事に無頓着な学者としての印象を世間に与えていた。自分の知性や名声に自信があるので、他人の意見など意に介さない人物としての評価が定着していた。ウィーナーの意見や貢献を気にしたのは、どちらが功績を認められるべきか心配だったからではない。専門分野での論争についても、情報理論の「所有権」を主張したかったのではなく、情報理論そのものの内容に影響がおよぶことを心配していた。結局のところシャノンにとって重要なのは、周囲からの称賛よりも中身の正確さである。

20 変革の年

一九四八年、シャノンは三二歳になった。数学界では、若手の数学者は三〇歳までに人生最大の研究成果を達成すべきだという一般通念が長らく定着していた。職業数学者が年齢に対して抱く不安は、プロのアスリートとそれほど変わらない。「ほとんどの人にとって、三〇歳は若者と大人の境界線にすぎない。しかし数学者にとっては若いうちが勝負なので、三〇の声を聞くと憂鬱な気分になる」[1]。その基準からするとシャノンは二年遅れたが、素晴らしい成果を達成した。

およそ一〇年におよぶ研究は七七ページから成る情報理論にまとめられ、これは誰から見ても素晴らしい値打ちがあった。シャノンはささやかな名声を獲得し、第一級の理論家としての地位を確立した。彼の研究はほかの研究の出発点となり、それは重要な土台を築いた何よりのしるしだった。さらに彼は、ベル研究所という厳しく閉鎖的な世界にあって、自らの評判を高めた。これだけでも、一九四八年はシャノンにとって変革の年だった。しかしこの年の秋には、数学以外の面でも彼の人生は作り変えられた。

ベティとの出会い

ジョン・ピアースはクロード・シャノンと知的な問題について意見を戦わせただけでなく、心の問題についても彼の人生で重要な役割を果たした。間接的ではあるが、未来の妻ベティ・ムーアを紹介したのである。ベティはベル研究所の若きアナリストで、ピアースは彼女の直属の上司だった。出会いは一九四八年、シャノンがピアースを訪ねたときのことで、ふたりははじめて会話を交わした。日頃は寡黙なシャノンにしてはめずらしく、このときは勇気を奮い起こしてベティをディナーに誘った。はじめてのディナーは二回目、三回目と続き、気がつけば毎晩ディナーを共にするようになっていた。

シャノンはベティを魅了した。デートの時間が長くなり、回数も増えると、ウェストビレッジのシャノンのアパートか、東一八丁目のベティのアパートでデートを重ね、共に大好きな数学と音楽を共有した。「私はピアノ、彼はクラリネットで、仕事から戻ると、ふたつの楽器のパートがある楽譜を見つけて、一緒に演奏を楽しんだものです」とベティは回想している。

一九二二年四月一四日生まれのベティは一人娘で、幼少期、家族はスタテンアイランドに住んでいたが、のちにマンハッタンに引っ越した。母親と叔母はハンガリーからの移民だったので、子ども時代に耳に入ってくる言葉にはハンガリー語やなまりのある英語が混じっていた。多くの移民と同様、家族は第二の祖国で足がかりを得るために苦労した。そして大恐慌からは大きな打撃を受けた。父親は職を失った時期もあったが、最後は〈ニューヨーク・タイムズ〉の補助スタッフに採用される。母親は毛皮ビジネスで夫よりも安定した職を確保したが、家族を養うために仕方なく、学業を途中で断念していた。

一家の台所事情は常に厳しく、大恐慌のときは自宅を失いかけた。差し押さえを免れたのはニューディールの住宅所有者向けプログラムのおかげで、このときのことをベティは決して忘れなかった。「母はいつでもルーズベルト大統領とニューディール、そして彼の保護政策に感謝していました。おかげで家を失わずに生き残ったんです[2]」とベティの娘は語っている。

ベティはカトリック系の学校に通ったが、本人の補足によれば、それは両親の宗教的信条が理由ではなかった。母親はカトリック教徒で、父親は聖公会の信者だったが、娘のためにカトリック系の学校を選んだのは、近所の公立学校が思いがけず閉鎖されたからだ。ベティはきわめて優秀な生徒で、卒業が近づくころには、複数の大学から入学を許可され、奨学金も認められていた。

ベティ・ムーア。クロード・シャノンと出会ったときはベル研究所の従業員だった。Photo: Shanon Family 提供。

第一志望はコーネル大学だったが、奨学金を受け取っても授業料を全額支払うことができず、両親には娘を援助する余裕がなかった。そのため、ニュージャージー女子大学から全額支給の奨学金だけでなく、仕事も提供されるという通知を受け取ると、うれし涙にむせんだ。これなら実家に近い大学に通いながら、両親にわずかばかりの仕送りをすることもできる。「これは母の人生の転機になりました」と娘のペギーは回想している。

ベティ・ムーアはニュージャージー女子大学（現在のラトガース大学ダグラスカレッジ）で数学を学んだが、当時の大学の例に漏れず、ここも大恐慌の影響から完全には立ち直っていなかった。入学者数も財源もカットされ、経済の先行きを案じる雰囲気がキャンパスには漂っていた。しかしベティが二年生になるころには、経済は大した問題ではなくなっていた。アメリカが参戦し、大学は戦争の支援に駆り出されたのだ。「学生と教員が救援組織を結成し、負傷兵に包帯を巻いてやり、戦時産業に動員された(3)」のである。

ベティは冷静で才気煥発だったが、辛辣なユーモアのセンスの持ち主でもあった。熱心な読書家で、知人の目にはとびきり頭の良い女性にうつった。数学を専攻したのは時代にふさわしい選択で、「幸い良い成績を収めた(4)」。「当時、数学を専攻する学生、特に女子学生はとても人気が高かったんです。男性は戦場に駆り出されていましたから」と回想している。そしてベル研究所は、数学の分野で才能ある卒業生を大量に募集している企業のひとつだった。ベティは卒業が近づくと、ベル研究所から「ほかのどこよりも良い条件で仕事をオファーされ(5)」、受け入れたのだった。

最初は数学部門に配属されてマイクロ波の研究を担当し、つぎに急成長中のレーダー研究グループに異動した。「仕事は面白かったです。世界が混乱状態だったことを考えれば、私たちはとても幸運でした」とベティは回想している。当時は実家の両親のもとから通い、学生時代と同様に家事も手伝った。両親の存命中、彼女は何らかの形でサポートし続けた。

出会った頃のクロードについてベティは、「とても物静かだけれど素晴らしいユーモアの持ち主でした⑹」と語っている。ふたりはちょうど、シャノンが情報理論の研究で一定の成果を獲得し始めたころに交際を始めたが、期待の星としての地位がデートの邪魔になることはなかった。シャノンがベティに夢中だったことは、理由のひとつだろう。ノーマとの結婚が破綻してから七年が経過しており、かつてと同様、交際は順調に進んだ。一九四八年の秋にはじめて出会ってからまもなく、翌年のはじめにはシャノンはプロポーズしていた。ベティは「あまり正式ではない形の⑺」プロポーズを受け入れ、三月二二日にふたりは結婚した。結婚式はささやかなもので、ベティの話では「クロードの家族からの出席者は姉のキャサリンひとりだった」。新婚カップルはまもなくニューヨークを離れてニュージャージー州モリスタウンに新居を構えた。ここは、マレーヒルに新たに作られたベル研究所の施設の近くだった。

ふたりを知っているほとんどすべての人が、ベティはクロード・シャノンにとってあらゆる意味で理想的な女性だったと証言している。一緒にいると愉快な存在というだけではない。ベティとクロードは仕事上もパートナーになった。アインシュタインが妻ミレーバ・マリッチについて「私には妻が必要だ。私に代わってすべての数学の問題を解いてくれる⑻」と語ったのは有名な話だ。シャノンの研究が彼自身の成果であることは間違いないが、最後に実を結ぶまでにベティの援助があったことは否定できない。数学の問題に関して、彼女は貴重な助言者のひとりになった。参考文献を調べ、夫が考えている内容を書き取り、さらには執筆された研究の編集作業も手がけたのである。

シャノンは、アインシュタインと同じような才能の持ち主だった。ひとつの問題の様々な側面に関して鋭い直観で感じ取るタイプで、細かい事柄をひとつずつていねいに積み重ねるやり方は好まなかった。「自分は記号で表現するよりも、全体的な印象を大切にするほうだと思う。何が起こっているのかフィーリングでつかみ、あとから方程式を考える」[9]と語っている。そしてアインシュタインと同じく、シャノンにも反響を試す相手が必要で、その役目をベティは完璧に果たした。彼の同僚デイヴィッド・スレピアンいわく、「クロードは数学をそれほど深く理解していなかったが、必要なものは何でも発明することができた」[10]。もうひとりの同僚ロバート・ギャラガーは、もう少し詳しくこう説明している。「彼には不思議な洞察力があった。物事を見通すことができた。『真実はこうあるべきだ』と語ると……大体はその通りになった……優れた直観力がなければ、ゼロからひとつの学問領域を創造するなんてできない」。

このような優れた直観が厄介なのは、途中の細かい手順を踏まなくても問題が解決されてしまうことだ。そして直観に優れた多くの先達と同様、シャノンは研究成果を披露することを嫌った。そのため、数学に関しては決して引けを取らないベティが書記の役目を引き受けた。彼のアイデアの多くを最初に聞かされたのも彼女で、いわく「他人との協力に消極的で」[11]内向的な人間にとっては、きわめて異例なことだ。そして夫の口述筆記をしながら、改善点を指摘して編集作業を行ない、歴史上の記述が思い浮かぶと書き加えた。後にクロードの記憶力が衰え、数学の論文の参考文献について いちいち思い出せなくなると、助け舟を出して記憶を呼び起こさせた。「早い時期の論文の一部、それにあとから発表された論文にも私が清書したものがあります。夫の筆跡ではなかったので、当初はみんな困惑したものです」[12]とベティは言う。たしかに紛らわしかったかもしれないが、現代の数学者同士のカップルが幸せな結婚生活をおくった何よりの証拠としてほほえましい。この結婚から時代の先端を行く研究が生み出され、ふたりは終生添い遂げたのである。

21 望む以上の賛辞

〈フォーチュン〉の一九五三年九月号には、「税制改革」「給料が上がる方法」「産業帝国オーリン」などの記事と一緒に、「情報理論」がわかりやすい形で大衆向けにはじめて紹介された。シャノンの論文は〈ベルシステム・テクニカル・ジャーナル〉で発表されてから五年後にようやく、エンジニアや数学者以外の読者層を持つ雑誌で本格的な特集記事として取り上げられたのである。〈フォーチュン〉の技術部門編集者でこの記事を執筆したフランシス・ベローは、後に大衆紙でシャノンの擁護者のひとりになった。

ベローの記事は、つぎのような強烈な一撃で始まっている。

偉大な科学理論は、偉大な交響曲や偉大な小説と同じく、人類にとって最も誇らしく、最も希少な創造物である。科学理論がほかの創造物とは異なり、ある意味で優れた創造物なのは、人間の世界観を瞬く間に大きく変えてしまう力を持っているからだ。

今世紀、人類の人生とまでは言わないが人類の物の見方は、相対性理論や量子理論などの科学的洞察によってすでに大きな変化を経験した。そしてこの五年のあいだに、これらに引けを取らないほど偉大だとしか思えない新しい理論が登場した。この新しい理論は一般大衆にほとんど知られていないが、ふたつの名のいずれかで通用してきた。通信理論、あるいは情報理論である。これが最終的に不朽の名声を勝ち取るかどうかは、国内外の多くの主要な研究所で現在取り組んでいる問題である。(1)


シャノンはこの記事の初稿を賞賛し、「一流の科学記事」だという誉め言葉まで準備したが、例によって、最初のふたつの段落のなかの例外的な部分をつぎのように指摘した。「できればそうであってほしいと自分でも思うが、通信理論は相対性理論や量子力学と格が違う。最初のふたつの段落は書き直し、理論の重要性に関してもっと謙虚に現実的な視点にすべきだ(2)」。さらにシャノンはベローに対し、サイバネティックスを創始したノーバート・ウィーナーの貢献を認め、ベル研究所の研究員にも十分な配慮をしてほしいと頼んだ。

これに対し、ベローはウィーナーらを賞賛するような形に修正したが、情報理論の可能性に対する評価を低くするような書き換えはいっさい行なわなかった。彼はつぎのように続けている。「人類の平和な時代における進歩や戦争における身の安全は、情報理論の賢明な応用にかかっているといっても過言ではない。アインシュタインの有名な方程式を爆弾や発電所など物理的な形で応用するよりも価値がある(3)」。

アインシュタインとの比較は、シャノンの公人としての人生に永遠に付きまとうことになる。ベローの記事の後、「通信にとってのシャノンは、物理学にとってのアインシュタインの存在にたとえられる」というのは典型的な誉め言葉になった。ゲイロードの町がクロード・シャノンの銅像の除幕式を行なったときには、地元の新聞は彼をつぎのように紹介した。「ゲイロードの郷土の誇りであり……アインシュタインの研究に匹敵する通信の数学的理論は永遠に尊敬されるだろう」[4]。なかでもウィリアム・パウンドストーンのつぎの言葉は最も印象的だろう。「シャノンの洞察をアインシュタインにたとえる人たちはベル研究所にもＭＩＴにも大勢いる。しかし一部の人たちは、このような比較は不公平だ、すなわちシャノンにとって不公平だと考えている」[5]。シャノンの抗議もむなしく、ふたりの類似点は同時代の人たちに強い印象を与えた。ふたりとも革命的な理論を考案し、遊び心があって、出世と名声を重んじるエリート学者の世界から距離を置く能力と独創的なスキルとがユニークな形で結合していた。

しかし、シャノンは賞賛に慣れなければならなかった。〈フォーチュン〉の記事を書いてからほどない一九五四年六月にベローは、アメリカで最も重要な科学者二〇人のなかにシャノンを加えた。記事はつぎのような疑問から始まる。「傑出した科学者になるのは、どんな人物だろう。社会のほかの人たちとのあいだに大きな隔たりがあるのだろうか」[6]。ベローはその答えを求め、一〇〇名以上の科学者とインタビューを行ない、そのほかに数十名にアンケートを送った。

その結果として出来上がったリストにはシャノンと一緒に、少年の面影を残す二六歳の分子生物学者が含まれていた。イギリスのケンブリッジ大学のキャヴェンディッシュ研究所に勤務していたジェイムズ・ワトソンである。八年後に三四歳で、ＤＮＡの二重らせん構造を発見した功績を認められ、フランシス・クリック、モーリス・ウィルキンスと共にノーベル賞を受賞した。ほかにもベローのリストのなかには、三六歳の天才物理学者リチャード・ファインマンの名もあった。彼は、一九六五年に量子電磁力学での研究を評価されてノーベル賞を共同受賞する実際、ベローが厳選した二〇人の科学者の四分の一は、最終的にノーベル賞を受賞している。
〈タイム〉や〈ライフ〉など、ほかにも多くの主要雑誌に同様の賛辞が寄せられ、シャノンは科学界の有名人の頂点に昇りつめた。戦後になると、「科学者」は文化的に最高の評価を受けるようになったのである。

当然ながら報道機関は、新しい理論そのものだけでなく、理論の背景にいる奇妙な人物にも興味をそそられた。自分の研究が公に認められた事実にシャノンはやや困惑し、素直には喜ばなかったようだ。それは、以下の〈オムニ〉誌とのインタビューからもわかる。

オムニ　自分は名声を得る運命だったと思いますか。
シャノン　いや、そうは思わない。自分が科学的にかなり優秀だとは常に思うが、概して科学者は、政治家や作家など、ほかの職業の人たちほど多く報道されるわけではない。スイッチングに関する自分の論文は良い出来だったと思うし、賞も受賞した。そして、情報に関する論文は素晴らしい出来栄えで、ありとあらゆる賞賛を受けた。向こうの部屋には賞状やら何やらが詰まっている。
オムニ　名声は負担になりますか。
シャノン　いや、それほどでもない。きみのような人間が訪問し、午後の時間を一緒に過ごしてくれるのは、すごい負担というわけではない⑺！

一九五〇年代半ば、シャノンの研究は大衆紙で賞賛され、様々な分野で応用されたが、時には情報理論の真意がわずかしか理解されないものもあった。情報理論のように示唆に富む理論的研究は一般読者から見れば、マスメディアから地質学まであらゆる事柄の説明に使えそうだが、盗用や不正流用は避けられなかった。たとえば、「ノイズが存在する環境では、鳥は明らかに通信上の問題を抱えている」という記事が、当時のある新聞に掲載された。「情報理論に基づいて鳥の鳴き声を研究した結果……新たなタイプの野外実験や分析の必要性が指摘された」という。流行語の例に漏れず、「情報理論」は研究資金を確保するための近道になった。同時に、シャノンの理論はエレガントかつシンプルだったため、あらゆる研究分野で魅力的なツールになった。濫用される可能性にシャノンは悩んだかもしれないが、日頃から対立を好まない性格を考えれば、ただ笑って肩をすくめ、ほかの問題に関心を移したことだろう。彼の態度はほぼ一貫してきたが、ひとつだけ重要な例外があった。

一九五五年、情報理論に関する無線技術者協会（ＩＲＥ）のルイス・Ａ・デ・ロサ会長は、協会の広報に論説を発表した。「我々はどの分野に取り組んでいるのか」というデ・ロサの提言は、情報理論を研究している同僚たちにとって心からの疑問だった。「無線や有線の通信以外の領域への情報理論の応用は急速に拡大している。そのため、われわれ専門技術者はどこまで関心を持てばよいのか、その領域の境界がしばしば疑問視されている……関心の領域を経営、生物学、心理学、言語理論にまで広げるべきか。それとも、無線や有線による通信の方向に厳密に集中するべきだろうか」[8]。

シャノン本人はこの問題への解決策として、「バンドワゴン」（便乗）というタイトルの短い声明をＩＲＥの機関誌に寄稿した。五七三語から成る回答は、つぎのような出だしだった。「この数年間、情報理論はある意味、科学の世界にバンドワゴン効果を発揮してきた。通信エンジニアのための技術的ツールとしてスタートしたが、大衆紙でも科学誌でも頻繁に取り上げられた」[9]。シャノンによれば、これだけの人気を博したのは、「計算機、サイバネティックス、オートメーション」など、この時代の新しい学問分野の多くに少しずつ関わっていることが一因だという。しかも、非常に斬新でもあった。

ただし、シャノンはつぎのように続けている。「おそらく情報理論は、実際の成果以上に重要性を過大評価されたかもしれない。様々な分野の科学者仲間が、時代のファンファーレに浮かれ、科学的分析に通じる新たな道筋に魅了され、情報理論のアイデアを各自の問題に用いている……要するに、現在の情報理論は世間での人気が過熱状態だと言ってもよい」。このような一時的な注目は「心地よいし刺激的だ」とシャノンは認め、しかし、と続ける。

同時に危険な要素もはらんでいる。通信の問題の性質を根本から洞察するうえで、情報理論が貴重なツールであるのは確かで、重要性は拡大し続けるだろう。しかしその一方、通信エンジニアにとってはもちろん、ほかの人たちにとってはなおさら、絶対に万能薬にはなりえない。自然の秘密が一度にたくさん解き明かされることなど、まず考えられない。

「自然の秘密が一度にたくさん解き明かされることなど、まず考えられない」とは、前途洋々な人物の発言としては驚かされる。実際のところ、シャノンは情報理論の普及を奨励してもおかしくないだけの動機を持っている。しかし彼は、手綱を引き締めてこう続けた。「情報、エントロピー、冗長性といったわずかばかりの刺激的な言葉を使ってみても、すべての問題の解決につながるわけではないという事実に気づけば、見せかけの繁栄など一夜でいとも簡単に崩れ去ってしまう」。

世間は過熱する一方だったが、シャノンはつぎのように節度を求めた。

情報理論という主題の研究結果が基本的に、非常に限られた分野を対象にしている事実を、ほかの分野の研究者は認識すべきだ。心理学や経済学など、ほかの社会科学とはかならずしも関連性がない。実際のところ、情報理論の中核は本質的に数学の一部門であり、きわめて演繹的なシステムである……情報理論の概念の多くがほかの分野で役に立つことを個人的には確信しているし、一部では有望な結果も現れている。しかし、ほかの分野への応用を定着させるには、新しい領域に用語を導入するような小手先ではなく、仮説と実験的検証という時間のかかる退屈なプロセスが必要なのだ。

さらにシャノンは、同僚たちにつぎのように忠告している。

我々は自分たちの家をきちんと整えておく必要がある。情報理論という主題は過度に評価されたかどうかはともかく、確実に受け入れられた。我々は今後、科学的に最高水準を維持しながら、研究開発に集中していくべきだ。肝心なのは世間に公表することではなく研究だ。その研究の臨界閾値を上げなければならない。研究者は努力の最大の成果である論文のみを提出するべきで、その前には自分や同僚が入念に中身を確認しなければならない。発想がおそまつで中途半端な論文が量産されるよりは、少数でも一級の研究論文が発表されるほうが好ましい。おそまつな論文など発表しても著者の名誉にはならないし、読まされるほうも時間の無駄だ。

この声明の後にはシャノンの立場に賛同した記事も執筆され、意図した効果を発揮した。ロバート・ギャラガーは、利害対立を前にしたシャノンの姿勢について、つぎのように述べている。「クロード・シャノンは非常に穏やかな人物で、誰もが本来の道を歩む権利を持っていると確信している。誰かが会話のなかで特にくだらない発言をしたときには、その人が馬鹿に見えないように、適切に対応する才能にシャノンは恵まれていた[10]」。日頃こうした自制心を持ち合わせたシャノンだからこそ、「バンドワゴン」というタイトルの論説は大きな効果を発揮した。このような内容を書く決心をしたのは、情報理論が濫用されることへの心からの不安の表れである。科学に新しい分野を誕生させるどころか、投機的なバブルを引き起こしかねない可能性を憂慮したのである。

シャノンはおそらく、声明から垣間見える以上に不満を募らせていた、と妻のベティは打ち明ける。「みんなに振り回されて、少々いら立っていました。誰も自分の真意を理解しなかったのですから[11]」。ロバート・ファノはさらに踏み込んで、シャノンの不満だけでなく自分の不満も打ち明けている。「私は、情報理論という言葉が好きではなかった。クロードもそうだ。だって、『情報理論』という言葉からは情報に関する理論が思い浮かぶが、実際にはそうではない。情報の伝達に関する理論なんだ。多くの人たちがこの点を理解していなかった」[12]。

シャノンにとって、情報理論が役に立つ形で賢明に応用されるのはいつでも歓迎だった。しかし、重要性がやたらと強調され、すべての謎を解く今世紀最大の鍵として位置づけられることには、強い抵抗感を抱いた。十分に理解されないまま広く普及して、間違った形で理論づけされる可能性が付きまとうからだ。何よりもこれが危険だった。せっかく考案したアイデアが広く普及すると、本来の意味が失われてしまう。おそらくこの危険は、科学思想がもたらすいかなる革命にも内在するリスクだろう。しかしシャノンは、それを食い止めるために何らかの役割を果たす気持ちになった。彼の研究は、理論に関してパンドラの箱を開けたようなものだった。そこで「バンドワゴン」によって箱の蓋を閉め、規律を正し、せめて工学の世界に対しては、自分がパイオニアとなった理論も、自分が有名になるきっかけになった研究も、適切な領域のなかだけで有意義であることを伝えようとしたのである。

22

「我々は、シャノン博士の助力を緊急に必要としている」

「親愛なるケリー博士へ」と、手紙は始まる。「貴殿と貴殿の会社が、合衆国政府の求めた多くの問題の解決に取り組み、わが国に大きく貢献していることについては十分承知しております。しかし、合衆国の安全にとってきわめて緊急かつ重要な問題に関して、個人的にお願いを申し上げなければなりません」(1)。この手紙は中央情報局のレターヘッドにタイプされ、ベル研究所の所長宛てに送られてきた。メッセージには意図的に曖昧さが残されていた。

現在我々が直面しているきわめて重要な問題の解決策を見つけるために、貴殿の会社のクロード・E・シャノン博士の助力を緊急に必要としています。最も信頼できる筋より、この特殊な分野に関して博士が最も適任な科学者だと聞いております……貴殿とシャノン博士の双方にとって満足できる形で、今回の目的のために手を貸していただければ、大変ありがたく存じます。

たとえ一時的に組織を離れるだけでも、大きなご不便をおかけする点は十分に認識しております。それでも敢えてこのようなお願いを差し上げるには、きわめて切実な理由があるとご理解ください。

この手紙の筆者は、当時最も著名な軍人のひとりであるウォルター・ベデル・スミスだった。CIA長官で、ドワイト・アイゼンハワー大統領に仕えた元陸軍参謀総長であり、ソ連大使を務めたこともある人物である。CIA長官としては四代目に当たるが、当時この役職は、いまのように世間で注目されるものではなかった。三日後には、同じ内容の手紙がキングマン・ダグラスから米国海軍のジョセフ・ウェンガー大佐のもとに、「この手紙が目的を果たすよう、心から願います[2]」という追伸を添えて送られてきた。手紙からは、シャノンの過去の実績が今回のCIAの目的に適っている可能性をうかがわせたが、ダグラスとウェンガーが関わっているという事実はそれをはっきり裏付けた。

キングマン・ダグラスは上流社会の出身で、それまでの人生で名門私立校や豪華な役員室や緊迫した作戦本部室を経験してきた。ヒルスクールからイェール大学に進み、第一次世界大戦では飛行機に乗り、第二次世界大戦では情報収集活動に関わった。CIAには二度にわたって所属したことがあり、一度は緊急重要情報担当副長官を務めた。

ジョセフ・ウェンガーも、情報機関のトップでキャリアを積み重ねた。彼は「通信情報の重要性を最初に認識した海軍将校のひとり[3]」で、米海軍兵学校を卒業して海軍少将まで上りつめた。華々しいキャリアの途中では、海軍の現場に暗号通信を導入し、「データ集中管理に基づく暗号通信活動の創始者のひとり」として評価されている。第二次世界大戦の太平洋戦域では、日本軍の「メッセージの外見」すなわち、コールサインや通信の習癖など一見すると取るに足らない詳細をていねいに研究すると、暗号解読に関してメッセージそのものを分析するのと変わらない成果を上げられることを発見した。そしてふたつの戦争で十分な経験と理解を積み重ねた一九四九年には、現代のNSA(アメリカ国家安全保障局)の前身である軍保安局(AFSA)のリーダーになっていた。

シャノンとの電話のなかでウェンガーは、情報機関は彼の助けを必要としていると主張した。そして会話の結果を、ほとんど判読不可能なメモでダグラスに伝えた。「今日、電話でシャノンと話をしたが、説得に応じそうな印象を受けた。問題についてもう少し理解できるまで判断を控え、自分が貢献できるかどうか決断したいと言われた。許可を得られ次第、説明役の使者を派遣すると伝えた(4)」。同じ週にはジョン・フォン・ノイマンもシャノンに連絡を取って、問題の重要性を強調した。このような相談を求められても威圧されず、全容を理解するまで性急な判断を控えるところは、いかにもシャノンらしい行動だ。

CIAのスミス長官から手紙が送られた一週間後、ウェンガーとダグラスはベル研究所のマーヴィン・ケリーから以下のような返事を受け取った。

軍関係の仕事へのシャノン博士の参加に関しては、ほかにもいくつか打診がありました。通常なら、シャノン博士が専門分野に最大の貢献をできるのは、独立した立場で研究を続ける形です。ただし、お申し越しの件の緊急性を考慮した結果、ご提案の予備調査にシャノン博士を参加させるため、本人の決断を後押しすることに決定しました(5)。

このメモは、一九五〇年代はじめのシャノンの人生の縮図である。当時、情報理論の応用は急激に増加していた。シャノンの参加を求める声は増える一方で、それを寄せ付けないために彼は全力を尽くしていた。抵抗が失敗に終わるときは、ほぼ常に自分では制御できない力が原因だった。シャノンは無関心を信条にしていた。本能に従うことが大前提の職業にはそれが不可欠で、名声や報酬と縁のある選択肢はしばしば犠牲にされた。しかし、情報理論に関する研究は国民的な名声をもたらした。そしていまや、連邦政府が名指しで彼の協力を求めてきたのである。

戦争が終結すると、軍は頭の痛い問題を抱えた。国内トップレベルの科学者や数学者、エンジニアの多くが、公務から去っていったのである。戦争が始まると、「学問の世界から引き抜かれ、軍の機密の世界に放り込まれることは、数学のエリートにとって通過儀礼のようなものになった⑥」とシルヴィア・ナサーは書いている。しかしいまや、「軍の問題に関して最も優秀な人材を引き留めておける可能性はあやしくなった。ジョン・フォン・ノイマンのような優れた能力の持ち主は公職にほとんど志願しなくなった」のである。トップ数学者が抵抗感を持たない解決策のひとつが、防衛機関の様々な部門と密接に関わる技術委員会の設置だった。シャノンがのちに最も深い関わりを持った――そしてウェンガーやフォン・ノイマンからの緊急要請の理由となった――委員会は、暗号諮問分科会、略してSCAGとして知られた。

NSAの説明によると、「SCAG設立の目的は基本的に、国家安全保障局にとって関心の高い分野から優秀な技術コンサルタントを集めて分科会を結成し、暗号解読分野の特殊な問題の解決に貴重な助言や支援を提供してもらうこと⑦」だった。こうした類の委員会の例に漏れず、SCAGは様々な目的のための手段だった。当時は厄介な技術的問題が山積しており、現実的で役に立つ助言が必要とされていた。委員会のメンバーは事実上のヘッドハンターで、政府高官の要請で優秀な人材の発見や供給を手がけた。多くの方面で国家はいかに準備を整えるべきか、集められた人材のあいだで率直な意見が交わされた。ＳＣＡＧの第一回目の会議では、通信情報の価値と重要性、第二次世界大戦で浮上した情報活動上の複雑な問題の事例研究、情報機関の状態と目的、ＳＷＥＡＴＥＲというコードネームを持つＡＦＳＡ（軍保安局）のプロジェクトなどが議題に含まれた。委員会の関心は、技術的な問題から哲学的な問題まで多岐にわたった。

一九五一年に要請を受けてから一九五〇年代半ばまで、シャノンはＳＣＡＧやその後継の国家安全保障局諮問委員会の会議に出席するため、首都ワシントンを定期的に訪れた。これらの会議は複数日にわたって開催され、連日のセッションにおいては、情報活動に伴う最も深刻なジレンマについて軍高官とのあいだで協議が行なわれた。「ＮＳＡが抱える問題について諮問委員会が検討するにあたっては、ＮＳＡ関係者によるブリーフィングに前もってかなりの時間をかける必要があり、それはどの議題も例外ではなかった。そのため議題に含めるのは、最も緊急だと思われる問題に限定することが何よりも重要だった」[8]。最も緊急の問題のみがＳＣＡＧで取り上げられることには、もうひとつ現実的な理由もあった。出席者のスケジュール調整が非常に困難だったのだ。実際、ＳＣＡＧや同様の会議に関して今日まで残された記録のかなりの部分は、科学で最高の実績を残した十数人の科学者を同じときに同じ部屋に招集するための課題について費やされている。

当然ながら、このような類の委員会はうまく機能しなかった。ＮＳＡを研究する歴史家の言葉によれば「便利で安全な場所が不足していたため、会議と会議のあいだに暗号文書を保管することも、誰かに見てもらうこともできず、一部の顧問は何かしら問題を抱えながら活動した。たとえ中断をはさんでも、じっくり考えなければ概念は直観的に閃かないものだが、それができるような環境ではなかった」[9]。しかし少なくとも、NSAの指導部が科学界と広範囲にわたって関係を持つという目的のためには、委員会の存在は役に立った。

シャノンが交流した指導部のメンバーは、情報活動のふたつの悲惨な失敗を鮮明に記憶している。真珠湾の悲劇については彼らの回想録のなかで克明に記されている。その後、北朝鮮による韓国侵略は、ふたたびアメリカの政策立案者の虚を突く形となり、一九五〇年には戦時体制が復活した。つまり、シャノンが相談を受け協力している指導部は、過去に武装戦を目撃し、今度は新しい世代を流血の戦争に送り出そうとしていた。危険は現実のもので、情報活動が多方面で必要とされていたのである。防衛機関が技術的にも科学的にも健全性を維持するために、シャノンやフォン・ノイマンのような外部の優秀な数学者の存在は不可欠だったのだ。

つい最近になって機密指定が解除された文書からは、この時期にシャノンが政府のためにどんな仕事をしていたのか、おぼろげながら状況を知ることができる。ただし、重要な詳細の多くは未だに機密扱いのままだ。シャノン自身は、当時の行動について明言を避けている。数十年後、ロバート・プライスとのインタビューで、彼は質問をつぎのようにかわしている。

プライス　あなたはしばらくNSAの委員会の幹部だった時期がありましたね。

シャノン　いや、そうは思わない。メンバーだったかもしれないが……高い地位ではなかったはずだよ。

プライス　でも、あなたはある時期、ＮＳＡと付き合いがあったと聞いていますが。
シャノン　その言い方のほうが正しいかな……あとから暗号解読に関わるようになった。相談を受けたんだ。おそらく……でも、よく覚えていない……
プライス　いまおっしゃったそれが、おそらくＮＳＡの諮問委員会だったのでは？
シャノン　招待を受けたよ……でも、どうだったかな……ずいぶん昔のことだけれど、話さないほうがよいと思う(10)。

ある意味、これはシャノンの典型的な対応である。自慢を好まず、関心のない話題を積極的に取り上げようとしない。しかしシャノンはこのような類の質問に対し、皮肉とユーモアを絶妙に交えた対応でかわす傾向があった。このときのインタビューでの答え方が神経質で歯切れ悪かったのは、機密情報に関わっていたことが大きく影響している。

実際シャノンには、慎重にならざるを得ない理由があった。彼は国家の最高機密の情報やシステムの一部に携わっており、国家安全保障体制の創始者や文書に触れる機会があったのだ。与えられた仕事の重要性も、対外秘の情報を明かさない必要性も、十分に理解していた。そしてこれには、はっきりとした根拠もあった。ＮＳＡでシャノンと一緒に科学顧問を務めたジョン・フォン・ノイマンなどは、ウォルター・リード陸軍病院の臨終の床で、制服を着た軍人によって二四時間体制で監視を受けた。たとえフォン・ノイマンが頭脳明晰であっても、秘密を漏らさないとは限らないし、政府はその可能性を恐れたのである。意識が朦朧としているときほど、誰かにそそのかされて大事な国家機密を暴露しやすいときはないだろう。

23
マンマシン

機械は考えることができるか。痛みを感じられるか――人間の体をそのような意味で機械と呼ぶことはできるだろうか。人体がそのような機械に極限まで近づくのは間違いない。しかし、機械は考えることができない！――これは経験的言明なのだろうか。いや、そうではない。私たちは人間を基準にして、機械は考えるかについて語る。人形についても、そして魂についても確実に、同じことは言える。[1]

――ルードヴィヒ・ウィトゲンシュタイン

私は機械で、あなたも機械。どちらも考えるだろう？[2]

――クロード・シャノン

引きこもる天才

情報理論が発表される以前からシャノンの働き方には奇妙な習慣があったが、高まる一方の名声のおかげで、自由気ままな行動を許されるようになった。一九四八年以降、ベル研究所はシャノンに干渉しなくなったが、それはまさに本人が望むところだった。ベル研究所数学部門のヘンリー・

ポラック部長は、ベル研究所の首脳陣を代表し、シャノンには「生産的行為に関わらない権利を認める(3)」と宣言した。マレー・ヒルのオフィスに出勤するとしても到着する時間は遅く、集会所でチェスやヘックスなどのゲームに興じて一日を過ごした。ボードゲームで同僚を打ち負かしていないときには、ベル研究所の狭い通路で一輪車に乗っている姿が目撃され、乗ったままジャグリングをしているときもあった。あるいは、ベル研究所のキャンパスをポゴスティック（ホッピング用の玩具）で跳ね回っているときもあり、給与を支払っている関係者の当惑ぶりが目に浮かぶようだ。

同僚はこのような態度に苛立ちを覚えたかもしれないが、この時点のシャノンは平社員を装っているレジェンドのような存在だった。フルタイムでの雇用契約義務の範囲内で、できるかぎり名誉職に近い存在を目指した。ベル研究所の組織では、密室状態で研究に没頭することは事実上の規則違反だったが、名誉職ならばそれも可能だった。あるいは、結果を無視して個人的に好きなプロジェクトを進めることもできた。この時期の領収書には、工具店で様々な品を購入し、その料金をベル研究所に請求したことが記録されている。おそらくこれは、シャノンが組み立てていた機械の部品の一部で、完成しても電話会社の実際の業務にはほとんど役に立たないはずだった。

しかし、このような態度はベル研究所内部で見咎められなかった。シャノンの頭脳明晰さには何ら疑いがなかったので、一体何に夢中になっているのかと、誰も厳しく尋ねようとはしなかった。結局のところ、「情報理論の創始者」は、この理論を内密に完成させた後、いきなり世間に公表したではないか。ほかにも秘密裏に何かを進めている可能性は否定できなかった。

このような行動の自由の興味深い副作用として、この時期のシャノンは筆不精になってしまった。名声が高まるにつれて手紙のやり取りは増えたものの、受け取る手紙の量が多すぎて追いつかなかったのだ。長いあいだ返事を書けない手紙があまりにも多くなったので、シャノンはそれをすべてまとめて「返事を先延ばしすぎた手紙」というラベルのフォルダーに保管した。「あらゆるメッセージはどれほどノイズの多い伝送路でもほぼ完璧に送り届けることができると提唱した科学者自身が、いまや例外的存在になったことに、シャノンは気づいていなかったようだ。メッセージはクロード・シャノンまでは届いたが、そこから先には進めなかった[4]」とガートナーは語っている。

送り主の全員が匿名のファンや無名の賞賛者というわけではなかった。著名な科学者や政府高官、そしてL・ロン・ハバードからも手紙を受け取っていた。

シャノンが生涯に手紙をやり取りした相手のなかでも、ハバードが変わり種だったことを、数十年後の私たちは判断できる立場にある。ダイアネティックスとサイエントロジー教会の設立者であるハバードから、シャノンが文通相手に選ばれたことは注目に値する。彼はサイエントロジーの信者ではなかった。相手に対する興味は、シャノンよりもハバードのほうが大きかったような印象を受ける。それでもシャノンは、MITの著名な人工頭脳研究者ウォレン・マカロックに宛てた手紙のなかで、「友人のハバード」に会ってほしいと書いている。

シャノンにとってハバードは、新興宗教の風変わりな教祖というより、スペースオペラ（訳注／宇宙を舞台にした冒険活劇）の作家としての印象のほうが強かったようだ。「僕と同じぐらい熱心にSFを読めば、ハバードがこの分野で最高ランクの作家であることがわかるだろう。彼は催眠術の専門家でもあり、最近では治療目的で催眠術のテクニックを応用し、非常に興味深い成果を上げている……きみにとって、ロンはとても面白い人物だと思うよ。治療に何か価値があるかどうかわからないが、キャリアはきみと同じぐらい多彩だ[5]」とシャノンは書いている。

ハバードは後にシャノンへの手紙で研究への協力について感謝を述べ、『ダイアネティックス――心の健康のための現代科学』が出版されたら一部贈呈すると約束している。情報理論の創始者とサイエントロジーの教祖のあいだでやり取りされた書簡については、これ以上の記録はない。ただし、「ハバードのサイエントロジーにおいては今日に至るまで、シャノンのことや情報理論の専門用語が文献やウェブサイトで引用されている(6)」とウィリアム・パウンドストーンは指摘する。

シャノンのデスクに山積みにされたほかの手紙と比べれば、ハバードとのやり取りは定期的に続いた。科学界の同僚からの手紙は通常、論文や本の論評を依頼するものが多く、ほかには変人からの手紙が引きも切らず届けられた。たとえば、個人的な研究にシャノンのお墨付きをもらいたい人物、ベル研究所への病的なこだわりゆえ、看板スターとの接触を試みてきた人物などだ。ある手書きの手紙はこう始まる。「親愛なるシャノン博士。ここに『宇宙の理論』を同封します。ほかにも何人かの著名な科学者に同じものを送ったのですが、未だに返事を受け取っていません……(7)」。あるいは、つぎのような威嚇的な手紙もあった。「拝啓。あなたの機械ロボットのベルは聖書に登場する偶像と同じで、機械の怪物です。あなたのロボットは米国憲法の5つの修正条項（1、3、4、5、13）に違反しています。私があなたをあざ笑うことを神は認めています。あなたは米国大統領やFBIに対する反逆者です。ロボットに騙されているのですよ。私はニューヨーク市のニューヨーク電話会社を訴えるつもりです。あなたが気づかなければ確実にそうします」。

シャノンはこのような内容にいちいち目くじらを立てるわけではなかった。厳しい質問を上手にかわし、躊躇なく無視することも多かった。研究者としてのキャリアを成功させた科学者の多くは、その成功をきっかけに有識者としての人生を歩み始めることを目指すが、シャノンは違った。科学の世界での地位の向上を、外の世界でネットワークを広げるためのチャンスとはとらえなかったようだ。政策に関して意見を述べたり、教育者として行動したりする責任も感じていなかった。それどころか、殻に閉じこもり、手紙も同僚もプロジェクトも無視して、最も興味のある難問に熱中して時間を過ごした。結局のところ、シャノンはこのように行動する権利をつかみ取った。情報理論はそれほど大変な研究だったのだ。そしていまや、彼は新しい問題や新鮮な分野に興味を惹かれていたが、なかには同僚から見るとかなりきわどく、シャノンほどの地位の人間が取り組む価値があるとは思えないものも含まれていた。

機械仕掛けのネズミ

「価値のある結果はしばしば単純な好奇心から生み出されることを、科学の歴史は教えてくれると思う」[8]と、かつてシャノンは語った。好奇心が旺盛すぎると道楽に走る恐れがあり、あらゆるものを試して何も完成できない傾向が強くなる。しかし、シャノンの好奇心は違った。彼の場合は何か疑問が浮かぶと、もっともらしい回答を——通常は自分の手で——組み立てた。ロボットのネズミは迷路を上手に進めるかという疑問が浮かべば、実際にネズミを組み立てて確かめた。機械は自分で電源を切れるかという疑問が浮かべば、機械を組み立てて自らハラキリするように訓練を施した。他人にとっての趣味は、シャノンにとって実験だった。物事を単純化し、問題を最も興味深い形で追及するための手段だった。機械が活躍する未来をシャノンは確信し、機械の限界を試す実験に夢中で取り組み、自分の思い描く未来の実現のためには多少の嘲笑を我慢することも厭わなかった。彼は文通相手への手紙に、「大型の電子コンピュータの能力や応用法を試す」作業に没頭していると記した。未来、すなわち私たちにとっての現在から見れば、シャノンの機械は趣味などではなく、正しさを立証するための手段だった。

こうした機械いじりのきっかけは、妻からのクリスマスプレゼントだった。「買い物に出かけて、アメリカでいちばん大きなエレクターセット（組み立てキット）をプレゼントに選びました。値段は五〇ドル、みんなからは、どうかしていると呆れられました」[9]と、ベティは後にインタビュアーに語っている。そしてシャノンは、「大の大人にくれるんだから！　でも実際のところ、すごく役に立つセットで、色々なものを試したよ」と補足している。新しいプレゼントをもらった子どもさながら、シャノンは夢中になった。地下室にはエレクターセットの部品が散乱し、彼は夜遅くまで組み立て作業を続けた。

最初のアイデアは予行演習だった。それはシャノンの家のなかをノロノロ動き回る機械のカメで、壁にぶつかって方向変換すると、今度は別の壁にぶつかった。ただし、不運なカメはつぎの発明の先駆けで、こちらのほうは予想外に国中の注目を集めた。迷路を進むネズミのテセウスである。機械のネズミというアイデアが浮かんだのは、シャノンがロンドンのハンプトン・コート宮殿の有名な迷路庭園に挑戦したことがきっかけだったとも報じられている。彼は迷路を抜け出すのに二〇分かかったが、もっと時間を短縮できると考えた。後に、完成したテセウスと迷路と一緒にカメラに収まっている写真は、クロード・シャノンの最も有名な一枚になった。写真のなかの彼はネズミを手に持ち、迷路の壁のなかに置いている。テセウスという名は、ミノタウロスを殺し、恐ろしい迷路から無事に脱出したギリシャ神話の英雄にちなんで期待を込めて命名された。シャノンのテセウスは大きさ七・五センチメートルほどの木製のネズミで、銅のひげと三つの車輪がついていた。

この奇妙な機械仕掛けのインスピレーションのもとになったのは、開閉器に関する研究とベル研究所で任された仕事だった。電話システムで通話をつなぐためのスイッチとして使われる電気機械式継電器と同じものが全部で七五台設置され、線路の分岐器のように機能するので、機械のネズミは迷路を誘導されていった。プロトタイプの配線は、妻のベティが完成させた。「仕事が終わってから、ふたりで夜中に自宅で全部仕上げました(10)」と彼女は語っている。

テセウスの推進力はふたつの磁石だった。ひとつは中心部の空洞に埋め込まれ、もうひとつは迷路の下を自由自在に動き回る。ネズミは進路を動き始めて壁に突き当たると、障害物にぶつかったことを「ひげ」で感知する。すると正しい継電器が作動して、ネズミを新しい進路へと向かわせた。そして、金属製のチーズが置かれているゴールにたどり着くまで、同じプロセスが繰り返された。継電器には正しい進路の方向についての情報が「記憶《メモリー》」に蓄積されているので、ネズミが試行錯誤を繰り返して迷路のゴールまで無事に進んだら、二度目は簡単にチーズを発見することができた。見かけとは反対で、ネズミのテセウスはこの実験を支える受動的な部品だった。情報はその下の迷路に蓄積され、迷路が磁石でテセウスを動かす仕組みだった。シャノンが指摘しているように、技術的に見れば、ネズミが迷路問題を解いているわけではなく、迷路がネズミを上手に誘導していた。いずれにせよ、このシステムは学習することができたのだ。

マレー・ヒルにやって来たテセウスはベル研究所のちょっとした人気者になり、このネズミのおかげでシャノンとベル研究所は特許を取得した。研究所はシャノンとテセウスが出演する短編映画の制作にも乗り出し、一般客向けの七分間の映画を完成した。ダークスーツに薄赤色のネクタイを締めてめかしこんだシャノンが、入り組んだ迷路を進んでいくネズミとそのメカニズムについて、大学教授のように順を追ってわかりやすく説明する。「みなさん、こんにちは。私はクロード・シャノン、ここベル研究所に勤務する数学者です[11]」とあいさつしてから本筋に入り、観客の目に入ってくる物体——迷路を進むネズミ——とそれを支えるシステムについて説明した。ネズミと迷路が見かけ以上のどんな存在なのか説明する段階に入ると、シャノンは詳しい仕組みについては触れず、頭脳を持つロボットの可能性がテセウスによって開かれることだけを身振りを交えて強調した。「もちろん、問題を解決してその解決法を記憶するためには、おそらく脳と同じような一定レベルの精神的活動が必要とされます。テセウスでも、小さな計算機が脳の役割を果たしています……ちなみにテセウスの脳細胞は、この小さな鏡の後ろに置かれています」。

テセウスの脳はどこでも見かけるありふれたもので、スイッチとワイヤーから成る電話の複雑なネットワークを動かすシステムに似ているとシャノンは説明する。そして「ここベル研究所では、皆さんの電話システムの改善に努めています」と、これまでにないほど自分の雇い主のことを持ち上げている。軽快なBGMが流れるなか、電話のダイヤルとスイッチが作動するイメージを思い浮かべてもらうのは、PRに欠かせない要素だった。自分たちの研究に規制当局が関心を持っていることを懸念するベル研究所やAT&Tの上層部は、クロード・シャノンが劇場や高校や大学に出かけてネズミを紹介するような事態を避けたかった。そうなれば、アメリカ政府から提供されている巨額の資金や支援が、くだらないものに費やされている印象を与える恐れがあった。

ビデオの最後にシャノンは迷路の配置を変えて、出口のない広場にテセウスを置いてから、「私たちと同じように、時には彼もこのような状況に陥ります」と言った。ネズミは動くと壁に突き当たり、再び動くと再び壁に突き当たり、最後は閉じこめられた。カメラは作り笑いを浮かべるシャ

（上）機械仕掛けのネズミ、テセウスを迷路に置くシャノン。迷路を解くだけでなく、金属製のチーズの場所を記憶することができる。Photo: Nokia Bell Labs 提供。
（下）迷路を開けて中の仕組みを見せている。Photo: Shanon Family 提供。

ノンに画面を切り換え、エンディングの音楽が流れてデモンストレーションは終了した。

テセウスの衝撃

外の世界はテセウスに思いがけず興味を示し、おかげでシャノンとベル研究所の評判が高まったことに、彼の上司は強い印象を受けた。ベル研究所にはこの件に関してある逸話がまことしやかに語り継がれている。AT&Tの役員たちにシャノンがテセウスを披露したときの逸話をヘンリー・ポラックが紹介してくれた。

プレゼンが終わると、役員のひとりがつぎのように語ったそうだ。「これだよ！　AT&Tでは、こういう独創的な発想が必要なんだ。シャノンを役員会のメンバーにすることを提案する」。シャノンを役員にはできないとこの人物を説得するためには大変な労力を要した。クロード・シャノンは会社の株を持っていないから役員になる資格がないという事実を指摘して、ようやく一件落着となった(12)。

〈タイム〉誌は「記憶力を持つネズミ(13)」というタイトルでテセウスの短い特集記事を組んだ。〈ライフ〉誌は、テセウスがチーズを探している写真を載せた。〈ポピュラー・サイエンス〉誌は、「このネズミはあなたよりも賢い」という見出しで、三ページにわたる記事を掲載した。さらにテセウスは、もっと本格的な界隈でも注目される。この機械仕掛けのネズミは、一九五一年に開催された有名なメイシー会議で話題として取り上げられたのだ。様々な分野の科学者や研究者がニューヨークに集まって開かれるこの学際的な会議には、シャノンのほかにも人工知能やコンピューティングの第一人者が多数出席しただけでなく、人類学者のマーガレット・ミードの姿もあった。このような錚々たる顔ぶれが機械仕掛けのネズミについて論じ合うのは場違いな印象を受けるが、テセウス（正確には、ネズミと迷路から成るシステム全体）が「人工知能」の実例だという事実によって違和感は緩和された。尊敬に値する出席者の多くは、これまで人工知能の理論だけにキャリアを捧げてきたのだ。テセウスは実際に人工知能だった。ある出席者からは、明らかな事実を指摘された。たとえば金属製のチーズが取り除かれると、テセウスはただウロウロと動き回り、もはや存在しないチーズをむなしく探し求めたのである。これに対し、出席者のひとりのラリー・フランクは、「人間らしくていいじゃないか」[14]と指摘した。

最終的に、会議の進行係たちは、テセウスにつぎのような懐疑的な評価を下した（おそらく無意識だったのだろうが、そのために「マウス」から「ラット」へと格下げされた）。

シャノンの発明した無邪気なラットが迷路を巧みに進む様子を眺めてみんなが魅了されるのは、この機械と本物のラットのあいだにはっきりとした類似性が認められるからではない。実際のところ、似ても似つかない。しかし構造に関しては、一部の学習理論家がラットとその組織全体に関して抱いている概念と非常によく似ている。[15]

要するに、テセウスは本物の知能ではなく、ラットのような生き物が学習するプロセスの一面をモデル化しただけだというのだ。これに対して温厚なシャノンが呆れたとしても、それは記録に残されていない。
後にシャノンは恩師のひとりに、テセウスは「試行錯誤を通じて問題を解決し、解決法を記憶する能力が機械に備わっていることをデモンストレーションするための装置だった[16]」と語っている。機械はかりにも知能と呼べるものを「創造できるか」という質問に対しては、できると答えている。機械は学習できる。シャノンがデモンストレーションしたような限定的な方法で、間違いを犯し、別の可能性を発見し、同じ失敗を繰り返さないことができる。学習と記憶は計画的にプログラム化されるし、台本を書き込まれた装置はある意味、脳のごく単純な先駆けのようにも見えた。機械は人間を模倣できるというアイデアは、新しいものではない。しかしテセウスはそのアイデアに――そして機械は記憶や推論ができるという希望に――はっきりと現実感を持たせたのである。

長年にわたり、シャノンは思考する機械や思考しない機械を様々な形やスタイルで制作した。なかには遠回しな形で社会的メッセージを伝えるものもあり、そのひとつ「究極マシン」は、ひとつだけあるスイッチを入れると、機械の手が伸びてきて自分で自分のスイッチを切った。ＴＨＲＯＢＡＣは、キーも処理も出力もすべてローマ数字で行なわれる計算機で、たとえばCLXIIとCXLIの違いを判読できる人以外には役に立たなかった。こうした機械装置には遊び心があって、内輪でしか通じないジョークが込められていた。しかしその一方、シャノンは機械いじりを高く評価していた。「ゲーム機の設計は一見、真面目な科学的研究というより、娯楽のように見えるかもしれない[17]」と認めているが、「こうした研究には真面目な一面や意味のある目的も備わっている。最低でも四つか五つの大学や研究機関は、この線でプロジェクトを立ち上げた」と語っている。

少なくとも当時、手段は単純だったが、目標は大きく掲げられた。「僕の最大の夢は、本当に考え、学習し、人間とコミュニケーションするだけでなく、高度な方法で環境を操る機械をいつか作ることだ[18]」と認めている。しかし普通の人たちとは違い、機械に支配され、人類がロボットに主役を譲るような世界の実現を不安がるわけではなかった。むしろ彼は、反対の可能性を信じていた。「長い目で見れば、［機械は］人類に恩恵をもたらすだろう。その時期をできるかぎり早めることが重要だ……［今日、］人間と機械はかなり共感し合うことができる……それをもっと高め、実際に会話を交わせるようになれるとよい[19]」と語っている。

この引用文や、その後のシャノンにまつわる複数の逸話は、「マンマシン、シャノン博士にはじめて語りかける[20]」というタイトルで〈ヴォーグ〉誌に掲載されたシャノンの人物紹介記事が元だが、いまではほとんど忘れ去られてしまった。このなかでシャノンは、オートマタ（自動人形）とその創造者の関係についてブロック・ブリューワーと詳しく語っている（しかもこれが〈サイエンティフィック・アメリカン〉ではなく〈ヴォーグ〉の特集記事だったので、シャノンは写真撮影を我慢しなければならず、おかげで彼は、有名な写真家アンリ・カルティエ＝ブレッソンが撮影した華やかな著名人たち――ガンジー、エリザベス女王、毛沢東――の仲間入りをした。

この記事のつぎのような出だしは当時、常軌を逸した人間の戯言のように感じられたはずだ。「クロード・E・シャノン博士は……思考機械を創造し、もてあそび、その思考能力は機械に先んじており、人間と機械が自由に会話を交わせる日の実現を待ち望んでいる。彼にとって、それが不可能な理由はない」。シャノンにとって、人工知能が実現する未来はたしかな現実であり、奇抜な空想ではなかった。「コンピュータ制御された月探査ロボット」があやまって穴に落ちたときの行動を想像して（そして未来の掃除ロボットに思いを馳せながら）、彼は以下のように語った。

機械が現実の世界で自由に動き回るようになったら、このような問題について考えなければならない。月面で活動する機械は、自分で自分の身を守る必要がある。人間から指示されなくても、穴に落ちないよう気をつけなければならない。未来のいつの日かロボット掃除機が登場したら、同じ問題が発生するだろう。家のなかを動き回ってモノを拾い上げるとき、家具にぶつかっては困る。(21)

人工知能が指数関数的に拡大し、ロボットがさらに進化したロボットを生み出し、人類が危険にさらされるのではないかという不安と、シャノンは無縁だった。実際、技術の進歩に関して彼は非常に楽観的な未来を思い描き、機械に能力も責任も情報ももっと与えるべきだと考えていた。ロボットが活躍するためには何が重要かという質問に対しては、三段階から成る目標について説明した。「まず、コンピュータが現実世界を感知するセンサー能力を向上させる。つぎに、情報をプリントアウトするだけでなく、手に入れた知識を人間に上手に伝えられるようにする。そして最後に、現実世界にうまく対応させる。この三つを実現させなければならない(22)」。あるいは、後のインタビューでは、さらに楽観的にこう語っている。「今日の我々が、何かを発明しようとしているのは間違いない。もはやこれは生物が進化するプロセスとは異なり、発明に促されてプロセスが進行している。発明される機械は人間よりも賢く、人間は役に立たなくなるだろう。しかも機械は賢いばかりか、長生きで、部品の交換が可能なのだから、人間よりもはるかに優秀だ。人間のシステムにも同じものはたくさん備わっているが、機械に比べれば見劣りする。困ったときに外科医ができることといえば基本的に、体内から問題個所を切り取ることぐらいだろう。機械は切り取らなくても、もっと優れた新しい部品を手に入れてしまう[23]」。

実際、機械よりも人間が優れている部分を考えてみると、「思考が最後の牙城として浮上する[24]」。シャノンは、制限なしで行なわれる有名なチューリングテスト――見分けがつかないように機械が人間を模倣する――に、自分が生きているあいだにコンピュータが合格するとは思わなかったが、人工知能に関してもっと明確な目標の数々を一九八四年に提案している。そこでは、二〇〇一年までに、チェスを指すようにプログラムされた機械が人間の世界チャンピオンを破り、機械が作った詩が〈ニューヨーカー〉誌に掲載され、数学をプログラムされた機械が難しいリーマン予想を証明し、「さらには」、機械が選んだ優良株プログラムのプライムレートが、人間が選ぶ場合よりも五〇パーセント高くなる未来を目撃するだろうと指摘されている。その予想のおよそ半分は正しかった。シャノンが定めた期限よりも四年早い一九九七年、コンピュータはチェスの世界チャンピオンを破った。そしてコンピュータは、世界の株取引で大量の仕事をこなしている。

シャノンは機械が活躍する未来を明るく思い描いたが、人間に対する不信感は根強かった。「われわれ人工知能の研究者は満足することを知らない[25]」とかつて彼は書いている。機械がチェスの世界チャンピオンを破り、人間と同じように詩を作り、数学の証明を人間と競い、お金を運用するようになったら、人間は絶滅するしかないと、半ば冗談めかして語っている。「これらの目標が達成されたら、それをきっかけに、愚かで無秩序で好戦的な人類の段階的な滅亡が始まり、もっと論理的でエネルギーを無駄にせず、友好的な種、すなわちコンピュータが主役の座につくだろう」。

24

チェスコンピュータ初号機

フィラデルフィアのフリーメイソンホールに集まった観衆は、チェスを指す不思議な機械についての噂を聞いていたかもしれない。しかし一八二六年のクリスマスの翌日は彼らのほとんどにとって、「チェス指し自動人形」の実物を見るはじめてのチャンスだった。優れた興行師のヨハン・メルツェルはステージに登場すると、隣に置かれた機械に観衆の注目を集めた。それは重役机ほどの大きさの箱で、てっぺんから姿を現しているマネキンの衣装とターバンは「東洋の魔術師[1]」のようだった。

芝居がかった派手な動作で、メルツェルは自動人形「ターク[2]」の横の扉を開き、なかの装置や機械を披露した。この機械が最初の挑戦者に王手をかけたときまでには、観衆はすっかり度肝を抜かれていた。著名な医者であり作家でもあるサイラス・ウィアー・ミッチェルは、つぎのような感想を述べている。「東洋人のように沈黙を守り、目をクルクル動かすタークを目撃した聴衆の多くは、以後悪夢にうなされるようになった。あれからタークの実体についてはわかるようになったが、足を組み、頭にターバンを巻き、左手で駒を動かす様子は、いま思い出してもぞっとする」。このようなものを見せられたら、魔法だと説明されても納得できる。

しかしこれは魔法などではなく、メルツェルの悪だくみだった。タークがチェスを指すなど、真っ赤なウソだった。巧妙に設計された装置のなかでは、機械や滑車の後ろに人間のチェスプレイヤーが隠れていて、人形遣いのようにゲームを進行させていたのだ。当時最高のチェスプレイヤーの何人かがタークを操っていたのだが、その秘密は何十年間も一般に知られなかった。エドガー・アラン・ポーなどは先見の明があり、一部始終を詳しく観察した結果、タークを操作する人物のひとりに疑いを抱いた。「プレーの前後にはよく見かけるが、本番の最中には姿が見えなかった」[3]のだ。

しかし、ポーのように疑うのは少数派で、一九世紀の大半、タークは宣伝にたがわず優秀で、恐るべき機械だと信じられていた。そしてタークは大きな不安を執拗に掻き立てた。機械が人間の力を凌ぐ可能性への不安がジョン・ヘンリーの伝説でクローズアップされ（訳注／一九世紀アメリカで伝説化された怪力の労働者ヘンリーは、蒸気ドリルとの競争に勝ったと言われる）、後にはＳＦが人工知能やシンギュラリティの到来を想像するが、それよりもずっと以前に登場したタークも、機械は創造者である人間を凌ぐという触れ込みだった。もちろんタークは偽物だったが、それは一時的な気休めでしかなかった。

本物のチェス指し機械

シャノンが制作した機械仕掛けのネズミは、スチール製のチーズの置かれた場所まで迷路を巧みに進み、その道筋を記憶した。しかしシャノンが思考機械の可能性について非常に楽観的だったのは、このネズミだけが理由ではない。一九四〇年代末から一九五〇年代はじめにかけて、コンピュータをどのようにプログラムすれば人間とチェスを指し合えるようになるのかという疑問に、好奇心をそそられていたからでもあった。チェスを指す機械が、いかがわしい人物のストーリーであったことは重要ではなかった。コンピュータは正直にプレーできるし、人間よりも上手にプレーできると信じていた。思考機械の研究を通じ、正しくプログラムされた機械は人間の脳を模倣するだけでなく、能力が上回ることも可能だという確信を強めた。

シャノンは何にでも見境なく好奇心を持ち、夢中になったかと思えば熱が冷め、興味の対象が様々に変わった。しかしチェスは、生涯変わらず熱中した数少ないもののひとつだった。シャノンがチェスにあまりにも夢中になったため、「少なくとも上司のひとりは多少の不安を感じた」[4]という。しかも強いとの噂が研究所全体に広まると、多くの挑戦者がやって来た。「ほとんどの挑戦者は、一度きりであきらめた」[5]とブロックウェイ・マクミランは回想している。

一九六五年にロシアを訪れたシャノンは、インターナショナル・グランドマスターであり、三度にわたって世界チャンピオンに輝いたミハイル・ボトヴィニクに親善試合を申し込んだ。おそらく様々な要人との遊びのゲームに何度も付き合わされていたボトヴィニクは、挑戦に応じたもののゲームに気乗りではなく、ずっとタバコを吸い続け、関心のなさは部屋にいる全員に伝わった。ところがゲームが始まってほどなくシャノンは、ナイトとポーンをボトヴィニクのルークといきなり交換し、有利な立場を確保した。ボトヴィニクは直ちにチェス盤に集中し始め、部屋の雰囲気はがらりと変わった。今回の要人は、いつものへたくそな挑戦者とは違うことをロシア人のチャンピオンは認識したのだ。「ボトヴィニクは心配そうでした」[6]と何年も後にベティは回想している。

仰天した世界チャンピオンをはじめ、誰もが予想していた以上にゲームは長引いた。それでも結果に疑いようはなかった。四二回目の指し手の後、シャノンはキングをひっくり返して負けを認めた。史上最強のチェスプレイヤーのひとりと評されるボトヴィニクを相手に大健闘したことは、シャノンにとって生涯にわたる自慢の種になった。

（このロシア訪問でのもうひとつの出来事からは、シャノンとベティのユーモアのセンスがうかがえる。ホテルの部屋の鍵がこじ開けられているとシャノンが声に出して文句を言うと、直ちに錠前師がやって来たので、ソビエト当局によって会話を盗聴されているのではないかとふたりは疑いを強めた。そこで今度は、自分の著書のロシア語版の印税を受け取っていないとシャノンが声に出して文句を言うと、翌日には小切手が発行されたのだった）。[7]

シャノンはコンピュータ・チェスに関する研究を始めるが、やがてこれもまた情報理論のときと同様、新しい分野に進出した途端にその限界を明らかにして、重要な可能性を数多く発見した事例のひとつと見なされた。彼が「チェスコンピュータのプログラミング」という論文を発表してから何十年も後に〈バイト〉誌は、「クロード・シャノン以来、コンピュータ・チェスの分野では新しいアイデアがほとんど生まれていない」[8]と簡潔に語っている。この論文のおかげで、実際に機能するタークに向けて世界は重要な一歩を踏み出すことになったが、まがい物のときのような注目を浴びることはなかった。チェスコンピュータのアイデアは、彼の特徴である謙虚な姿勢でつぎのように発表された。「おそらく実用的には重要でないかもしれないが、この問題は理論上興味深い。これを満足のいく形で解決すれば、似通った性質で重要度が高いほかの問題に取り組むうえで、貴重なきっかけとなるだろう」[9]。

モーニングコール、翻訳、作曲など、チェスを指す人工知能が将来どのような形で応用されるか、シャノンは色々と想像している。こうした機械が技術的に実現する日は近く、経済的効用は疑いないことを、シャノンは読者に強調した。これらの応用範囲は広いが、いずれもある重要な資質を共有していた。すなわち、「厳密に定められ、変更不可能な演算処理」にしたがって機能しないことだ。むしろ「これらの問題の解は正しいか間違っているかのどちらかではなく、解法の『質』には幅がある」。したがって、新たに出現する人工知能のテストケースとして、チェスは貴重な存在だったのである。

ディープブルーが人間の世界チャンピオンを破る半世紀ちかく前、知能機械やその制作者にとって、チェスは訓練の場として貴重な存在になることをシャノンは予想して、つぎのように指摘した。

チェスを指す機械がなぜ理想的なのかと言えば、(1)ルールにしたがった操作(駒の動き)に関しても、最終的な目標(チェックメイト)に関しても、問題が厳密に定義されている。(2)些細な問題として片づけられるほどシンプルではないが、満足のいく解が見つからないほど難しくもない。(3)概してチェスでは、巧みにプレーするために「思考」が必要とされる。このような問題を解決するためには、機械による思考の可能性を認めるか、もしくは「思考」という概念をさらに限定しなければならない。(4)チェスの離散的な構造は、現代のコンピュータのデジタルな性質にうまく適合する。

少なくともチェスの領域では、無生物には有利な点が本質的に備わっているとシャノンは確信していた。わかりやすいところでは、人間の脳よりも処理スピードが速く、演算能力には限りがない。さらに、人工知能は退屈したり疲れ果てたりすることがなく、人間の対戦相手が集中力を切らせたあとでもチェスのポジションをどんどん学習し続ける。シャノンの見解によれば、コンピュータは「エラーとは無縁」で、かりに間違えるとすれば、「人間のプレーヤーがごく単純で明らかな失敗を繰り返した結果、プログラムに欠陥が生じた」ときぐらいだった。こうした発想はプシケ（訳注／思想・感情・行動の中心となる心）のエラーに関しても当てはまった。人間のプレーヤーの場合には、神経質か自信過剰かどちらかになると、ゲームの最後で致命的なミスを犯すが、コンピュータはどちらにも影響されない。ロボットのプレーヤーは感情がないので、チェスにエゴが入り込む余地がない。チェスは客観的なゲームで、新しい動きは新しい数学の問題も同然だった。

しかし——シャノンは「しかし」という部分を強調している——「これらは、人間の心に備わっている柔軟性、想像力、機能的な学習能力と比較考量しなければならない」。チェスを指す機械の大きな欠点は、プレーしながら学習する能力の欠如だと彼は考え、最高レベルで勝利を収めるためには、この能力が絶対に必要だと確信していた。そしてトッププレーヤーのゲームの進め方に関する世間の誤解について、アメリカのチェス名人ルーベン・ファインのつぎのような指摘を引用している。「名人にはすべてが、あるいはほぼすべてがお見通しだと思いたがる人たちは非常に多い……クイーンのルーク・ポーンが対戦相手であるキングのナイト・ポーンよりも一手早くクイーンになるときは、すべてが細かく計算され尽くされていると考えたがるが、もちろんそれは単なる空想にすぎない。したがって、ふたつの指し手によってどんな重要な結果がもたらされるかに注目したうえで、状況に応じて強制的にバリエーションを考え出すのが最善策だ」。

そうなると、考えられるかぎりのあらゆるポジションの可能性をマスターする際には、チェスコンピュータは単に強力なグランドマスターとしてではなく、根本的に異なるプレーヤーとして行動しなければならない。チェス盤をはさんで向かい合っている人間とコンピュータは、基本的に異なるゲームを行なっているのだ。

人間とそっくりな行動をとるようにコンピュータをプログラムする可能性について、シャノンはつぎのように警鐘を鳴らしている。「勝手にイメージを膨らませて戦略を設計するのは勧められない。それよりは、コンピュータの能力や弱点を十分に見極めなければならない。コンピュータはスピードと正確さが長所だが、分析能力と認識力が弱い」。コンピュータは人間の代用品ではなく、独自の長所と短所を併せ持つ存在と見なすべきだとシャノンは指摘した。そのあと論文のなかでは、コンピュータにどのような戦略をプログラムできるかを紹介し、その内容を一般向けにかみ砕いたものが、〈サイエンティフィック・アメリカン〉誌にも掲載された。そこでは、機械を卓越したプレーヤーほどではないにせよ、優れたプレーヤーにするための青写真が描かれている。

認めざるを得ないが、取り組む範囲はかなり広い。シャノンはあらゆる動きがもたらす結果の可能性について研究し、ゲーム理論のアプローチについて検討し、機械が指し手をどのように評価するのか概略を説明したうえで、コンピュータがチェスのゲームを完璧にこなすことは理論的に可能だが、現実にはとても不可能だという結論に達した。ある意味これは、当時の技術の限界だった。当時のコンピュータの目標が自分と対戦相手にとって可能なすべての指し手を計算することだとすれば、シャノンの計算によれば、最初のポーンを動かすまでに一〇の九〇乗の年数を要してしまう。

思考機械の可能性

情報理論に関する論文と同じくチェスに関するシャノンの論文は、新たに誕生しつつある分野にとってのロードマップとなった。彼の発想は存命中に具体的な形で実を結んだ。自分の論文に示唆された通りに作られた機械を購入し、「クロードはどうかしている」(10)と妻から呆れられた。しかしシャノンはそれで満足せず、タークの生みの親であるメルツェルと同様、自ら機械を制作した。一九四九年に完成した機械は、エンドゲームとかカイサックという名まえで呼ばれた（カイサックは、架空の「チェスの守護女神」カイサにちなんだ名だ）。シャノンの機械は六つの駒しか動かせず、対象となるのはチェスのゲームの最後の動きだけだった。動きの計算には一五〇以上の継電器のスイッチが使われ、わずか一〇秒から一五秒で指し手を決める処理能力を備えていた。

この機械のことはシャノンの生涯についての解説でほとんど取り上げられていない。現在はMITの博物館に保管され、ごく親しかった人たちの思い出にとどまっている。機械の箱の上部には、チェス盤のパターンが刻まれている。そしてコンピュータが正しい指し手を決定すると、ライトの点滅によってその選択がユーザーに伝えられた。ある意味、これは世界初のチェス指しコンピュータだった。そして、おそらくそれよりも重要だったのは、論文で思い描いた構想を自らの手で実現させようとする情熱が、ここでも遺憾なく発揮されたことだろう。

シャノンにとっては、チェスに関する論文もチェスを指す機械も、興味をそそる普遍の疑問に答えようとしたものだ。思考機械について私たちはどう考えるべきだろう。機械は私たちと同じように考えるのだろうか。私たちはそれを機械に望んでいるのか。人工知能にはどんな長所と短所があるのか。シャノンはつぎのように慎重に回答しているが、それはまだ確実な結論に達していない事実を反映しているからだろう。「行動という視点から見れば、機械はあたかも考えているかのようにふるまう。高度なプレーには推論能力が必要だと常に考えられてきた。思考を心の働きではなく外面に現れる行動の特性としてとらえるなら、機械は確実に考えている[11]」。

やがてシャノンは、人工的な脳が有機的な脳の能力をしのぐ日が来るという確信を強めた。彼が築いた土台に基づいてプログラマーがグランドマスターレベルのチェスコンピュータを構築するのは何十年も先の出来事だが、そのような結果は回避できないと信じていた。機械が創造者を決して超えられないなど、彼によれば「馬鹿げた論理であり、間違った不正確な論理[12]」だった。さらに彼はこう言う。「自分よりも賢いものを作るのは可能だ。このゲームでは、時間とスピードが賢さの決め手の一部になっている。僕は自分のニューロンよりも速く機能するものを作ることができる」。そこに神秘的な要素はいっさいない。

シャノンが制作した世界で最初のチェスを指す機械。
Photo: Shanon Family 提供。

僕は、人間は機械だと思う。冗談ではない。コンピュータと同じではないし、仕組みも異なるが、人間は非常に複雑な機械だと考えている。そして、人間は簡単に複製できる。人間には一〇の一〇乗、すなわちおよそ一〇〇億個の神経細胞があるが、このすべてを電子機器でモデル化すれば、人間の脳のように作用するだろう。もしも〔ボビー・〕フィッシャーの頭のモデルを制作すれば、フィッシャーの脳と同じように動作するはずだ。

25 建設的な不満

天才の条件

シャノンは回想録の類をほとんど何も残していない。自伝に最も近いのは、テセウスを世間に披露したのと同じ年、ベル研究所の講堂で行なった講演だ。いかにもシャノンにふさわしく、講演では経歴や私生活についていっさい触れていないが、実際には自伝も同然だった。ここからは、彼の頭がどのように働いているのかを垣間見ることができる。表向き「創造的思考」をテーマにした講演は、実際には、シャノンのような天才の世界観を簡潔にまとめた興味深い話で聴衆を魅了した。

ある意味、天才の目から見る世界は、かなり不平等な印象を受ける。「全人口の一握りの人たちから、重要なアイデアのほとんどは生み出されます[1]」とシャノンは冒頭で語り、知能の分布を大まかに記したグラフのほうを指さしてから、つぎのように続けた。「なかには脳にひとつのアイデアを埋め込まれたら、その半分程度のアイデアしか生み出せない人たちもいます。しかし、一定のレベルを超えた人たちは、ひとつのアイデアを送り込まれるとふたつのアイデアを創造します。ちょうど、このグラフの曲線が急に折れ曲がっている先の部分に当てはまる人たちです」。そのあとすぐ、自分など、そんなとびきり優秀な頭脳集団に入る資格はないと補足し、該当するのは、ニュートンやアインシュタインのように、歴史上極めて稀な人物だと説明した。もちろん、シャノンが天才の前提条件について語る会場は、アメリカの最も才能豊かな科学者たちで埋め尽くされていた。だから彼はそこまで謙遜したのだとも想像できる。いずれにしても、才能と訓練という前提条件が満たされても、三つ目の資質がまだ欠けているとシャノンは考えた。それがなければ、世界は有能なエンジニアを十分に確保できても、本物のイノベーターをひとりも確保できない。

当然ながら、シャノンの講演はこの部分に関して最も曖昧である。彼によれば、三つ目の資質は「モチベーション、すなわち解答を見つけようとする熱意、物事を進行させる仕組みを理解しようとする情熱」だという。シャノンにとってこれは絶対に欠かせない要素で、「モチベーションがなければ、いくら訓練を積み重ねて優秀になっても意味はありません。そもそも疑問を持たなければ、解答は見つかりません」と説明した。しかしそう言いながら、モチベーションの源泉を特定できず、「気質の問題かもしれません。あるいは、早い時期の訓練や、子ども時代の経験かもしれません」と指摘してから、正確にどう表現すべきか迷ったすえ、好奇心という言葉に落ち着き、「ここでは、これ以上は深く追求しません」と語った。

しかしシャノンによれば、優れた洞察は好奇心だけから生まれるわけではない。不満も大きな原動力になる。不満と言っても鬱々とした不満ではなく、「建設的な不満」、すなわち物事が正しいと思えないときに感じる「わずかな苛立ち」である。少なくともここでは、天才のイメージが新たな視点から冷静に描かれている。天才とは、苛立ちを世の中で役立つ形に変えられる人物だと言ってもよい。そのうえでシャノンは、天才は解答を見つけることから喜びを得られなければならないと語った。自分の周囲には優れた知性の持ち主が大勢いるが、その全員が知性の応用から大きな喜びを見出しているわけではないとシャノンは考えていたようだ。そして自分についてこう語っている。「私は定理の証明から大きな喜びを得られます。数学の定理の証明に一週間ほど取り組んで、ようやく解答が得られたときには大喜びします。そして、工学の問題の賢明な解決法を見つけたときや、わずかな装置から大量の結果が得られる賢明な回路の設計を思いついたときは、ものすごい快感を味わいます」。シャノンにとって、「最終結果を見つけることの喜び」に代わるものはなかった。

では、才能、訓練、好奇心、苛立ち、喜びが正しく配合される幸運に恵まれた人物は、実際の数学や設計の問題の解決にどう取り組むべきなのか。この点に関して、シャノンは具体的に指摘している。講演では六つの戦略を提案し、聴衆にそれを理解してもらうため、「問題」をP、「解決策」をSと背後にある黒板に書いて強調した。そこには何の迷いもなく、何度も考えたすえの結果であることが推測される。

最初に必要なのは単純化の作業だとシャノンは語った。「皆さんが直面するほぼすべての問題は、ありとあらゆる種類のデータを詰め込まれて混乱しています。でも、問題を重要な要素に分解すれば、自分が何をしたいのか明確にわかるようになります」。もちろん、単純化そのものが一種の芸術表現であり、問題からあらゆる余計な事柄を削除するための技巧をマスターしなければならない。興味深い要素以外は問題の対象から外すべきで、それにはスコラ哲学者のように偶然と本質の違いを嗅ぎつける勘が必要とされる。たとえばシャノンの情報理論の立場から見れば、無線と遺伝子の違いは単なる偶然として片づけてよいが、裏表の重さが異なるコインと等しいコインの違いは本質的に重要である。

単純化という困難な作業に失敗して埋め合わせができなかった場合には、二番目の段階に進めばよい。自分が抱える問題に、似たような問題にすでに存在している解答を当てはめたうえで、答えに共通する部分を類推するのだ。実際、真の専門家ならば、「精神的な土台はPとSで満たされているので」、多くの質問に対して解答がすでに準備されている。シャノンはこの作業を独創的漸進主義と呼んで、こう説明している。「いかなる精神的思考においても、一気に大きく飛躍するより、ふたつの小さなステップを踏んで飛躍するほうがずっと簡単に思えます」。

単純化も類推を介した解決も不可能な場合は、問題を言い換えればよい。「言葉を変え、見解を変えるのです……問題を見るための妨げになっている思い込みから解放されましょう」。「思考がマンネリ化する」事態は避けなければならない。要するに、埋没費用、すなわちすでに行なってきた成果にとらわれてはいけない。結局のところ、「問題に関して経験のない人物」が、一回目の挑戦で成功することには理由がある。長年かけて蓄積される偏見に制約されないからだ。

四番目に、数学者が概して理解しているように、見方を変えるために最も効果的な方法のひとつは「問題の構造的分析」、すなわち圧倒されるような問題を小さなピースに分解することだ。「実際、数学の多くの証明はきわめて遠回しなプロセスを経て発見されます」とシャノンは指摘して、こう続けた。「何か定理の証明に取り組み始めると、あちこち手を広げ、多くの結果を証明します。そこから何らかの大きな結論が導かれるようには見えませんが、最後には、本来の問題の解決策に至る手段が提供されます」。五番目に、分析できない問題でも反転は可能だ。結果を証明するために前提を利用できないのなら、結論はすでに正しいと仮定し、前提のほうを証明したらどうなるか試してみるのだ。そして最後に、いま紹介した方法のどれかにせよ、ほかの方法にせよ、自分にとってのSを見つけたら、それがどこまで拡大解釈できるか時間をかけて考えてみる。最も小さなレベルで正しい数学は、大きなレベルでも通用することが多い。「典型的な数学の理論が考案されるときは……非常に孤立した特殊な結果、すなわち特殊な定理の証明がきっかけになります。そこに誰かが介入し、一般化するのです」。ならば、自分がそうすればよいという。

これらの方法のどれに関しても、シャノン自身の研究の影響は見過ごせない。彼は単純化によって、コンピュータの継電器を論理言語の記号に置き換えた。一般化によって、通信のあらゆるシステムを支えるルールを解明した。ただし、これらの思考様式を言葉にすることと、実践することは異なる。シャノンはそれを十分認識していたようで、こう語っている。「優れた研究者はこうした事柄を無意識に応用していると思います。プロセスが自動的に進行しています」。そしてさらに、どんな研究者もツールに命名し、無意識を意識に変換すれば利益を得られると言って、合理主義者としての信条を表現している。しかし、それほどシンプルなことならば、「全人口の一握りの人たちが、重要なアイデアのほとんどを生み出すのは」なぜだろう。講演が終わると、彼は前列の聴衆を壇上に招き、当時制作中の新しいガジェットを観察してもらった。そのとき講堂に緊張が走ったとすれば、それは会社のために不承不承行動するシャノンと、孤独な天才シャノンの矛盾が生み出した緊張だった。孤独な天才シャノンは、非常にとらえどころがなかった。

心の哲学に関する有名な論文がある。タイトルは「コウモリであるとはどのようなことか?」答えは、見当がつかない。クロード・シャノンであるとはどのようなことか。

Ⅲ

遊ぶ天才

26 シャノン教授

ベル研究所かＭＩＴか

最初に動いたのはＭＩＴだった。一九五六年、ケンブリッジに本部を置くＭＩＴは、最も有名な卒業生のひとりであるクロード・シャノンを一学期限定の客員教授として招いた。大学院時代の行きつけの場所を再訪してみると、シャノンやベティも生き返ったような気分だった。活気に乏しいニュージャージーの郊外と比べ、ケンブリッジがにぎわう都市だったことはひとつの理由だ。ベティにとっては、かつてマンハッタンで過ごした時代が再現されたようで、昼食に出かけるだけで都会の喧騒に飲み込まれた。

学究的環境での仕事も魅力的だった。「単調さや退屈さを寄せ付けない活発な構造が、大学生活には備わっている。新しい授業、休暇、様々な実習などのおかげで、ここでの生活は多様性に満ちている[1]」とシャノンは書いている。こうした客観的な記述を読んでいるだけでは、実はシャノン本人が退屈していたことには気づかないかもしれない。
教師としての仕事は、思いがけなく愉快な気分転換になった。シャノンがベル研究所の同僚に宛てたつぎのメモからは、教授としての新しい生活を楽しんでいた様子が垣間見える。

僕はここMITで、すごく愉快に過ごしている。演習はいたって順調だけれど、仕事はどっさり抱えている。当初は、優秀な学生が八人から一〇人程度やって来て、こぢんまりしたグループを教えることになるのだろうと思っていた。ところが初日には、なんと四〇人も集まった。しかも、MITの教員が大勢いる。なかにはハーバードの学生もいるし、博士号取得候補者も多く、リンカーン研究所のエンジニアもかなり出席していた……

毎週、一時間半の講義をふたつ受け持っているが、クラスの反応はびっくりするほど素晴らしい。講義の内容を、ほぼ一〇〇パーセント理解している。最初は気前よく、講義などでは色々な話題を取り上げようと決めていたが、それは間違っていた。日にちがたつにつれて、時間に追われるようになった。参加者は情報理論に非常に興味を持っていて、この分野を専攻する教員や大学院生によってたくさんの研究が進行している。(2)

講義の出席者は期待通り優秀で、「質疑応答での質問からは、かなり良い印象を受けた。いまのところ、講義は苦にならない。実際のところ、楽しんでいる。でも一、二カ月すれば、めずらしさも薄れてくると思う(3)」と、べつの文通相手には書いている。少なくとも当初、講義は知的興奮に満ちていたが、シャノンが正式な形で教職を経験していなかったことは大きな理由だろう。

そしてこれは、数学から静かに離れていくチャンスでもあった。いまやシャノンはほとんどの職業的義務から解放され、講義では個人的に興味のある話題について深く掘り下げて話すことができた。一九五六年の春学期に開講された「情報理論に関するセミナー」では、シャノンの情熱が遺憾なく発揮された。「頼りにできない部品から頼りになる機械を製作する」という講義では、シャノンはつぎのような課題を紹介している。「人間の生活が機械を上手に操作する能力に影響されるようになったとしても、失敗の確率を満足できる程度まで低く抑えるのは難しい。ひとつひとつの部品がどんなに優れていても、それを操作する能力に人間の運命を委ねるのは適切ではない」[4]。そのうえで、このようなジレンマの解決につながるような、エラー修正機能のあるフェイルセーフのメカニズムについて分析を行なった。

「ポートフォリオの問題」というべつの講義では、非合法ギャンブルにとって情報理論が持つ意味について考えた。

テレビ番組「六万四〇〇〇ドルの問題」の挑戦者が賞金を勝ち取るかどうかを対象に賭けが行なわれたという報道に触発され、ジョン・ケリーは以下のような分析を行なった[5]。西海岸の悪知恵がはたらくギャンブラーは、三時間の時差に目を付けて、地元の放送局で番組が放送される前に電話でヒントをもらっていたようだ。では、もしもヒントを受け取る通信経路に雑音が混じっていたら、ギャンブラーはどれだけの成績を上げられるだろう。

このような課題はいくつも紹介された。そんな講義の会場は満員で、先端分野の研究で忙しいはずの教員も数多く出席していた。シャノンも彼の発想も非常に魅力的だったので、MITのスター教員も自分の仕事を中断して引き寄せられたのである。

正教授としてマサチューセッツに常駐してほしいという提案は、簡単に拒めなかった。もしも受け入れれば、シャノンは一九五七年一月一日付で通信科学ならびに数学の教授に任命され、一万七〇〇〇ドルの年収を確保できる（今日の価値にしておよそ一四万三〇〇〇ドル）。大学生活には魅力があったが、シャノンは選択に迷った。彼は一五年以上にわたり、ベル研究所を仕事の拠点としてきた。その年月は、研究者としても思索家としても最も充実していた。ベル研究所は、ほかでは考えられないほどの知的自由をシャノンに与え、斬新な研究のほとんどを支持してくれた。しかしその一方、シャノンはベル研究所の文化に馴染めなかった。これまでは羽目を外しても大目に見られてきたが、歓迎されざる人物になるのも時間の問題ではないかと考えていた。上司のヘンドリック・ボードには、「［研究所で許される］自由は、特別待遇のように常に感じられます」[6]と書いている。

当然ながら、ベル研究所はシャノンの言い分を素直に受け入れられず、給与を大幅に引き上げて対案を提示してきた。しかし結局、シャノンの気持ちを動かすには十分ではなかった。シャノンの以下の辞表からは、産業界と教育機関を慎重に比較した結果の決断であることがうかがえる。「ベル研究所に優れた点がたくさんあるのは間違いありません。なかでも最も重要なのは、教員としての義務などから解放され、研究に費やす大事な時間が犠牲にされないことでしょう」。そしてシャノンは、給与に関してベル研究所の提示額のほうがMITよりも多い事実を認めたうえで、「私の場合、金額の違いは大して重要ではありません。個人的に、もっと重要な問題が関わっています」と続けている。

ニュージャージー州の田舎というベル研究所の立地そのものが、厄介な要因だった。「世間から隔絶したベル研究所の孤独な環境には、長所も短所もあります。たくさんの訪問者に時間をとられないのは良い点ですが、興味深い触れ合いの多くが妨げられてしまいます。外国からの訪問者はベル研究所に一日滞在しますが、MITでは半年を過ごします。これだけの時間があれば、アイデアを真剣に交わし合う機会が与えられるでしょう」と打ち明けている。そして、ベル研究所の発想はMITに引けを取らないどころか、優れていると認めたうえで、最終的にこう書いている。「学究生活に伴う大きな自由は、きわめて重要な特徴のひとつだと私は考えています。長い休暇は非常に魅力的であり、勤務時間にもかなりの自由が与えられます」。ふたつの機関は「ほぼ同レベルで」、シャノンにMITを選ばせた決定的な要因があるわけではなかった。一カ所に一〇年以上も居続けた結果、落ち着かない気分になったのだ。「ベル研究所で一五年間を過ごしたあとでは、少々くたびれて仕事もはかどらなくなりました。ここで環境や仲間を思い切って変えてみることは、非常に刺激的です[7]」。

しかし結局、シャノンとベル研究所の関わり合いはあまりにも強く、すべての関係を断ち切ることがベル研究所にはできなかった。シャノンの名まえは職員名簿に残された。所長のビル・ベイカーは、後にヘンリー・ポラックにこう語っている。「シャノンはベル研究所にとって素晴らしい人材のひとりで、現在も、そして将来も研究所の名声を高めてくれる。そんな人物を経済的に困らせたくない[8]」。後日ポラックは、これはベル研究所の精神に沿った決断だったと、つぎのように説明している。「ベル研究所には二種類の研究者がいた。過去の実績によって給与を支払われる研究者と、将来の実績を期待されて給与を支払われる研究者だ。現在の研究によって報酬を受け取っている研究者はひとりもいなかった」。おそらくシャノンが戻ってくることを期待して、彼のオフィスはそのまま残され、閉じられた扉からネームプレートは外されなかった。

MITのオファーを受けると、シャノン一家はケンブリッジに直行せず、まずはカリフォルニアへ向かった。スタンフォード大学行動科学高等研究センターに、特別研究員として一年間在籍するためである。これは名誉なことだったが、シャノンにとっては国をあちこち見て回るための口実でもあった。彼はフォルクスワーゲンバスに家族を乗せて、西部の国立公園をいくつも訪ねてからカリフォルニアに到着した。彼のあとや先に東海岸からやって来た大学教授の多くと同様、シャノンはパロアルトの素晴らしさに驚き、こんな快適な環境で研究に集中して完成できるのだろうかと声に出して感嘆したと言われる。[9] そしてほどなく、ある同僚に同じ旅程をこう勧めた。「これから向かう場所は神の国だよ。大きな白いエプロンとシェフの帽子とバーベキューセットの準備を忘れないように[10]」。

シャノンのおもちゃ部屋

西部に向けて出発する前に、クロードとベティはマサチューセッツ州ウィンチェスターのケンブリッジ通り五番地に家を購入していた。MITから北に一三キロメートルほど離れたベッドタウンである。カリフォルニアでの一年が終了すると、ふたりは新居での生活を始めた。ウィンチェスターはキャンパスに近くて通いやすいが、近すぎるわけではなく、プライベートを邪魔される心配はなかった。この新居には古い歴史が刻まれていたが、シャノンの経歴や興味を考慮すれば、まさに理想的な場所だった。

この家は一八五八年、エレン・ドワイトのために建てられたもので、彼女はかつて機械いじりに天才的な腕を発揮したトーマス・ジェファーソンの曾孫である。もともとは一二エーカーの地所に建設され、モンティチェロ（訳注／トーマス・ジェファーソンが設計した邸宅）をヒントにして設計された。「三方をベランダに囲まれ、開口部は立派な柱で支えられた」[11]家は堂々としたたたずまいの三階建てで、「前面には広い芝生が広がり、アッパー・ミスティック湖の緑豊かな湖畔まで伸びていた」。シャノンの晩年、ここは国家歴史登録財に加えられ、「湖とその向こうに連なる丘陵の美しいパノラマの眺め」を評価されただけでなく、豪華な内装もつぎのように絶賛された。

> この邸宅の中心は、二階の八角形の部屋である。そこの寄せ木張りの床は、モンティチェロの床と同じパターンだと言われる。暖炉は黄色い大理石に囲まれ、アカンサス、ウォーターリーフ、卵鏃模様の装飾が細かく施されている。二階の天井は高さがおよそ三メートル半で、周囲は絢爛豪華な漆喰のモールディングで装飾されている。一階には六枚掃き出し窓があって、窓を開ければそのままベランダに続いている。居間と図書室を兼ねた右側の部屋には、緑色の大理石で囲まれた暖炉がしつらえてある。

この家は、シャノンの世間でのイメージに欠かせない存在になった。一九五七年以降、彼に関するストーリーのほとんどすべてに、湖のほとりの家にいる場面が登場している。ガジェットの保管とディスプレイ用に自分で増築した二階建ての多目的ルームにいることが多く、メディアはこのスペースをしばしば「おもちゃ部屋」と呼んだが、娘のペギーとふたりの兄たちは「パパのお部屋」

と呼んだ。

シャノン一家は、この家にエントロピーハウスという名まえを付けた。シャノンは数学の権威としての地位を確立しており、おまけにキャンパスでは義務を果たす責任がほとんどなかったため、ここには学生や同僚が定期的に訪れてきた。

MITでもシャノンは仕事よりも趣味や関心事を優先していた。「彼は学生の面倒は見ていたが、実際のところ、普通の意味で同僚とは言えなかった。むしろいつも一定の距離を置いているようだった」[12]と、同僚の教員のひとりは書いている。学問的野心のないシャノンは、学術論文の発表に関してプレッシャーをほとんど感じなかった。ひげをはやし始め、毎日ランニングをして、機械いじりにますます熱中した。

きわめて独創的で風変わりなシャノンの作品の一部は、この時期に制作されたものだ。演奏を始めると、ラッパ状の口から火を噴くトランペット。全方向に動く一輪車[13]、シートのない一輪車、ペダルのない一輪車、二人用の一輪車。こんなおかしな一輪車もあった。ハブが中心部になかったため、前進するためにペダルを踏むと体が上下に動き、一輪車でのジャグリングがますます難しくなった（このような風変わりな一輪車は、それまでなかった。たしかに独創的ではあったが、助手のチャーリー・マニングはシャノンの身の安全を案じた。そして、初挑戦が無事成功すると喝采した）。まだある。自宅のポーチにしつらえられたリフトで、ゲストを湖のほとりまで運んで驚かせた。ほかには、ルービックキューブを解く機械、チェスを指す機械、大小様々な手作りのロボット。

ようやくシャノンの心は解き放たれたようで、機械の生命に奇抜なアイデアを吹き込んだ。

シャノンは当時を振り返り、どれも意味のない気まぐれだったと総括し、「興味のあることに夢中で取り組んでいるときはいつも、金銭的な価値や世の中にとっての価値など特に考えなかった。まったく無駄なものに多くの時間を費やした」[14]と語っている。実際、情報への興味と一輪車への興味は、シャノンのなかで区別がなかった。同じゲームを進めるための駒のようなものだった。

数十年後、ロバート・ギャラガーは、シャノンのプライベートでの奇行について当時を代表する知識人の多くが抱いたであろう思いを代弁してこう語った。「どれもこれも、傑出した科学者の基準から外れた行為ばかりだ！」[15]。ギャラガーはシャノンの弟子だったので、この発言には愛情が込められ、本気で憤慨しているわけではない。しかし、もっと猜疑心の強い同僚たちが、ベル研究所のレジェンドは一体何を考えているのかと怪しんだことは想像に難くない。そもそも、ＭＩＴにやって来たシャノンには大きな期待がかけられていた。その証拠に、彼の名を冠した講義が開設され、終身在職権を与えられ、数学と工学のふたつの部門で教授に任命されていた。「シャノンはとにかく重要人物として注目されていた。素晴らしい指導者として、電気工学部を情報理論の未来へと導く役目を期待されていた」[16]と、シャノンのかつての教え子のトレンチャード・モアは語っている。

生きたレジェンド

当初は、シャノンがＭＩＴに存在しているだけで大きな効果を発揮したようだ。学部に彼のような人物が所属していれば、注目を集められる。よそに行ってしまう可能性のある優秀な大学院生を確保するために、彼の存在は役に立った。当時、シャノンの指導を受けた大学院生のひとりだったレン・クラインロックは、大学院を選ぶにあたって、シャノンの着任がいかに大きかったかを、つぎのように回想している。「博士号のために二、四年を費やすならば、最高の教授を指導教官として選びたいし、影響力のある結果を出したい。僕の知るかぎり、シャノンは最高の教授だった」[17]。

シャノンに魅せられたのはクラインロックだけではない。情報理論が専門の大学院生たちは、この分野の発明者と一緒に研究できる可能性に胸を躍らせた。しかし、理想と現実は異なる。MITで学位論文の指導を受けた学生はほんのわずかで、しかも頻繁に教えてもらえるわけではなかった。もっとたくさんの学生を指導したらどうかと指摘されると、彼はつぎのように答えた。「僕はアドバイザーにはなれない。誰にもアドバイスできない。アドバイスする権利があるとは思えない」[18]。このような展開はシャノンの遠慮深さだけが原因ではない。シャノンほどの人物に助言を求めるとなると、どんなに優秀な学生でも緊張する。たとえば、シャノンが着任したのと同じ年にMITで大学院生としての研究を始めたギャラガーにとって、生きたレジェンドに質問する時間を予定として書き込むことには少々抵抗があった。


あまりにも恐れ多くて、気軽に話しかけられる相手ではない……博士課程でシャノンの指導を受けた学生は、ほんのわずかだったけれど、僕が思うに、MITに入学してクロード・シャノンのような大物が身近にいても、よほどの自信家でないかぎり、指導教官になってくださいとお願いするのは難しかったからじゃないかな！[19]

クラインロックの以下の発言は、おそらくみんなの本音だろう。「熱心に指導してもらえるのはいつでも光栄だったけれど、少々落ち着かなかった」[20]。

わざとではなかったのだろうが、シャノン自身のふるまいもこのような認識を助長した。学究生活では当たり前の行動から距離を置いたのだ。学術委員会に所属せず、学部内で有利な地位を得るための画策もせず、研究室に定期的に顔を出すわけでもなかった。同僚の教員たちとの交流と言っても、大体は彼らの講義にふらりと顔を出す程度だった。当時MITの教授だったハーマン・ハウスは、シャノンが出席した講義についてこう回想している。「とても印象深かった。ものすごく親切で、講義の進行に役立つ質問をしてくれた。実際、そのときの質問のひとつから、執筆中の本にひとつの章をまるまる加えることになった[21]」。

それでもシャノンは、当時のMITの教授のドレスコードにしたがって、ジャケットを着用してネクタイを締めて講義を行なった。そして時折、片手でチョークを宙に放り投げながら学生の質問に答えた（一度も取り損なわず、みんなを驚かせた）。フルタイムの教員として始めた講義への評価は様々だった。一部の学生にとって講義は魅力的で、シャノンは前評判通りの素晴らしい教師だった。「授業では、おいしい食事を味わうような経験ができた！　教室には素晴らしいごちそうが準備されているみたいで、授業の内容はわかりやすく、頭にすんなりと入ってきた。数学は中身が充実していて、インパクトが強かった[22]」とクラインロックは語っている。シャノンが頭で考えている内容を語る姿を教室で目撃することを、学究生活の決定的な瞬間と考える学生もいた。

しかし、天才が自分の見解を説明するときに直面する課題が、シャノンの講義では明確な形で表れた。本人は楽しんでいたかもしれないが、なかには彼の発想についていけない受講者もいた。当時、シャノンの取り巻きの学生のひとりだったデイヴ・フォーニーは、シャノンの話の質のレベルは、その日のテーマとして選んだ問題の中身に大きく左右されたと回想し、つぎのように語っている。「なかには良い結果を導き出せる問題もあったが、問題を考案するだけでそれ以上の進歩が見られないときもあった。論文の主題を探している大学院生にはふさわしい講義だった[23]」。

ある意味、シャノンの講義に感銘を受けた学生でさえ、自分たちが特別重要な情報を伝える相手として見なされていないことを理解していた。シャノンにとって講義は、ＭＩＴのとびきり優秀な学生たちを一堂に集め、思ったことを口に出し、個人的な関心事の一部を共有する機会だった。「彼はあまりたくさんのクラスを持たなかった。講義をそれほど楽しんでいるようには見えなかった。上手だったけれど、博士課程のなかでも特に優秀な学生たちだけを対象にして、知識を教えたかったのだと思う。優秀な学生に教えて一緒に研究するのは楽しんでいたけれど、誰に対しても同じだったわけではない」とクラインロックは回想している。あるいは、ギャラガーはつぎのように回想している。

シャノンは講義の出席者に「これが何々しかじかの要点だ」といった話し方はしない。「昨夜、これを眺めていたら、こんな面白い見方を発見した」と、嬉しそうに笑いながら切り出し、それから素晴らしい内容についての講義が始まった[24]。

「シャノン教授」は、このような人物だった。あまりにも優秀すぎて、理解することも無視することもできなかった。この時点では、指導者というよりもインスピレーションの源になっていた。ある学生によれば「我々はみんなシャノンを神のようにあがめた[25]」という。

一握りの幸運な学生は、神と触れ合う機会に恵まれた。そしてシャノンの信頼を勝ち取れば、ウィンチェスターの自宅を訪れ、いつでも興味深い問題について質問することを許された。クラインロックはシャノンとのはじめての交流について、つぎのように語っている。「『今度の土曜日にうちに来ないか。招待するよ』と誘われて、『ありがとうございます』と即答した。身分の低い大学院生がわざわざ自宅に招かれるんだよ、信じられなかった！……『これからシャノン先生の自宅に行くんだぞ』と同級生に触れ回った(26)」。

シャノンは、みんなのアイデアや直観を刺激する存在になった。答えを伝えるのではなく、探りを入れるような質問を投げかけた。解答の代わりに、解答へのアプローチを教えた。当時、大学院生のひとりだったラリー・ロバーツは、つぎのように回想している。「シャノンは、学生の話を聞いてから、『これはどうかな……』と提案し、学生には思いつかないようなアプローチを紹介するのがお気に入りだった(27)」。実際、シャノンはこうした形の教え方を好んだ。旅の道連れや問題解決の請負人として、学生に負けず熱心に、未解決の難問を解決するための新しいルートや新鮮なアプローチを見つけようとした。

シャノンの自宅への訪問からは新たな伝説が生まれ、滞在中に提案された事柄は、何十年も経過しても学生たちの記憶にとどめられた。ロバート・ギャラガーが紹介するつぎの逸話からは、教師という仕事へのシャノンのアプローチに説得力と緻密さが備わっていることがわかる。

僕は、すごく素晴らしい研究のアイデアを思いついた。みんなが役に立たないものを使って取り組んでいるものより、はるかに優れた通信システムを構築するためのアイデアだ。そこで先生のところを訪ねてそのアイデアを話し、分析の障害になっている問題について説明した。先生は問題について考えてから、ちょっと当惑した表情でこう言った。『この仮定は、本当に必要かな』。そこで、この仮定がなくても問題を考えることはできると思いますと答えた。それからしばらく会話が続き、そのあとに今度はこう尋ねられた。『今度の仮定は必要かな』。最初はちょっと非現実的で、問題が少々単純化されすぎているような印象だったけれど、これなら問題を簡単に考えられることがすぐにわかった。このプロセスを五回も六回も繰り返した。先生は、問題の解決法を直ちに理解したわけではなかったと思う。手探りで見つけ出そうとした。でもすごいのは、問題のどの部分は本質的で、どの部分は些末なのか、直観的に理解するところだ。

そしてある時点で、僕は動揺し始めた。素晴らしい研究課題だと自信を持っていた問題が、くだらないものに見えてきたからだ。でもそれからさらに経過して、余計な部分がすべて取り除かれると、その時点での解決法が見つかった。そこで今度は、予め取り除かれた小さな仮定の数々を少しずつ戻していくと、いきなり問題全体の解決法が見つかった。これが先生のやり方だ。何か問題があると、最も単純な事例を見つけ、それがなぜ機能するのか、なぜその考え方が正しいのか見つけ出そうとする。[28]

しかしなかには、自分がまだ取り組み始めたばかりの研究分野に関して、偉大なるシャノンが地形図をすでにほとんど完成させているような状態であることを知って、出ばなをくじかれる訪問者もいた。当時MITの学生で、後にクアルコムを創設するアーウィン・ジェイコブズは、つぎのように回想している。「学生はシャノン先生の自宅を訪問し、新しいアイデアについて話し合い、どのようにアプローチすべきか論じ合う。ところがしばらくすると、先生は書類整理棚に向かい、未発表の論文を取り出す。そこには、話し合っていた題材について非常に詳しく書かれているんだ[29]」。

全盛期の陰り

二〇世紀半ばの典型的な家庭と異なり、シャノン一家は自宅で多くの時間を過ごした。娘のペギーは言う。「父は家でたくさん仕事をしたので、大学の研究室に行くのは大学院生と会って指導するときに限られていました。MITでは、あまり多くの時間を過ごしませんでした。父は家にいる時間が多いのだと、だんだんわかるようになりました。普通の人とは、働き方がずいぶん違っていたんです[30]」。エントロピーハウスがシャノンの研究室になり、学生たちは立ち寄っては、プロジェクトに関するフィードバックを求めたが、ウィンチェスターの賢人が自宅の研究室で何を制作中なのか興味津々でもあった。時には典型的な教授やベル研究所の職員がウィンチェスターへ出向くこともあり、そんなときシャノンは部屋をつぎつぎと案内しながら、奇妙な仕掛けやめずらしい品のコレクションを見せて回った。ゲストは膨大な蔵書や二階建ての発明部屋兼作業部屋、風変わりな機械仕掛けやガジェットの数々に強烈な印象を受けた。

シャノンが世間の父親と異なっていたのは、常に家にいることや、電気仕掛けの機械をたくさん収集していたことだけではない。両親が共に数学者だった影響で、シャノン家はかなりユニークだった。たとえば、夕食後に皿洗いをする係は、ゲームで決められた。ロボットのネズミのぜんまいを巻き、食堂のテーブルの中心に置いて、ネズミが四隅のどれかに到達するのを待って、その結果次第で係が決定された。

あるいは、数学が即興で教えられるときもあった。あるときシャノン夫妻が主催するパーティーで、娘のペギーは爪楊枝の係を任せられた。ところが、爪楊枝を入れた箱をベランダで持ち運んでいるとき、あやまって箱を落としてしまい、中身がポーチにぶちまけられた。すると近くに立っていた父親は、ばらまかれた爪楊枝をざっと観察し、「これで円周率を計算できることを知っていたかい」と娘に言葉をかけた。このときシャノンの頭に浮かんだのは、ビュフォンの針だった。ビュフォンの針とは、幾何確率に関する有名な問題である。それによれば、床に多数の平行線を引いて、その上に針（爪楊枝）を落としたとき、線と針が交差する確率を求めれば、それを使って円周率が驚くほどの近似値で求められる。でもいちばん大事なのは、爪楊枝を散乱させても父親が怒らなかったことだとペギーは振り返る。

シャノンの家庭は両親の愛情に守られ、強い絆で結ばれていた。チェスと音楽は家族みんなの娯楽で、株の銘柄選びと機械いじりは日常生活の一部になっていた。シャノンは、子どもたちをサーカス見物に連れていった。多くの数学者の愛読書である『不思議の国のアリス』は、しばしば話題の中心となり、シャノンは特に「ジャバウォックの詩」からの引用を好んだ。数学の宿題に取り組むときは、ペギーはいつでも父親の助けを借りた。父親に手伝ってもらうほどのレベルではないし、ふたりの兄たちでも十分だったが、根気強く教えてくれたという。ただし、気が向かないといきなり話題を変える点は玉にきずだった。教育改革の成果である「新数学」要綱がシャノンには不満で、話が次第にそれて、虚数などの概念に関して娘の宿題のレベルをはるかに超えて解説することもあった。

ＭＩＴから受けるプレッシャーが限られていたおかげで、シャノンは情報理論に関する日々の研究から距離を置き、デジタルの世界が完成されていく様子を観察するチャンスに恵まれた。当時の

「MITは、情報理論の黄金時代[31]」だったと言ってもよいと、シャノンのもとで学んだトーマス・カイラスは言う。もはやシャノンは研究に中心人物として参加したわけではないが、名付け親やネットワークの要としての役割を果たした。シャノンと直接コンタクトできなくても、新しい世代の優秀な人材が、シャノンの研究に惹かれて集まってきた。後に情報理論家として活躍するアンソニー・エフレミデスは、つぎのように語っている。「彼のアプローチの内容は知的レベルが高くて魅力的だったので、本来は考え方が違う大勢の人たちからこんな声が聞かれた。『これはすごい！このプロセスにこんな素晴らしい見方があるとは知らなかった。もっと色々と発見してみたい[32]』」。

自由気ままな生活は無節操な印象を与えるかもしれないが、シャノンはベル研究所をやめてMITに移籍するまで驚異的なペースで働いていた事実を忘れてはいけない。そもそも物事を書き留めることが嫌いだったが、有名な屋根裏部屋には未完成の研究の数々が仕舞われており、頭のなかには数えきれないほどたくさんの仮説が駆け巡っていた。「通信の数学的理論」に関する論文は生涯最高の成果と絶賛されたが、全部で何百ページ分もの論文や覚書を後にまとめて公表し、その多くは情報理論の研究を新たな角度から進めるための道を開いた。しかも、切替器、暗号法、チェスのプログラムといった専門外の分野でも独創的な研究を行ない、その気になれば先駆的な遺伝学者になれたのだから、尋常ではない。

それでもシャノンは、自分にとって最高の日々は過ぎ去ったという現実を受け入れるようになっていた。「科学者は、最高の成果を五〇歳になる前、あるいはもっと早い時期に達成すると思っている。僕は若いうちに、最高の成果のほとんどを達成してしまった[33]」と語っている。数学の天才に年齢制限があるという発想は、シャノンに限られたものではない。たとえば、数学者のG・H・ハーディの以下の指摘は有名だ。「いかなる数学者も、数学はほかのいかなる芸術や科学と比べても、若者のゲームだという現実を忘れてはいけない」[34]。

このルールに顕著な例外があるのは間違いないが、自分は例外ではないとシャノンは確信していた。ベル研究所の同僚だったヘンリー・ポラックは、ウィンチェスターの自宅にシャノンを訪れ、通信科学での新たな進展に関する最新情報を伝えたときのことを回想し、こう語っている。「私が話し始めると、最初はずいぶん熱心に聞いてくれた。でもしばらくすると、こう言ったんだ。『うーん、いまは考えたくない。もうあまり考えたくないよ』。それで、そろそろ彼も終わりなのかなと思った。興味を失っていたね」[35]。

ただし、シャノンは心の最も厳格な部分を取り去ってしまっても、自分の研究をきっかけに幕を開けた情報時代の全体像を自由な立場から俯瞰《ふかん》した。彼の研究の重要な遺産は、同僚たちの研究を新たな方向へ進ませたことだ。通信科学者が通信媒体ごとに分割され、各自が専門分野の研究だけにこだわり、成果を上げてもほかの分野の問題の解明につながらないような時代は終わったのである。

「[シャノンよりも] 前の時代に通信システムを構築した人たちにとっては、音声を送る方法や、モールス信号のようなデータを送る方法を見つけることが重要だった。しかしシャノンは、そんな細かいことをいちいち気にする必要はないと教えてくれた」[36]とギャラガーは言う。新しい時代には、情報のコード化と保管、ビットの伝達など、はるかに生産的な手段について考えなければならない。「すべてのエンジニアが取り組めば、ものすごい進歩が始まる。情報をデジタル化して、二進数と呼ばれるごくシンプルな対象を保管したり伝えたりする方法がどんどん改善される。音声の波形など複雑な事柄について考える必要はない。その点に注目するなら、デジタル革命を始めたのはシャノンだと言ってもよい」

そして、デジタル革命はシャノンの前をどんどん通り過ぎていったが、彼はMITでの講義や全米各地での講演のなかで、未来の世界を概観している。たとえば一九五九年にペンシルベニア大学で行なわれた講演では、つぎのように語っている。

今世紀はある意味、情報ビジネス全体が大きく盛り上がって発展していくと考えています……情報を収集するビジネス、ふたつの地点のあいだで情報を伝達するビジネス、そしておそらくこれが最も重要ですが、情報を処理するビジネスが発展するでしょう。その結果、工場のほぼ決まりきった作業を、人間に代わって機械が引き受けてくれます……いや、数学や言語の翻訳など、独創的だと考えられている分野でも、人間は機械に取って代わられるでしょう。(37)

今日の私たちから見れば、このような発言の正しさは指摘されるまでもなく、注目に値するとは思えない。しかし、このシャノンの発言はワールド・ワイド・ウェブが誕生する四半世紀以上も前であることを忘れてはいけない。しかも、当時はほぼすべてのコンピュータが部屋全体を占めるほど大きかった。「情報ビジネス」について語るのは、現実というよりもファンタジーの世界について語るようなものだった。

シャノンの全盛期は一九四八年までには終わっていたという指摘はめずらしくないが、そうした批判を真に受けていると、彼の研究の中身の濃さを見過ごしてしまう。それを生み出したのは、シャノンの生涯にわたる特徴である遊び心なのだ。後半の人生のほとんどをチェスや機械いじりやジャグリングに費やしたディレッタントの存在を無視すれば、情報を発明した稀有な天才の存在を無視することになってしまう。結局のところ、どちらも出所は同じ人間なのだ。

27 内部情報

シャノンのすごさを物語る伝説のひとつに、こんなものがある。あるとき、数学的なひらめきを経験したシャノンは、株式市場を操作している暗号を解読した。そこで、古い〈ウォールストリートジャーナル〉の束にかがみこみ、頭をフル回転させ、市場の混乱に秩序を与えるアルゴリズムの作成に取り組んで、金融の流れを見抜く特殊な洞察を手に入れた。そのおかげで彼は金持ちになった。その戦略を公表していれば、全米を代表するカリスマ投資家になっていただろう。

シャノンの生涯にまつわるほとんどの伝説と同じく、これもささやかな真実から発展したものだ。一九六〇年代から七〇年代にかけて、ベティとクロードは実際に株への投資に取りつかれた。これには家族全員が関わったと、ペギー・シャノンは回想している。

> 家庭での会話の話題の多くは株式市場でした。なぜなら……両親は株式市場の動向にすごく興

味があったからです。〈ウォールストリートジャーナル〉の読み方や株についての知識は、ずいぶん早くから教えられました。たとえば新聞を開くと、私に記事を読ませました。私のほうが視力はよかったですから。こうして、子どもが株に興味を持つように仕向けたんです……そして最後は、小さなパソコンに一日の取引価格についての情報をすべて入力し、一日の終わりにもう一度チェックするようになりました。株の取引価格がプリントアウトされた紙が家じゅうに散乱していました。(1)

その頃には、シャノン一家は優良株の選定で収入を補う必要はなくなっていた。シャノンはMITとベル研究所のどちらからも給与を支払われただけでなく、多くのテクノロジー関連企業のスタート時に関わっていたことが有利に働いた。かつての同僚のひとりであるビル・ハリソンは、自分が立ち上げたハリソン・ラボラトリーズへの投資をシャノンに勧めた。後にここは、ヒューレット＝パッカード社によって買収された。あるいは、大学時代の友人のヘンリー・シングルトンは、自分が起業したテレダインの取締役会のメンバーにシャノンを迎え入れたが、後にこの会社は巨大なコングロマリットに発展した。シャノンは何度も繰り返し語っているが、ここに投資した理由は難しいものではなく、「ヘンリーを高く買っていたから」(2)だ。草創期のシリコンバレーに同窓会クラブがあったとしたら、クロード・シャノンは間違いなく正式のメンバーで、あらゆる特権から恩恵を受けていたと言えるだろう。

そしてクラブのほうも、シャノンから恩恵を受けた。ネットワークの要として、そして情報コンサルタントとして、彼は貴重な存在だった。たとえば、テレダインがある音声認識関連企業から買収のオファーを受けたときには、シャノンはそれを断るようシングルトンに忠告した。ベル研究所での経験から、音声認識技術がすぐに成功するとは思えなかったからだ。この技術はまだ初期段階だったが、そんな新しい分野に時間とエネルギーの多くを費やして失敗したケースをいくつも見てきたのだった。このようなコンサルタントとしての日々は、シングルトンにとってもシャノンにとっても実を結んだ。シャノンはテレダインへの投資によって、二五年間にわたって二七パーセントの年複利収益を確保したのである。

シャノンが晩年に熱中したもののなかでも、株式市場はいくつかの点で最も不可解だった。シャノンの家族や友人の回想には、彼はお金に執着心がなかったように思わせる発言が繰り返し登場する。ベティに説得されてようやく、老後の蓄えを当座預金口座から移し替えたほどだ。同僚の回想によれば、ＭＩＴのシャノンのデスクには現金化されていない高額の小切手が置かれていて、やがてそこから新たな伝説が生まれた。彼は忘れっぽいので、研究室には現金化されていない小切手があふれかえっているというのだ。ある意味、お金に対するシャノンの関心は、ほかのものへの情熱と似ている。富を確保したいわけではなく、洗練されたものに囲まれた人生をおくりたいと強く願うわけでもなかった。ただし、お金からは市場や数学の難問が生み出され、問題を分析・解釈して行動で表すことができる。お金で何を買えるか、シャノンには興味がなかった。むしろ、お金によって創造された面白いゲームにはまり込んだのだ。

実は、この話にはベティがからんでいる。彼女は株式市場に興味をそそられ、夫よりも先に家族を投資活動に引き込んだ。家計のやりくりはベティの役目で、小切手帳も彼女が管理していたという[3]。娘のペギーは言う。「株式市場への投資は完全なチームワークでした。株式市場に関して父がアイデアを思いつき、お金を稼ぐためにアイデアを活用する方法を考案したわけではありません……いつでも合同プロジェクトでした」[4]。そして投資活動に熱中できたのは、シャノン夫婦がリスクを許容したからだ。「ふたりともギャンブラーでしたね。金銭的にリスクの大きな決断にも尻込みしませんでした」。

夫婦は株式市場への興味が高じ、趣味として夢中で打ち込んだ。特にベティは熱心で、株取引の関連書を読みあさり、様々な市場哲学について熟考し、株価の動向について可能なシナリオをグラフにした。バーナード・バルークから、ヘティ・グリーン、ベンジャミン・グラハムまで、史上最も成功した投資家たちを研究し、アダム・スミスの『国富論』を読み、ゲーム理論に関するフォン・ノイマンやオスカー・モルゲンシュテルンの論文を研究した。特に意外でもないが、クロードは機械づくりで貢献し、市場へのお金の出入りを忠実に模倣した装置を製作したと言われる。

シャノンが株式市場についてMITでの講演を申し出ると、噂があっという間に広がり、有名なドームの下にある最大の講堂に会場を移さなければならなかった。それでも、立見席以外は満員だった。このとき彼は、価値が減少し**ている**銘柄から投資家が利益を引き出せる理論について紹介した。取引をコンスタントに繰り返し、価格の変動をうまく利用するのだ。聴衆からは真っ先に、この理論を自分の投資活動で利用しましたか、という質問が飛び出し、「いや、手数料が馬鹿にならない」[5]とシャノンは答えた。

おそらくこの講演は、魔法のように鮮やかな投資活動のいかなる結果よりも、株の銘柄選びの天才というシャノンの伝説が生まれる震源地になった。後にシャノンは、講演が大きく注目されたことに驚いたようだが、インタビューでこの話題が取り上げられると、めずらしく面白がった。
実は、株式の理論や株式市場に関しては論文を書いていて、まだ発表されていないほかの論文と一緒にしまわれている。みんなその内容を知りたがっているよ！〔シャノンはここで笑う〕。面白いことがあってね。この問題については二〇年ほど前にＭＩＴで講演をして、数学的要素についても概略を説明した。でも論文は発表していないから、いまでも尋ねられるんだ。ちょうど昨年も、ブライトンを訪れると次々に人が来て、こう言うんだ。「すみません、ＭＩＴで株式市場についてお話したと聞いていますが！」。まだ覚えている人がいるなんて驚いたよ！(6)
しかし、市場の乱高下を説明する壮大な統一理論を探し求めている人に対しては、不確かな情報に基づく投機を控えるよう迷わず勧めた。本人の言葉によれば、自分も妻も「原理に忠実であり、テクニシャンではなかった」。シャノン夫妻は技術的な分析をあれこれ試みたが、結局は役に立たなかった。シャノンはこう語っている。「価格チャートや、『ヘッド・アンド・ショルダー』の公式化、あるいは『ネックラインの割り込み』について熱心に研究するテクニシャンは、僕から見れば、ノイズの激しい状態で重要なデータの再現を試みているようなものだ」。
会社を構成する「人材や製品」に比べれば、複雑な公式の重要度はずっと低いとシャノンは論じ、こう続けている。

本来なら基本となる会社やその収益に注目すべきなのに、多くの人たちが株価にばかり目を向けている。たとえば会社の収益といった確率過程の予測には、多くの問題が関わっているよね……短期間の変動を予測するよりは、成功しそうだと思う会社を選ぶほうが簡単ではないかな。せいぜい何週間か何カ月しか継続しない変数にこだわり、〈ウォールストリートウィーク〉を眺めて心配するのは勧められない。株価の動きはでたらめで、何が起きるか予測できない。まあだからみんな惹きつけられて、株を売買してるんだろう。

数学の知識が乏しい人から見れば、この発言は責任回避のように思えるかもしれない。しかしシャノンは、基本的な数学に関する豊富な経験に基づいて、「確率過程」というような言葉を使った。そして、マーケット・タイミングやトリッキーな数学にこだわるよりも、有望な成長見通しと健全なリーダーシップに支えられた手堅い会社を評価すべきだという見解を彼は持っていた。

そのためシャノン夫妻は、可能なかぎりスタートアップ企業の創業者を個人的に品定めして、製品やプロトタイプを試した。ウィリアム・パウンドストーンの回想によれば、ふたりはケンタッキー・フライドチキンへの投資を考えているとき、チキンバケットをいくつも購入して友人たちと試食したという。

自分が投資に成功したのは研究以外にもべつの要因があったことをシャノンは確信しており、素直に認めている。これまでの人生は幸運だったかと尋ねられると、「普通の予想を大きく上回るほど幸運だった」と答えた。自分はタイミングだけでなく、一部の企業の創業者と知り合い、早い時期の投資で利益を確保する特権にも恵まれたと打ち明けている。彼の富の大半は、テレダインとモトローラとヒューレット＝パッカードの株に集中していた。創業間もない企業に最初から関わって有利な立場を手に入れると、賢明にもそれを手放さなかった。両親の投資活動について要約したペギーの発言は、まるで父親の言葉を繰り返したような印象を受ける。両親は、「常識とコネを利用して、幸運に恵まれた[7]」と彼女は語った。

金融部門でのシャノンの研究が何か長続きするものを残したと言えるならば、それは短くて気の利いたジョークの数々だろう。その多くは、彼に関する最も有名な逸話に登場する。「僕は株式市場でお金を稼いでいる。定理を証明しても稼ぎにはならない[8]」と、あるときシャノンはロバート・プライスに語ったとされる。どんな種類の情報理論が投資にベストかと尋ねられると、シャノンは笑いながら答えた。「内部情報だよ[9]」。

28

からくり好きの天国

シャノンが勤務時間外に創造した作品の多くは風変わりだった。たとえば、辛辣な言葉を話す機械やローマ数字計算機などだ。なかには火を噴くトランペットやルービックキューブを解く機械など、劇的な演出で見るものを驚かせる作品もあった。さらに、あらゆる世代から評価される本物の技術革新を狙った装置もある。なかでも特にひとつの仕掛けは際立っているが、それは時代をはるかに先取りしていたからだけでなく、シャノンがもう少しで罪に問われ、暴徒とのトラブルに巻き込まれるところだったからでもある。

アップルウォッチやフィットビットが登場するずっと以前、世界で最初にウェアラブル・コンピュータを考案したのは、間違いなくエド・ソープだ。当時彼は、カリフォルニア大学ロサンゼルス校で物理学を専攻する大学院生で、ほとんど無名だった。ソープは、ラスベガスのブックメーカーと本好きの大学教授のどちらとも気楽に付き合える、稀有な物理学者だった。そして数学とギャンブルと株式市場を、ほぼその順番で愛好した。ギャンブルのテーブルや市場は、挑戦の舞台だった。不規則な状態から予測可能性を創造できるだろうか。運に左右されるゲームでは、何があれば有利な立場を確保できるだろう。ソープは、こうした質問について考えるだけでは満足しなかった。シャノンと同様、答えを見つけて具体的な形での表現を試みた。

一九六〇年、ソープはＭＩＴの若手教授になっていた。ブラックジャックに関する理論に取り組んでおり、研究成果を米国科学アカデミー紀要に発表したいと考えていた。当時シャノンはＭＩＴの数学科の教授のなかで、唯一のアカデミーメンバーだった。そのため、ソープは彼の助けを求めた。「秘書からは、シャノンとの面会時間は数分間で、それ以上は期待できない、しかも、教授は興味のない話題（あるいは人間）には時間を割かないと警告された。でも、運よくシャノンの研究室に入ることができた。緊張したよ。出迎えてくれたのは中背のスリムな人物で、目鼻立ちはくっきりしていた。いかにも切れそうな印象だった」[1]とソープは回想している。

ブラックジャックに関するソープの論文にシャノンは興味を持って、タイトルだけ変更するように勧めた。「ブラックジャックにおける勝利戦略」ではなく、もっと平凡な「21に近づくために役立つ戦略」というタイトルを提案した。そのほうが、アカデミーの真面目な批評家に評価されやすいからだ。数学を意外な領域に応用し、思いがけない洞察を得る喜びを、ふたりは共有していた。シャノンはブラックジャックの論文に関してソープを「厳しく追及した」あと、「きみはギャンブルの分野で、ほかにも何か取り組んでいるものがあるかね？」と尋ねた。

「僕は、もうひとつの大きな秘密を明かすことにして、ルーレットについて話した。そして、このプロジェクトのアイデアについて、ふたりで意見を交わした。夢中で話し合っているうちに数時間が経過して、冬空が暮れてきた。そこでようやくお開きにして、ルーレットについては後日改めて話し合うことにした」とソープは言う。あるライターによれば、「ソープは図らずも、二〇世紀最高レベルの知識人を新たな領域に関わらせてしまった」ことになる。

ソープは直ちにシャノンの自宅に招かれた。彼はそこで見た地下室のことを「からくり好きの天国だった」と語る。「様々なカテゴリーの機械や電気部品がどっさりあるんだ。モーター、トランジスタ、スイッチ、滑車、ギア、コンデンサー、変圧器、きりがない」。ソープは圧倒された。「僕はようやく、究極のからくり好きに出会ったんだ」。

この充実した作業場で、ふたりはルーレットのゲームの仕組みの理解に本腰を入れて取り組み、「カジノと同じルーレット盤をリノから一五〇〇ドルで購入した」だけでなく、ストロボライトと一秒で一回転する時計を注文した。究極のメカ好きとしてのシャノンの心のうちに、ソープは立ち入ることを許されたのだ。

ガジェットが……あちこちにあった。たとえばコイントスをする機械は、コインを入れて決められた回数だけ回転させると、その回転数に応じて表か裏が現れた。キッチンには遊びで作られた機械の指があって、地下の作業場に接続されている。ケーブルを引っ張ると、指は小さく丸まった。ほかにも、スロープに生えている大木の一〇メートルの高さからブランコが吊るしてあった。スロープの上から下に向かってブランコを漕ぐと大きな弧を描き、地面から四メートルから六メートルの高さまで到達した……ミスティック湖のほとりの住人は、時々「水の上を歩く」人の姿を目撃してびっくりしただろうが、種を明かせば、クロードがそのためにわざわざ設計した巨大な発泡スチロールの「靴」を僕が履いていたんだ。

ただし、ソープはどんな独創的なガジェットよりも、ホストであるシャノンの超人的な能力に強い印象を受けた。彼は努力を重ねて問題の解決法を何とか見つけ出すのではなく、解決法を「思い描く」不思議な能力に恵まれていたのだ。「シャノンは言葉や公式ではなく、『アイデア』で考えているようだった。彼にとって新しい問題は、彫刻家の前に準備された材料の石のようなもので、アイデアを使って邪魔な部分を削り落としていくと、最後に適切な解答がイメージのように現れてくる。するとそこに色々なアイデアをつぎ込んで、理想の形に洗練させていく」のだった。

ふたりは八カ月をかけて、ルーレットのボールが最後に落ち着く場所を予測する装置の開発に挑戦した。装置が胴元を負かすために、毎回正確に予測する必要はない。わずかに有利な立場を確保できれば十分だった。時間が経過して賭けの回数が増えれば、どんなに小さなアドバンテージも大きな見返りをもたらすようになる。

ルーレット盤が八つの部分に分割されたところを想像してほしい。一九六一年六月にはソープとシャノンは、八つの部分のどこにボールが最終的に収まるか、確認できる装置の試作バージョンを完成させていた。そしてシャノンは、これが実際に役に立つと結論すると直ちに、絶対に秘密だよとソープに釘をさした。その根拠とされたソーシャルネットワーク理論家の研究によれば、無作為に選ばれたふたりの人間のあいだには、せいぜい三次の隔たりしか存在しないからだ。要するに、シャノンやソープと怒れるカジノのオーナーとのあいだの距離は、ごくわずかなのである。

ソープとシャノンが創作した装置は「タバコの箱と同じサイズ」で、ふたりはそれを足の親指で操作した。「靴のなかには超小型のスイッチ」があって、それを動かすとギャンブルに関するアドバイスが音楽の形で伝えられる仕組みだった。ソープはつぎのように説明している。

ひとつのスイッチはコンピュータを初期設定して、もうひとつのスイッチはローターとボールのスピードを測定した。ローターのスピードが測定されると、コンピュータから音階が伝えられる。八つの異なる音によって、ルーレット盤の八つの部分のどの基準点を通過しているのか確認することができる……出力される音は、片方の耳にはめ込んだ小さなスピーカーによって聞き取った。スピーカーをコンピュータと接続するワイヤーは、肌や髪の毛と見分けが付かないように色が塗られ、「スピリットガム」で接着された。ワイヤーは目立たないように髪の毛の太さにしたが、これだけ細くしても安心できなかった。

ふたりは装置をカジノに持っていって、交代で賭けに挑戦した。「作業は分担した。クロードはルーレット盤の近くに立って、スピードを測定した。僕は離れた場所にいて、ボールの回転が見えない状態で賭けをした(2)」とソープは語る。ふたりの妻たちは、「僕たちのことをカジノが疑っていないか、変に目立っていないか」見張ってくれた。それでも、きわどい瞬間はあった。「僕の隣の女性が、恐ろしげな表情で見つめている。すぐにテーブルを離れて確認すると、スピーカーが耳からエイリアンの昆虫のようにぶら下がっていた」とソープは回想している。

災難はともかく、これなら自分たちは勝ち続けることができるとソープは確信した。しかし、クロード、ベティ、ソープの妻のヴィヴィアンの三人は躊躇った。後にソープは、三人の言う通り慎重に行動したのはおそらく正しかったと認めている。ネバダ州のギャンブル業界は、マフィアとの癒着で有名だったからだ。シャノンとソープが現場を押さえられたら、ＭＩＴの教授といえども言い逃れはできなかった可能性が高い。トライアルの後に実験は中止される。ウェアラブル・コンピュータは、増え続けるシャノンの奇抜な発明品の山のなかに仕舞われた。

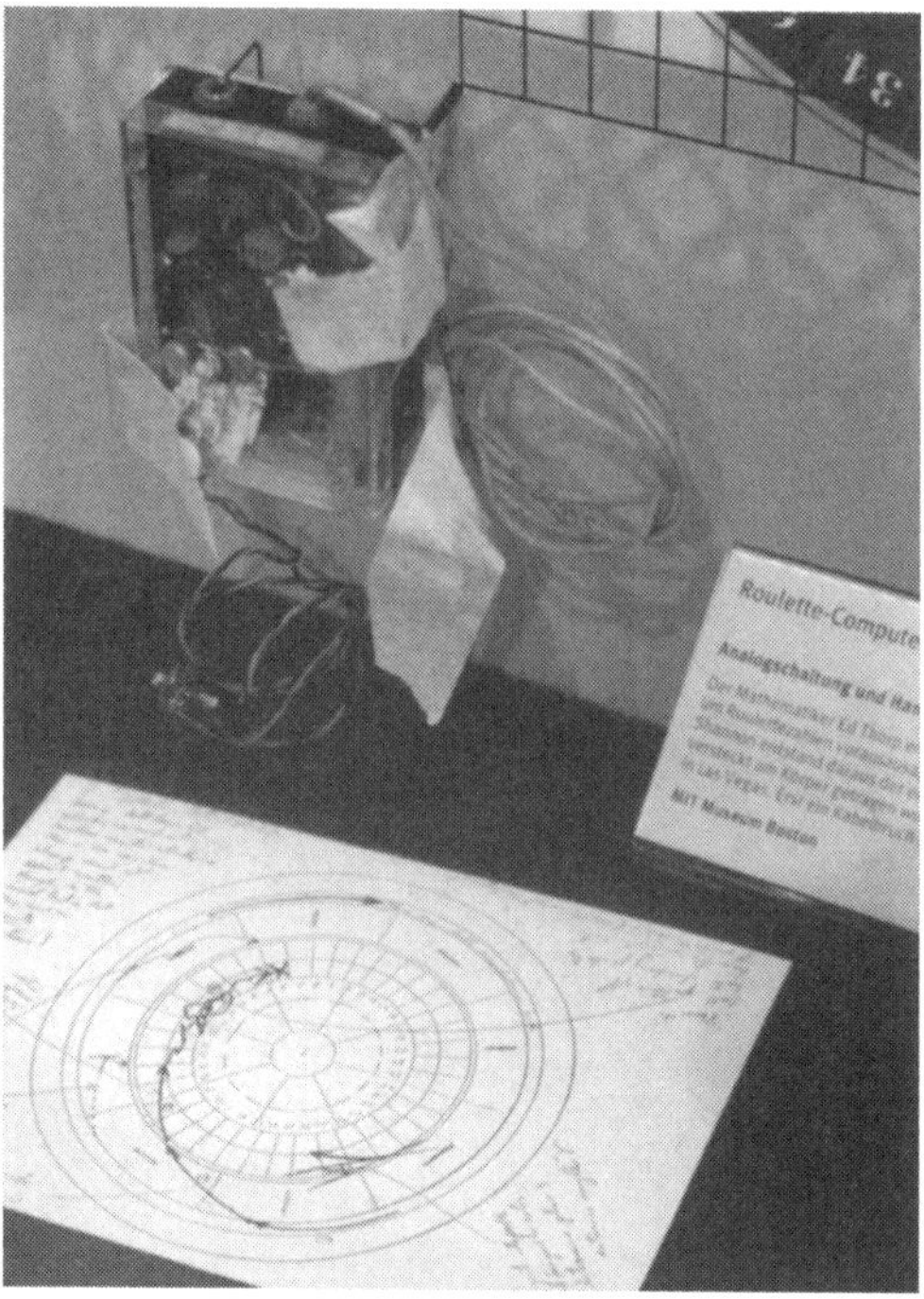

シャノンとソープが開発した、おそらく世界初のウェアラブル・コンピュータ。Photo: Edward Thorp 提供。

29

奇妙な動き

ジャグリングにのめりこむ

「きみを逆さまに吊るしても構わないかな」[1]。

こんな質問を大学教授からされたら、不安になるだろう。しかし相手がクロード・シャノンなら、めずらしいことではない。彼は頭のなかで、手の込んだ実験を思い描いていた。逆さまに吊るした状態のジャグラーに、二種類のジャグリング——トスジャグリングとバウンスジャグリング——を組み合わせてやらせてみようと計画していた。

トスジャグリングは、ボールを空中に放り投げるもので、私たちには最もなじみ深い。一方、バウンスジャグリングは、地面に一定のパターンでボールを叩きつけ、跳ね返ってきたボールをキャッチするもので、ドラムを手で叩くときの動作と似ている。ジャグリングを習得する訓練の早い段階で何世代ものジャグラーが発見していることだが、アイテムを空中に放り投げるよりも、地面に叩きつけるときのほうが必要とされるエネルギーはずっと少ない。バウンスジャグリングの場合、ボールを弧の頂点で受け止めるが、このときボールのスピードは一連の動きのなかで最も遅い。ただし、バウンスジャグリングはスピードが最も遅いときにボールをキャッチする利点はあるが、放り投げたボールをキャッチする一般的なジャグリングのほうが動きはスムーズで、自然な印象を受ける。跳ね返るボールを努力して受けようとするよりも上手くボールをコントロールできるのだ。

そこでシャノンは考えた。このようにスタイルの異なるふたつの物理的特性を、うまく融合できないだろうか。トスジャグリングの流動性とバウンスジャグリングの効率性を、ひとつの動きのなかで実現できないだろうか。たとえば逆さ状態のジャグラーが、空中にボールを放り投げる。すると重力の影響でボールは地面にぶつかり、ジャグラーは跳ね返ってきたボールを受け止めればよい。質問も、それを解決する方法も、いかにもシャノンらしい。風変わりで、実用性には無関心で、典型的な大学教授なら不謹慎の一言で片づけてしまう行動である。しかしMITで終身在職権を持つ教授のシャノンにとっては興味深い問題で、時間をかけて注目する学問的価値は十分にあった。

そんなわけでMITの学生だったアーサー・リューベルは、シャノンの自宅の居間の真ん中で逆さに吊るされた。放り投げられたボールは……ただ床に落ちるだけだった。「物理の実験としては、完全に失敗だった(2)」とリューベルは回想している。どんなに完璧な数学も、物理的な限界を破ることはできない。結局のところ偉大なクロード・シャノンでさえ、実験計画に伴う明らかな問題を克服できなかった。人間は逆さの状態でどれだけのことができるのだろうか。

逆さまになってくれるかな、といった類の質問にリューベルは慣れていた。彼はMITのジャグリング・クラブの創設者で、情報理論で有名なシャノンがクラブのミーティングに予告もなく立ち寄ったときが、彼との初対面だった。シャノンがそこを訪れたのは、世間の親が自分では選ぶはずのない場所を訪れるのと同じ理由だった。娘のペギーにせがまれたのだ。彼女は〈ボストン・グローブ〉紙で、このクラブについての記事を読んでいた。最初にジャグリング・クラブに興味を持ったのはペギーのほうで、一輪車や機械いじりに夢中の父親を説得するのはそれほど難しくなかった。「ふらりとやって来て、自分が何者なのかは話しませんでした。外でジャグラーの集団が練習していて、先生はその集団に近づくと、『ジャグリングの測定をしてもいいかな』と尋ねました。それが最初に話しかけられた言葉です。そんなこと、尋ねられた経験はなかった」と、リューベルは回想している。リューベルもほかのジャグラーたちも測定を承諾し、それをきっかけにシャノンとリューベルはたちまち友情を育んだ。

シャノンのようなスター教授の訪問は、めずらしくなかった。リューベルは言う。「ＭＩＴでジャグリングをやっていると良いところは、誰がやってくるかわからないことです。たとえばある日は、ストロボライトを発明したドク・エジャートンがジャグリング・クラブに立ち寄り、ストロボライトの下でジャグリングしているところを写真撮影してもよいかと尋ねられました」[3]。ただし、再訪はめずらしかった。ところがシャノンは何度も繰り返し訪れ、ピザと映画の夕べをクラブが企画してスペースが必要になったときには、ウィンチェスターの自宅を開放した。「ジャグリング・クラブもジャグラーたちも、私たちを楽しませてくれました」[4]とペギー・シャノンは回想している。

シャノンは何十年もジャグリングを趣味でかじっていた。少年時代には、自分が催し物の会場で実演しているところを想像したものだ。ベル研究所には、情報理論で成果を上げたときの逸話がいくつも残されているが、そこにはほぼかならず、狭いホールで一輪車を乗り回しながらジャグリングをするシャノンの描写が登場する。ウィンチェスターの自宅の遊び部屋には、放り投げてキャッチできるものがたくさん置かれていた。この頃になると、アマチュアのジャグラーとしてのシャノンの腕前は、単なる趣味の域を超えるほど上達していた。たとえば、彼は四つのボールでジャグリングができたと言われるが、それが高度な技であることは、ジャグリングの経験者なら誰でもわかる。同僚の数学者でありジャグラーでもあるロナルド・グラハムは、シャノンが成功したのはガリレオのトリックをヒントにしたことが一因だと指摘している。グラハムによれば、「ガリレオは重力を小さくするためにテーブルを傾けた[5]」。そうすれば、ボールはテーブルの端から端へと転がっていく。「大きなテーブルを想像してほしい。このテーブルを傾ければ、重力は1Gに近づく」。傾けたエアホッケーの台の上でパックを転がしてみることで、シャノンは動きのパターンを研究できた。言うなればスローモーションで、ジャグリングのテクニックを磨いたのである。パックの道筋は「放物線を描かず鋭角的だが、練習すればこの動きを習得できる」。

ジャグリングするシャノン。
Photo © Steve Hansen / The LIFE images Collection / Getty Images

　シャノンにとってジャグリングが魅力的だったのは、簡単に習得できないことも理由のひとつだっただろう。彼は数学や機械の才能に恵まれていたが、「ジャグリングは簡単にマスターできず、それでますますのめりこんだ」とガートナーは書いている。「彼はよく、手が小さいと嘆いていた。だから、ボールを四つから五つに増やすのはとても難しかった。五つのボールを操れるかどうかは、単に上手なジャグラーとすごいジャグラーの分かれ目だとも言われる」[6]。少なくともジャグリングに関しては、シャノンはまずまずのレベルを余儀なくされた。

パターンの科学

ジャグリングには、チェスや音楽のような数学的娯楽の高潔さが欠けている。それでも、数学者がジャグラーを兼ねる伝統は古くからあった。知られているかぎり、この伝統は一〇世紀にバグダッドの青空市場で始まった。後にイスラム圏の優秀な天文学者のひとりになるアブー・サフル・アル＝クーヒーは、ここでジャグラーとして人生を歩み始めた。彼は数年後に地元の首長お抱えの数学者になったが、首長は惑星の運動に取り憑かれ、宮殿の庭に天文台を建設するとアル＝クーヒーをその責任者にした。この任命をきっかけに、素晴らしい数学的成果が達成される。たとえばアル＝クーヒーは、おそらく世界初の可変式の幾何学用コンパスを発明したとも言われる。さらに、当時はイスラム圏の幾何学者のあいだでアルキメデスやアポロニウスなどギリシャの思想家に関する研究が見直されていたが、彼はその先頭に立った。

市場でのジャグリングと惑星の軌道の測定には共通点があって、アル＝クーヒーだけでなく、その後も計算を仕事にする大勢の学者がジャグリングを愛好した。それは、放物線や弧のパターンの方程式が、広い空間で表現されることだ。グラハムは、つぎのように語っている。「しばしば数学は、パターンの科学だと言われる。ジャグリングは、時間や空間のパターンをコントロールする技術だと考えてもよい」[7]。したがって世代を問わず、数学者が大学の中庭で空中に放り投げたものをキャッチする姿を見かけるのは意外でもない。『ジャグリングの数学』の著者のバーカード・ポルスターは、つぎのように書いている。「今度、公園で練習中のジャグラーを見かけたら、数学を好きかどうか尋ねてみるとよい。好きだと言われる可能性は高い……若手の数学者、物理学者、コンピュータ科学者、エンジニアなどは大体、人生のある時点で、少なくとも三つのボールを使ったジャグリングに挑戦しているはずだ」[8]。

では、シャノンをジャグリングの研究に惹きつけたものは何だったのか。「先生は奇妙な動きが好きでした……なぜジャグリングが好きだったのかと言えば、物理的に奇妙な動きだったからじゃないかな」[9]と、リューベルは指摘する。一九七〇年代はじめには、奇妙な動きへの興味が高じて、ついにシャノンはジャグリングに関する論文を執筆した。

リューベルはジャグリングについて「非常に複雑で興味深い性質を備えている一方、いたって単純な動きなので、複雑な性質をモデル化することができる」[10]と語っている。ただし、数学的に豊かではあっても、シャノンが研究の主題として取り組んだときは、ゼロからのスタートだった。数学の分野では、ひとつも論文が書かれていなかったのだ。

ジャグリングに関して重要な科学的研究がはじめて行なわれたのは、心理学の分野だった。一九〇三年にエドガー・ジェイムズ・スウィフトは、ジャグリングを習得するまでにかかる時間について研究した論文を〈アメリカン・ジャーナル・オブ・サイコロジー〉に発表した。これは、感覚神経のスキルを磨くための最も効果的な方法の研究が目的だった。したがって、ジャグリングそのもの性質は、付け足しのようなものだったのだろう。スウィフトは「ジャグラーはどうすれば技能を習得できるか」というより、「人間はどうすれば技能を習得できるか」を追求した。その先例に倣い、心理学者は二〇世紀半ばまで、ジャグリングを研究手段として利用し続けた。こうして心理学者はジャグリングを研究に役立てたが、対照的に数学者は、大好きな娯楽をデータや実験のソースとして利用することに消極的だった。そのためシャノンが登場するまで、ジャグリングを数学的に研究する論文はひとつもなかったのだ。

どうしてそんなことがあり得るのだろう。数学者はかなり昔からジャグリングに熱中してきたのに、数学的な結果に関して論文が発表されなかったのはどうしてだろう。ある意味、これはそれほど理解に苦しむことではない。今日と同じく昔も、数学は競争の激しい学問だった。カードゲームやパズルやジャグリングなどの娯楽は、数学的な趣味として楽しめるが、真面目で野心のある数学者はサーカスでおなじみの曲芸など、研究を続けて論文を発表する価値がないと考えたのだ。しかし、クロード・シャノンは違った。彼は世俗的な問題に無関心で、いまさら名声を高める必要がなく、ひたすら好奇心に駆り立てられ、ジャグリングの研究に夢中で取り組むことができた。同僚が抱くような不安とはいっさい無縁だった。

シャノンのほかの研究の中身と比べれば、ジャグリングの論文は平凡だ。これをきっかけに新しい研究分野が誕生したわけではないし、国際的な名声がもたらされたわけでもなかった。しかも発表されず、未完成だった。ジャグリングを数学的に厳密に研究したのは、おそらくシャノンが最初だったかもしれないが、この論文で注目すべき特徴は数学に関する独創性や質の高さではなく、著者の読書や研究の範囲の広さだった。情報理論や遺伝学やスイッチの開閉はシャノンの思考の奥深さを証明したが、ジャグリングからは彼の発想の柔軟さがわかる。どんなものでも真面目な数学的分析の対象になり得るというシャノンの信念の証でもあった。

シャノンの論文は、ロバート・シルヴァーバーグのSF小説『バレンタイン卿の城』からの対話の引用で始まる。この小説は、マジプールという遠くの惑星を舞台にした冒険物語で主人公はバレンタインという旅回りのジャグラーだが、実は彼は王位を剝奪された国王だった。

「ジャグリングって、つまらないトリックだと思う?」と、傷ついた様子で少年は尋ねた。

「観客を驚かせるための娯楽? 地方のカーニバルでクラウン貨幣を一、二枚稼ぐための手段? たしかにそうだけれど、ねえきみ、先ずは生活の手段なんだ。信念であり、崇拝の対象だよ」

「それに、詩のようなものよね」とキャラベラが言った。

するとスリートはうなずいた。「それもそうだけれど、数学でもあるよ。冷静さ、コントロール、バランス、物事の配置、動きを支える構造について教えてくれる。音はしないけれど音楽が、そして何よりも規律が備わっている。少々言い過ぎかな」[11]

シャノンは、「現在や未来のキャラベラやスリートにとってジャグリングが、詩やコメディーや音楽の要素を備えていることを」論文の読者が忘れないよう願った。会話の流れを中断し、「少々言い過ぎかな」というスリートの問いかけまで引用に含めたのは、シャノンの自意識の強さの表れのようにも感じられる。

もしもそうだとしたら、シャノンにはそれがわかっていた。そのためだろう、論文の冒頭の高慢とも言える雰囲気を和らげようとして、つぎのパラグラフではジャグリングの歴史について読者に解説している。およそ二ページにわたり、四〇〇〇年以上の期間を対象にして、ジャグリングの話題を大衆的・文化的な側面から幅広く取り上げている。論文の歴史ツアーは、古代エジプトの初期から始まる。紀元前一九〇〇年頃の墓には、四人の女性がそれぞれ三つのボールを放り投げる様子が壁に刻まれている。そのつぎの舞台はポリネシアのトンガ島で、船乗りで冒険家のキャプテン・ジェイムズ・クックと科学者のゲオルグ・フォルスターが登場する。一七七四年にフォルスターは『世界一周航海』のなかで、トンガ人は複数の物体を空中につぎつぎと浮かべる才能に恵まれていると記している。この本には、ひとりの少女が「五つのヒョウタンを楽々と操っている。どれも小さなリンゴぐらいの大きさで、完璧な球体をしている。少女はヒョウタンをつぎつぎと空中に放り投げ、いつも上手にキャッチする。これは少なくとも一五分間は続いた」と書かれており、シャノンはこの部分を論文に引用している。

そこから今度は陸地に戻り、紀元前四〇〇年のギリシャに舞台は移る。クセノフォンの『饗宴』には、少女が一二個の輪をジャグリングする様子に感激した師のソクラテスの、つぎのような感想が書かれている。「紳士諸君、女性の気質が実のところ男性に劣るわけではないことを示す証拠は数多く存在するが、この少女の見事な熟練技もそのひとつだ。女性に足りないのは、判断力と体力だけだ。だからきみたちに妻がいるなら、やらせてみたいと思うことを何でも教えてみればよい。確実に習得するだろう」。シャノンにとって、ソクラテスのコメントはふたつのレベルで興味深い。まず、ここに登場する少女が本当に一二個の輪をジャグリングしていたのなら、一度に最もたくさんの物体を放り投げる部門で世界記録保持者になる。これが事実かどうかには疑問の余地があるが、クセノフォンが書き残したソクラテスの感想をシャノンは迷わず信用し、つぎのように記している。「偉大な哲学者のソクラテスと有名な歴史家のクセノフォンに勝る目撃者がいるだろうか。間違いなくふたりは一二個だと数えて確認した。注意深く観察したはずだ」。

しかし、これはシャノンがただひとつ譲歩した点だ。ソクラテスの排他主義には納得できなかった。普段からは想像できないほど敵意をむき出しにして、女性の能力に対するソクラテスの偏狭な見解をつぎのように切り捨てている。「問答法による教えで有名なソクラテスが独断を下し、あっさり失言癖に陥るとは興味深い。『女性に足りないのは判断力と体力だけだ』という一文さえなければ、女性の権利運動に関して先見の明のある預言者になっていたのだが」。そのあと論文では、女性ジャグラーの能力の素晴らしさについて論証しており、なかでもふたりのジャグラーを絶賛している。そのひとりロッティ・ブルンは「女性として世界で最も動作の速いジャグラー」で、一九二〇年代のヨーロッパの旅回り一座で不動の地位を獲得した。もうひとりのトリクシー・フィルシユキは、「ジャグリングのファーストレディー」で、ブダペストのサーカス一家に生まれたドイツ人の子役スターだった。

こうして古代エジプトから始まり、「ジャグリングとマジックとコメディー」が入り混じった中世の旅一座について取り上げた歴史的記述は、最後に二〇世紀のバラエティーショーの世界を紹介して終わる。W・C・フィールズ（訳注／アメリカのコメディアンで俳優）をはじめとする華やかなスターたちは、若きクロード・シャノンも含めて当時の少年少女を虜にしたので、子どもが家出をしてサーカスに加わるのではないかと親たちは心配したものだった。

ジャグリングの定理

歴史のレッスンが終わると、もっと本格的な問題の探究に移った。ジャグラーの精神やジャグリングという行為を、いかに理解するかという問題である。正確さだけでなく、コメディーの要素も求められる行為を、どのように理解すればよいか。体操選手の失敗は憐れを誘い、演技者と観客のあいだで一種の失望感が共有される。しかしジャグラーが棒をキャッチし損ねた場合には、観客から失笑される可能性がある。ジャグラーは、それにどう対処するのか。

「ジャグラーは間違いなく、あらゆるエンタテイナーのなかで最も攻撃されやすい」とシャノンは、自らの体験談のように指摘している。実際、ほとんどのジャグラーは心理戦とフェイントを色々と工夫しながら、本番で「棒をキャッチし損ねて落としたときの」苦痛に対処する。対処の戦略はスキルのレベルによって異なる。スキルの低いジャグラーは、コメディーの要素を前面に出して失敗を取り繕う。高度なレベルになると、失敗したのはわざとであって、演技は成功したと思わせてしまう。

攻撃されやすさがまさに理由となって、ジャグリングはふたつの陣営におおよそ分類されるとシャノンは指摘している。すなわち、パフォーマンス重視型のジャグラーと、技術重視型のジャグラーだ。技術重視型はナンバーズゲームに参加しているようなもので、ジャグリングできる対象物の数を軍拡競争のように競い合う。空中にたくさんのものを放り投げるほど、自慢できる権利は拡大する。ここでシャノンは、世界最高の技術を持つジャグラーのエンリコ・ラステリに言及している。彼については〈ヴァニティフェア〉誌が、つぎのような追悼文を寄せている。「このイタリア人が二〇年にわたって技能の向上に貢献した結果、ジャグリングはおそらくはじめて芸術の域にまで高められた」[12]。シャノンによれば、ラステリは一〇個のボールを同時に宙に放り投げることができた。さらに、「片手で逆立ちして、もうひとつの手で三つのボールをジャグリングし、おまけに両足でシリンダーを回転させることができた」とも書いている。

シャノンやその後の数学者が最も興味をそそられたのは、ラステリや彼の流れを汲む技術重視型ジャグラーである。真剣な目標を掲げ、増え続ける物体をコントロールするために、数字や暗黙の公式を上手に使って体系化する可能性を探る姿勢が評価されたのだ。数学者にとってパフォーマンス型のジャグラーは、見ているのは楽しいが、技術的な質は高くない。観客の喜び、動きのスリル感、努力の結晶であるコメディー要素は、どれも愉快な時間を与えてくれるが、数学の訓練を受けた者には結局のところ興味を持てない。そこからいよいよ論文は本筋に入り、正確さを維持したままジャグリングする対象物の数を増やそうとするとき、ジャグラーの動作に数学がどのように関わっているかという課題に取り組んでいる。

シャノンがジャグリングよりも愛好した唯一のものが音楽だったことを考えれば、論文で数学を取り上げている節がジャズへの言及から始まっているのは意外ではない。具体的には、ドラマーのジーン・クルーパについて取り上げ、「2拍子と3拍子のクロスリズムは、知られているかぎり最も魅惑的なリズムのひとつだ」と語ったことについて触れている。2拍子と3拍子のクロスリズムのパターンはシャノンにとって、ジャグリングの数学的理解への導入として大いに役立った。これは、大体の人がジャグリングで最初に習うパターンなのだ。つまり、ふたつの手で三つのボールを操ることである。

ジャグラーの動作を分解すると、一連の予測可能な放物線が現れてくる。ひとつのボールを空中に放り投げればひとつの放物線が、複数のボールを放り投げれば複数の放物線が描かれる。そうしたらあとは、これらを結びつけ、リズムに合わせた一貫性のあるパターンを見出せばよい。シャノンは、このような形でジャグリングという問題に取り組んだ。ジャグリングを協調運動として見るだけでなく、代数方程式に見立てたのだ。彼のジャグリングの定理は、つぎのように表現される。

(F+D) H = (V+D) N

F=ボールが空中にとどまる時間
D=ボールが手のなかにある時間
H=手の数
V=手が空っぽの状態にある時間
N=ジャグリングされるボールの数

シャノンの定理は時間を継続的に追跡する。リューベルはつぎのように語っている。「先生の定理では、ジャグラーは時間を継続的にトレードオフすることでリズムをつくります。ボールが手のなかにある時間よりも空中にとどまっている時間のほうが長いほど、ほかのボールを扱える時間が増えて、たくさんのボールをジャグリングできるようになります。時間のトレードオフが正確に表現されています」(さらにリューベルは、シャノンのほかのイノベーションはデジタルなのに対し、ジャグリングの定理で時間を継続的に測定する方法は皮肉にも、アナログだった点も指摘している)。方程式の両辺はそれぞれ、ジャグリングという行為の異なる部分を追跡している。左辺はボールのパターン、右辺は手のパターンだ。リューベルが指摘しているように、「ボールがジャグリングされる時間は、手がボールをジャグリングする時間と等しい」ので、両辺の値は等しくなる。シャノンのジャグリングに関する研究は、ここで終わってもよかった。ジャグリングの研究はすでに十分に妥当なものだった。ジャグリングを楽しむ同世代の数学者と比べ、数学とジャグリングという異分野への情熱を結びつける能力は素晴らしく、しかも迷いがなかった。しかしこの場合、論文だけでは不十分だった。シャノンにはめずらしいことではないが、一九八三年になると、理論の世界での研究を機械の領域に応用した。ジャグリングするロボットを、自ら制作したのである。

「そもそもの始まりは、ベティだった。ケーキ屋から買ってきた一〇センチメートルほどの小さな道化の人形が、五つのボールでお手玉をしていた（価格は一ドル九八セント）。これには興味をそそられたけれど、困惑もした。興味をそそられたのは、僕が長いことアマチュアのジャグラーだったからで、子どものときは家出をしてサーカスに入りたいと思ったほどだ。そして困惑したのは、お手玉のパターンが普通ではあり得ないことで、種を明かせば、ボールとボールがプラスチックでつないであったんだ」とシャノンは書いている。[13]

ケーキ屋の道化の人形はジャグリングをしているように見えるだけだったが、シャノンのロボットは実際にジャグリングをした。エレクター・セットで組み立てられた完成品は、三つのボールを扱うことができた。トムトム・ドラムに当たって跳ね返るボールに合わせて、ロボットはパドル状のアームを動かした。「ボールをキャッチするほうのアームを下ろし、放り投げるほうを持ち上げた」[14]のである。このロボットはバウンスジャグリングをするだけで、トスジャグリングを実際に行なうわけではなかった。それでも彼が制作した道化のロボットは、トスジャグリングの動作をそれは上手に模倣していた。そしてひとつだけ、どんな人間よりも優れている点があったと、シャノンは得意げに記している。「あらゆる時代のどんな優れたジャグラーも、たくさんのボールをジャグリングして記録を達成したところで、そのパターンを数分以上は継続できなかった。でも僕の小さな道化の人形は、一晩中でも同じようにジャグリングを続けて、一回もボールを落とさない[15]！」

シャノンが制作したジャグリング・ロボット。W. C. フィールズをモデルにし、エレクター・セットで組み立てた。Photo: MIT Museum 提供。

30
京都

何十年にもわたり、シャノンのもとには名誉のしるしや功績を認める評価が世界中から届けられた。世界のトップクラスの大学から名誉学位を授けられ、あらゆる規模の協会から証明書や表彰状やゴールドメダルが与えられた。

かつてのゲイロードの少年は、このような注目を大抵は面白がった。妻のベティは後にこう語っている。「彼はとても謙虚な人でした。たくさんの賞をもらったけれど、決してうぬぼれず、話題にもしませんでした」[1]。本人はつぎのように説明している。

自宅の部屋には賞状がたくさん置いてあるけれど、賞をもらいたくて研究を続けたわけではない。それよりは、好奇心に動かされた。お金には興味がなかった。物事の仕組みを知りたかっただけだ。ほかには、法則やルールが状態をどのように支配しているのか、できることやできないことには何か定理が存在するのか、理解したいと思った。そして何よりも、自分自身について知りたかった。[2]

世俗的な名誉へのシャノンの無関心は、隠しようがなかった。名誉学位はあまりにもたくさん授与されたので、博士号のフード（訳注／ガウンの上からかける飾り布）は回転式のネクタイラックのような装置に掛けられていた（もちろん、本人の手作りだ）。名誉を授けた機関がこうした扱いを適切だと思うにせよ、無礼だと思うにせよ、シャノンがいかに賞賛を軽んじていたかがよくわかる。

数学の世界でシャノンは有名人だったが、娘のペギーの回想からは、子どもたちが普通の家庭生活を送れるように努力していた印象を受ける。「当時は、名誉学位についての連絡がよくあって[3]」、薄いベニヤ板を通して会話が聞こえてきたという。

あくまでも控えめで、数々の功績について笑い飛ばし、本人は謙遜していたが、彼の研究は世の中で高く評価された。なかには、クロードが重要人物であることが子どもの目にも明らかな名誉もあった。一九六六年のクリスマスの前日、リンドン・B・ジョンソン大統領からクロード・シャノンにアメリカ国家科学賞が授与されると発表された。「通信と情報処理を支える数学的理論への目覚ましい貢献[4]」を認められたのである。

一九六七年二月六日、ホワイトハウスのイーストルームに集まったゲストのなかにシャノン一家の姿があった。ここでジョンソン大統領は、出席者たちの功績をつぎのようにたたえた。「ここに集まった一一人の方々は、真実という大海の探究に生涯をささげることを目的にしてきました。皆さんの功績やほかの科学者たちの研究によって、人類の寿命は延び、暮らしは楽になり、知識の宝

1967年2月6日、ジョンソン大統領からアメリカ国家科学賞が授与された。
Photo: Shanon Family 提供

庫は豊かになりました」[5]。シャノン一家は全員が出席し、家族みんなにとって誇らしい一日になった。ペギーは当日の服装について母親と言い争ったことを覚えているが、ホワイトハウスを訪れる多くのゲストの例に漏れず、建物に足を踏み入れただけで、厳粛な気持ちになったという。そして父親譲りの謙虚さで、こう語っている。「私は七歳でしたが、七歳の子どもの目から見ても、父はすごい人だとわかりました」[6]。

授賞式のあと、ジョンソン大統領はシャノン一家を丁重にもてなした。ヒューバート・ハンフリー副大統領の大きな笑い声におびえた幼いペギーは、母親の足の後ろに隠れた。

真剣で不真面目な論文

シャノンが受け取った最高の賞や名誉のなかには、本人が思わず笑ってしまうようなものもあった。たとえば、ある名誉学位の証書にはギリシャの神殿のミニチュアが添えられていた。

そこには「マサチューセッツ・ジャグリング大学」という文字が刻まれていて、横では道化の人形が証書の小さなレプリカをジャグリングしている。スタンフォード大学で特別研究員を終えて発行された正式の証書の下の部分には、ほかの研究員たちの署名がスペースの許すかぎり大きく統一感なく書かれている。シャノンも、できるだけ愉快に名誉を受けようとするようになった。アメリカ哲学協会への入会の招待状には、美しい花文字が使われていた。そこでシャノンは洒落っ気を起こし、プロの花文字作家を雇い、招待を快諾する長い返事を書いてもらった。

　オックスブリッジのように規律の厳格な学術機関に対しても、シャノンは臆することなく無邪気な悪ふざけを行なった。一九七八年にオックスフォードのオール・ソウルズ・カレッジで客員特別研究員の名誉を与えられたとき、トリニティ学期（最終学期）にジョン・ピアースとバーニー・オリバーのふたりと再会する機会があった。三人は後にベル研究所の同僚となった同窓生や同窓会幹事のルディ・コンフナーと一緒に、人工知能や情報理論など、それぞれの研究や興味の対象に関して真面目な講演を行なう予定だった。コンフナーとピアースのあいだで交わされたメモからは、シャノンが講演を前向きに引き受けてくれるか心配していたことがわかる。「クロードから何かを引き出すのは大変だろう[7]」と、コンフナーはピアースに書き送っている。

　しかしクロードは真剣な——少なくとも本人にとっては真剣な——問題についてじっくり考えていた。実際、オックスフォード滞在からは、シャノンのキャリアのなかでもきわめて独創的な論文が出来上がった。彼は車の左側通行に不満を募らせ、特別の解決策を考案したのだ。「四次元的なねじれ、あるいはイギリス滞在中のアメリカ人ドライバーへの一助となるささやかな提案」というタイトルの論文は、アメリカ人ドライバーが海外で経験する苦悩についての話から始まる。

イギリスの道路を運転するアメリカ人は、危険で恐ろしい世界に放り込まれる……長い時間をかけて植え付けられた運転の習慣は、まったく役に立たないようだ。車も自転車も歩行者もいきなり飛び出してくるし、我々アメリカ人はいつでも間違った方向に注目してしまう。狭い道を迷いながら進んでいると、男性からは罵声を浴びせられ、女性からは金切り声を上げられヒステリックに笑われる。通行人がいきなり予想外の動きをすると、思わず顔を隠し、存在しないブレーキを踏もうとする。ウィンカーとワイパーはアメリカの車と位置が逆なので、道を曲がるときにはワイパーを動かしてしまう。右折のときは早く、左折のときはゆっくりと。しかもイギリスの道路は幅が狭く、イギリス人は車を飛ばすので、運転に関する状況は全体的にあまり改善されない。おまけにイギリス人は道路のすぐ脇に石の壁を造ることが好きなので、不安は募るばかりだ(8)。

そのうえでシャノンが提案したアイデアは、本人も「壮大だが非現実的で、数学者の愚かな夢」だと認めるものだった。四次元を創造し、左右の認識能力を逆転させようというのだ。

どうすればよいか。要するに、鏡を使うのだ。鏡の前に右手を掲げれば、鏡のなかでは左手として映る。それを二枚目の鏡に映せば、二回反射された映像は右手となり、三枚目の鏡に映せば、今度は左手の映像となり、プロセスは繰り返される。そこで基本的には、アメリカ人ドライバーが車に鏡のシステムを取り入れることを提案する。映像が奇数回にわたって反射されれば、世界はありのままではなく、四次元的に一八〇度回転された映像として見えるようになる。最後の仕上げとしてステアリングシステムに一連の調整を加えれば、アメリカ人ドライバーの動きはイギリス流に変更される。その結果、ハンドルを左に回せば車は右に曲がり、右に回せば左に曲がる。

製図や数字や回路図を加えて完成された論文は当然ながら、冗談半分で書かれたものだ。しかしそれでも、シャノンのオックスフォード滞在で最も記憶に残る成果となった。二一〇〇語以上から成る論文は、単に場当たり的なアイデアを紹介しているわけではない。ジョークに込められた意味を具体化するために何時間も費やすことをシャノンは厭わず、しかも研究に伴う名誉には無関心であることが論文からは伝わってくる。さらに、旅には不安が付き物だとあきらめている海外旅行者の気持ちに訴える内容でもあった。シャノンの装置があれば、たとえ目の錯覚であっても普段と同じ条件で運転できたのだから。

ノーベル賞候補

授賞式への出席が増え始めた頃には、シャノン夫妻は三人の子どもに恵まれていた。そのため授賞式は家族にとって、世界のあちこちを見て回るチャンスになった。娘のペギーはつぎのように回想している。「父がイスラエルから賞をいただいたときは、学校が休みではなかったのに、六〜七週間の家族旅行に出かけました。イスラエルのあとは、エジプト、トルコ、イギリスを訪問しました……そのために学校を六週間ぐらい休んだんですよ(9)」。

こうした旅行について、シャノンの気持ちは複雑だった。彼は家にいるのが好きで、内向的で、おまけに食べ歩きに積極的ではなかった。肉やポテトを使った家庭料理が好みで、海外で似たような味の料理を見つけられるか深刻に悩むタイプだった。ペギーの回想によれば、シャノン一家は普段マサチューセッツにいるときでさえ滅多に外食しなかった。したがって、イスラエルでクスクスを、日本で生魚を食べると考えるだけで、父親は不安を募らせたという。

そして人前での講演に伴う不安は、時間と共にますます膨れ上がった。時間が経つほど、自分の名声を高めてくれた研究との距離は広がったからだ。かつては特にテーマを定めなくても、MITで自信満々に講演を行なったものだが、次第に気後れするようになった。それはスポットライトを浴びることへの不安ではなく、知的レベルが高くて興味深い主題が見つからなくなる可能性への不安が原因だったと思われる。シャノンにとっては、年をとったら若い時代の功績にあぐらをかいて、くだらない話題についてしゃべり続けるような生き方は許せなかった。自分で定めた基準によれば、数学に関して充実した話ができなければ、まったく価値はなかった。

そして、同情的な聴衆や自分の名を冠した会場でさえ、シャノンの不安をあおった。たとえば一九七三年には、電気電子技術者情報理論学会の招きで、イスラエルのアシュケロンで第一回のクロード・シャノン記念講演を行なってほしいと招待された。「壇上であんなに緊張している人物を見たのははじめてだ。友人たちを前にして講演するのがあれほど恐ろしいなんて、自分には考えられない[10]」と、数学者のエルウィン・バリーカンプは回想している。シャノンは舞台のそでで高ぶった気持ちを鎮めなければならず、友人に付き添われてようやく聴衆の前に登場した。べつの出席者はつぎのように回想している。「講演会場のみんなが、自分から多くを期待していると思ったのだろう。期待に応えられるほど、大した話はできないのではないかと心配だったんだ。もちろん、素晴らしい話だったよ。でもそれより……なんて謙虚な人なのだろうという印象のほうが強かった[11]」。

ある友人から別の招待を受けたときには、講演を依頼されると予想して、「すでに僕たちは隠居している。ベティは窓口ではないし、ぼくは講演を行なっていない[12]」と機先を制した。このように人前での講演には大きな不安を抱えていたが、結局は旅の楽しさもあって、名誉ある機会を提供されれば受け入れた。少なくともベティは、世界を見ることができるチャンスを楽しんでいたのである。

このように続々と招待状が届き、研究を認められる機会が増えたのは、一九七〇年代に入ってからの技術の発展によって、情報理論の重要性に世の中が目覚めたことも一因だった。「シャノンの『通信の数学的理論』が発表された直後は、情報理論は現実の世界で応用されないだろうという見方が定着していた。かつて、ラテン語やギリシャ語が精神修養として学ばれたように、一九五〇年代から一九六〇年代にかけての若いエンジニアは、シャノンの理論を『優れたトレーニング手段』と見なした[13]」と、当時MITの学生だったトム・カイラスは語っている。

しかしデジタル化が加速する世界は、シャノンによってはじめて存在を確認された符号をどんどん取り入れ始めた。一九七七年九月五日には、木星と土星の探査に向かったボイジャー一号が、符号化によって情報をエラーから守った。おかげでふたつの巨大ガス惑星の映像は、およそ一二億キロメートルの真空を伝わり、地球に無事届けられたのである。同じ年、イスラエルの研究者のジェイコブ・ジヴとエイブラハム・レンペルは、シャノンの符号化の研究に基づいてデータ圧縮アルゴリズムを開発し、後のインターネットやセルラー通信システムの重要なバックボーンのひとつを創造した。ジヴはシャノンが教授として在籍していた当時MITの大学院生で、それがこの分野への興味を大いに掻き立てたと後に認めている。

こうしてシャノンの功績のすごさはどんどん明らかになっていったが、「本人は自慢するのを好まなかった[14]」とアーサー・リューベルは言う。

でも、時にはこんなこともありました……たとえばあるとき自宅を訪れると、情報理論の会議のプログラムを見せてくれました。プログラムを手に取って僕に見せながら、各セッションの部分を指さしていきました。セッションにはシャノンの理論1、シャノンの理論2と名まえが付けられていて、シャノンの理論5までありました。

当然ながら、ノーベル賞の話題はキャリアの大部分でシャノンに付きまとった。一九五九年には、ノーバート・ウィーナーと共にノーベル物理学賞の候補になったが[15]、結局受賞したのはエミリオ・ジノ・セグレとオーウェン・チェンバレンで、ふたりは反陽子を発見した功績を認められた。シャノンとウィーナーは候補者として勝ち目がなかったが、候補になったという事実だけでも、同時代人のシャノンへの評価の高さがうかがわれる。シャノンがノーベル賞を受賞するためには、構造的な問題が立ちはだかっていた。ノーベル賞に数学の部門がなく、数学の世界ではそれが常に不満の種になっていた。「ノーベル数学賞という分野はないが、創設するべきだ[16]」と、シャノンも語っている。ジョン・ナッシュやマックス・ボルンなど、ノーベル賞を受賞した数学者は、経済学や物理学の分野で受賞しているし、バートランド・ラッセルは文学賞だ。シャノンの研究は複数の学問分野にまたがっているが、ノーベル賞のひとつの分野に押し込めるのは難しい。結局、この賞には縁がなかった。

ただし一九八五年、シャノン一家はストックホルムではなく、京都から連絡を受けた。京都賞基礎科学部門の第一回の受賞者に、クロードが選ばれたのだ。この賞は、富豪の稲盛和夫によって創設された。稲盛は日本の応用化学者で、多国籍企業の京セラの創業者でもあり、後には日本航空の再生に尽力した人物である。エンジニアとしての訓練を積み、自らの意思で仏門に入り、事業再生の手腕を評価されている。経営哲学を学ぶと同時に仏教徒であるため、以下に紹介する京都賞の創設理念からは、スピリチュアルなテキストと株主最新情報が入り混じった独特の印象を受ける。

創立二五周年、四分の一世紀を経過した今日、我々は今までの昼夜を分かたぬ、誰にも負けない努力の成果と、同時に神の導きがあって、年間売上額二三〇〇億円、税引前利益五三〇億円という企業にまで発展をして来ました……この時にあたり……人類の進歩、発展にいささかでも貢献したいと思い、ここに京都賞の創設をいたしました。

この京都賞を受賞される資格者は、京セラの我々が今までにやってきたと同じように、謙虚にして人一倍の努力を払い、道を究める努力をし、己を知り、そのため偉大なものに対し敬虔なる心を持ちあわせる人でなければなりません。またその業績が世界の文明、科学、精神的深化のために、大いなる貢献をした人でなければなりません……

今後、人類の未来は、科学の発展と人類の精神的深化のバランスがとれて、初めて安定したものになるであろうと確信いたしております。現在、科学文明はますます発展をとげておりますが、人類の精神面における研究は、科学に対して大きく遅れをとっております。物事には、陰と陽、暗と明というように、プラスとマイナスという必ず二面的な世界が拡がっているはずであります。この両面がバランス良く解明され、発展してこそトータルの安定が果せるはずで……願わくは、この京都賞がこの［精神と科学］両面の今後の発展に大きく寄与し、新しい哲学的パラダイムの構築を促進するいささかの刺激剤となれば、この上なく幸せに思います。[17]（訳注／京都賞のHPより引用）

やがて京都賞は、独自のスタイルのせいもあって、ノーベル賞のライバルとして高く評価されるようになった。受賞者を発表するプレスリリースは、つぎのような書き出しになっている。「文化や科学の分野で傑出した人物が生涯をかけて達成した功績を認める点において、ノーベル賞と並んで世界最高峰である京都賞の今年の受賞者は、以下の方々に決定しました……」[18]。しかも、京都賞の受賞者は後にノーベル賞を受賞するケースが多く、何年も後にノーベル賞受賞者になると、ストックホルムでの記念講演で同じ内容を繰り返さないよう苦労した。

京都賞の授賞式はノーベル賞のように華やかで洗練されており、日本の皇族も参列する。そしておそらく、まだ眠っているビジネスチャンスに対する創設者の強い関心の表れとして、京都賞のカテゴリーは幅広く、数学や工学など、ノーベル賞では対象外の分野も含まれている。ノーベル賞のほうが八四年早く始まったが、京都賞は賞金の面で引けを取らない。

京都講演

京都賞はシャノンにとって大変な名誉で、多くの点でキャリア最高の評価となった。いつもと同じくシャノンは旅行に神経質で、特に日本食には不安を募らせた。しかし今回は、ベティだけでなく、姉のキャサリンも同行することになった。弟と同様、シャノンの家系の数学好きを受け継いだキャサリンは、ケンタッキーのマーレイ州立大学の教授になっていた。ペギーによれば「ふたりの強い女性たち(19)」に付き添われることになったため、シャノンは日本への授賞式に出かける決心をしたという。

シャノンは京都賞の授賞式でそれまでの功績を評価されたが、そこで受賞記念講演を義務付けられたおかげで、人々の記憶に長くとどまることになった。これは彼の公式の場での発言としては最も長く、そして生涯最後のものになったのだ。「通信ならびにコンピューティングの発達と私の趣味」というタイトルの講演は、歴史そのものについての解説というよりも、彼の祖国での歴史教育が抱える問題についての解説から始まる。

日本で歴史がどのように教えられているのか知りませんが、アメリカでは私の大学時代、歴史の授業では政治指導者や戦争についての内容がほとんどでした。カエサル、ナポレオン、ヒトラーのような人物ばかりが取り上げられましたが、これは全面的に間違っていると思います。歴史上の重要人物として重要な出来事に関わっているのは思想家やイノベーターであり、ダーウィンやニュートン、ベートーベンのような人物の功績が、良い影響を与え続けています(20)。

シャノンはイノベーションのひとつのカテゴリーを特に重点的に取り上げた。科学の発見そのものは「素晴らしい成果だとしても、エジソンや、ベル、マルコーニなど、エンジニアや発明家が仲介役にならないかぎり、一般人の生活には影響がおよばない」点を指摘したのである。シャノンは二〇世紀に達成された進歩を高く評価して、それ以前「人びとは何世紀も同じような状態で暮らしてきました。農業社会が中心で、移動や遠距離通信の機会はほとんどありませんでした」と語っている。そしてジェニー紡績機、ワットの蒸気エンジン、電信、電気、無線、自動車などを挙げ、どれもこの二〇〇年のうちに登場し、時代を大きく変革したと指摘した。そのうえで、人間の生活がこれほど短期間に様変わりしたのは、エンジニアの研究の影響が大きいと確信していると述べた。

シャノンは人前で過去を回想することが滅多にないが、このときは、工学科の若き学生だった頃、計算尺のログログ・デュープレックスを購入するよう頼まれたが、それは「とにかく大きいものでした」と語った。いま振り返ってみると、実に奇妙な装置だった。このとき彼はステージ上で日本製の小さなトランジスタ・コンピュータを手に持ち、「これは私が購入した計算尺と同じ、いやもっとたくさんのことをやってくれます。小数点三位ではなく、一〇位までの計算が可能です」と説明した。

計算尺から携帯式のコンピュータへ、あるいは部屋全体を占めるほど大きな微分解析機から自宅のデスクに置かれたアップルIIへと移行したのは、シャノンのキャリアが演算の分野の革命に貢献してきたおかげだ。ある意味、「コンピュータの知的進歩は……あまりにも急速で、完成前に時代遅れになってしまうほど」だ。

日本の皇族や来賓が列席している部屋で、シャノンはコンピューティングの歴史をごく簡単にまとめて紹介し、最後は自身が登場するところまで話を続けた。この講演は、情報を伝え、考え、論理的に考えて行動できる機械について、そしてこれらを可能にしてくれる理論的枠組みについての生涯にわたる研究の総まとめだった。ただし、彼にとってはコンピューティングは研究の中心的存在というだけではなかった。講演のタイトルが示しているように、それはいつでも彼にとって趣味でもあった。そして聴衆に対して、日本語の趣味という言葉を使って説明した。「チェスを指す機械やジャグリングをするロボットのような装置を作ることは、趣味としても時間と金の無駄のように思えるかもしれません」とシャノンは認め、「しかし、貴重な結果はしばしば単純な好奇心から生み出されることを、科学の歴史は教えてくれます」と強調している。

では、エンドゲームやテセウスといった風変わりな発明品から、何が発展する可能性があるのだろう。

このような機械が将来改良されれば、人間の脳に匹敵するどころか、能力を凌ぐ機械が誕生することを私は大いに期待しています。人工知能と呼ばれるこの分野は、この三〇年から四〇年のあいだに発展を遂げ、いまでは商業的応用の可能性が注目されています。たとえば、MITの半径およそ一・五キロメートル以内には、この分野の研究に取り組んでいる七つの企業が立地していて、なかには並列処理に取り組んでいるところもあります。未来を予測するのは簡単ではありません。でも私は、西暦二〇〇一年までには人間と同じように歩いたり見たり、思考する機械が誕生するような気がします。

しかし、人間と機械知能の融合が始まるずっと以前から、把握しがたい人間の心を理解するための比喩の宝庫として、すでに機械は役に立っていた。

ちなみに通信システムは、いまここで進行している状況と変わりません。私は情報源、皆さんは受信者です。そして通訳は送信機として、アメリカ人の私のメッセージを日本人の耳に聞きやすいように変換するため、複雑な作業に取り組んでくれます。この変換作業は事実だけが対象でも十分に難しいものですが、そこにジョークやダブル・ミーニングが加わると、さらにずっと難しくなります。私はそんな要素を話にたくさん盛り込み、通訳の方の根気強さを試してみたい誘惑に抵抗できません。実際、通訳された内容をテープにとって、べつの通訳に渡し、それを英語に再び訳してもらおうかと考えています。

このようにして、私たち情報理論家はみんなを大いに笑わせようと企むのです。

31

病気の兆候

彼女は彼のもとを去っていく。突然いなくなって深い悲しみを与えるのではなく、別れは苦痛を伴い徐々に進行していく。ここにいたかと思うと、つぎの瞬間には消えている。それを繰り返すたび、彼との距離はじわじわ広がっていく。彼は彼女についていくことができない。完全に自分のもとを去ったら、一体どこへ行くのだろうか。(1)

デブラ・ディーン

友人たちの目にも、病気の兆候が最初にはっきりと見えたのは、一九八〇年代はじめだった。まず、よく知っているはずの質問に答えられず苦労している姿を見かけた。つぎに記憶が飛ぶようになった。当初は深刻に考えなかった友人もいた。結局のところ、シャノンが素晴らしい成果を達成したのは並外れた直観力と分析力のおかげで、物事を記憶したり思い出したりする能力のおかげではなかった。ロバート・ギャラガーはこう語っている。「クロードは、記憶力に大きく頼るタイプではなかった。彼があれだけ優秀だった理由のひとつは、いたってシンプルなモデルから見事な結論を引き出す能力に恵まれていたことだ。だから、記憶力が少々低下したぐらいでは、気づかなかった[2]」。身近にいる人たちの多くは、物忘れの始まりを単なる老化現象として片づけた。ところがまもなく、シャノンは食料品店から自宅までの帰り道がわからなくなり、電話番号や名まえや顔を忘れるようになった。書き物をしているときには手が震え始めた。ペギー・シャノンは、家族がジャグリング・クラブを家に招いた日のことを覚えているという。この日彼女は床に、父親は近くの椅子に座っていた。父は娘のほうを見ると、一瞬の沈黙を置いて、こう尋ねた。「きみはジャグリングをするの？[3]」

「もうびっくりしました。私が誰かわからなくなったのか、それとも私がジャグリングするのを忘れたのか。どちらにしても、ものすごいショックでした」。

その頃には、クロードの大きな変化は疑いようがなかった。「一九八三年には医者を訪れ、おそらくアルツハイマー病のごく初期段階だろうと診断されました[4]」とベティは言う。

シャノン夫妻は、移動を伴う招待のどれを受け入れ、どれを断るべきか、以前よりも慎重に考えるようになった。一九八六年のミシガン大学でのイベントでは、シャノンは「非常に寡黙だった[5]」と、主催者のデイヴィッド・ニューホフは語る。「すでにアルツハイマー病の症状に苦しんでいるように感じられた。話すのはほとんどベティだった」。どれだけ遠出をしてもよいか、シャノンの病気についてどれだけの情報を明かすべきかの決断は、ベティに委ねられたが、彼女は家族のプライバシーを極力守ろうとした。「両親は、プライバシーは自分たちの権利だと考えているようでした[6]」とペギーは言う。

家族はシャノンの心をつなぎとめようと献身的な努力を続けたが、病気は確実に彼をむしばんでいった。認知機能はあっという間に衰え、アルツハイマー病患者の介護はベティにとって大きな負担になった。「母が中心になって介護しました。父は徘徊するんですが、私たちが住んでいるのは往来の激しいところだったんです。こういう病気にかかった連れ合いを見つづけるのは、本当に恐ろしいことです」とペギーは回想している。

シャノン一家は地元の病院が行なっているアルツハイマー病の研究会に参加して、家族のまとめ役はベティが引き受けた。クロードは、自分に何が起きているのか自身でわかっていたのだろうか。ペギーはこう言う。「わかっている日もあれば、わかっていない日もあったでしょうね……少なくとも、顔を合わせると、昔と変わらないままの父のときもあれば、まったく別人のときもあったことだけは確かです」。父親の人格が失われていくところを見ているのは、「つらくて胸が張り裂けそうでした」。

ほんの一瞬ではあるが、かつてのクロードが家族のもとに戻ってくるときがあった。ペギーはこう回想している。「一九九二年には、実際に父と会話をしました。話題は……大学院のプログラムと、私が取り組むべき課題でした。私が考えている問題の核心に鋭く切り込んでいく様子に驚かされたものです。『すごい！　病気になっても、これだけの能力が残されているんだ』って」。

しかしそれは、厚く垂れこめた霧にほんの一瞬、光が差し込むようなものだった。数年もすると、かつてのシャノンとのギャップはますます顕著になり、意識がはっきりしている時間は短く、その間隔も広がっていった。一九九三年に交わされた会話をロバート・ファノはこう回想している。「過去のことについて質問した。特に技術的な問題でも、数学の問題でもなかった。それでもクロードは、『覚えていない』とだけ答えた」[7]。心の病が原因で衰えていくなど、シャノンの人生に対する残酷な仕打ちとしか思えなかった。彼がまもなくこの世からいなくなるという現実はむろん、その原因が心の病だという事実を、友人や家族は嘆き悲しんだ。

シャノンがアルツハイマー病だと診断された直後、実現に向けて彼が後押ししたデジタルの世界が一気に花開いたのは、不公平の極みだ。「残念な話ですが、自分の研究がどのように発展するのか、本人もわからなかったと思います……きっと驚いたでしょうね」[8]とベティは語っている。符号化のスピードは、シャノン限界を超えてはいないが、ようやく限界まで近づいた[9]と一九九三年に発表されたとき、そのニュースを理解していたとすれば、心から喜んだことだろう。

一九八三年から一九九三年までシャノンはエントロピーハウスで暮らし、闘病生活を続けた。衰弱がかなり進行しても持ち前の個性の多くが失われなかったことは、彼の性格の奥深さを物語っていると言ってもよい。「父の個性のなかでも、やさしく天真爛漫で陽気な一面が強化されたようで……私たちは幸運でした」[10]とペギーは語っている。ペースは落ちたものの、ゲームや機械いじりは継続された。晩年のシャノンとの交流について、アーサー・リューベルはつぎのように回想している。


最後に会ったときは、アルツハイマー病がかなり進行していました。人間から生の輝きがゆっくり失われていくのを見るのは悲しい経験ですが、天才の場合は特に残酷な運命に感じられます。僕がジャグリングをすることはほとんど覚えていなくて、おもちゃ部屋で楽しそうにジャグリングを披露してくれました。まるではじめてみたいにね。でも、記憶や理性を失っても、温かくて友好的で愉快な性格は初対面のときとまったく変わりませんでした。[11]

一九九三年、シャノンは転倒して腰骨を折り、入院が必要になった。その後、リハビリと救急処置のサイクルが延々と繰り返され、つぎはどうなるか家族は戦々恐々で、精神的にも肉体的にもつらい時期が続いた。ベティは、クロードの居場所は自宅しかないと考えていた。ペギーによれば、「母にとって、自宅は本当の意味での避難所でした」[12]。そこでベティはエントロピーハウスの一室を改造し、病院のベッドなどの必需品を用意した。しかしベティ本人も年を重ね、夫の介護が手に余っているように娘には感じられた。そこで母親に、介護サービス付の高齢者集合住宅を検討するよう強く勧めた。最終的な決断は母親に任せたが、コートヤード介護センターにクロードを移すことに賛成してくれたときは深く安堵した。この施設は、ウィンチェスターからおよそ五キロ離れた場所にあった。

ベティにとっては、夫が自宅から離れた場所に移っても何ら変わりはなかった。相変わらず献身的に介護を続け、毎日二回は訪問した。娘のペギーはその様子に感動し、こう語っている。「母は本当に献身的でした。父がきちんと介護されるよう、気配りを怠りませんでした。もちろん、夫がいなくて寂しい思いをしていました。母の人生のなかで父は中心的な存在で、それは施設に移っても変わりませんでした」。クロードにとって、妻の訪問は珠玉の時間になった。「お昼に私が訪問すると、看護師さんたちはベンチに並んで私を待っていました。私を見ると夫の顔がぱっと輝き、笑いを浮かべるからです。素敵でしょう」[13]。

ほかの家族も時々シャノンを訪問した。介護施設のスタッフは時間をつぶせるようにと、簡単な算数の問題を彼に与えた。そしてシャノンは最晩年も機械いじりを楽しんだ。歩行器を分解しては、そこからもっと良い設計を想像した。ベティによれば、「ものを分解して仕組みについて考えることが、最後まで大好きでした」という。体と手の機能は維持されており、音楽に合わせて指を叩いた。「夫はじっとしていられなくて……あちこち歩き回っては施設のべつの場所を見学し、何が行なわれているのか確かめようとしました。でも確実に、心はそこにありませんでした」。ただし、最小限のレベルで動いて機能できることは、多少の危険を伴った。「施設の階段に興味があって、歩行器を使っているのに降りようとするので、スタッフは目が離せませんでした。外に出て行ってしまい、行方を探すときもありました」。

しかし最後は体の動きが損なわれ、会話や食事といった単純な動作も難しくなった。そして二〇〇一年二月二四日、クロード・シャノンはこの世を去った。彼の脳は、アルツハイマー病の研究のために寄贈された。葬儀はウィンチェスターのレーン葬儀場でささやかに執り行なわれた。

自分の葬式という問題について、シャノンは何年も前から構想を温めていたが、そこで想像したものは実際とかなり異なっていた。彼にとって葬式は、悲しみではなくユーモアが求められる機会であり、進行を大まかなスケッチで描いていた。それによれば、メイシーデパートが企画するような愉快で楽しいパレードで式は始まり、そのあとクロード・シャノンの略歴が紹介される。先導役を務めるのはクラリネット奏者のピート・ファウンテンで、後ろにジャズ・コンボを従えている。そのつぎは、六人の担ぎ手によって棺が運ばれてくるが、全員が一輪車に乗って、棺を落とさないようにバランスをとっている（スケッチには「六人の一輪車乗り／故人」と説明がある）。そのあとには「悲しみに暮れる未亡人」、ジャグリングをする八人の集団、「八つのペダル付きのジャグリング・マシン」が続く。さらにそのあとには、三つの黒いチェスの駒が一〇〇ドル札を掲げて登場し、その紙幣を西部の三人の富豪――カリフォルニアのハイテク投資家――が追いかける。そのすぐ後ろには「チェス盤を載せた山車」が続き、イギリス人チェスマスターのデイヴィッド・レヴィがコンピュータとライブで勝負をしている。そして科学者や数学者たち、「スキナー箱（訳注　条件づけ装置）で訓練された四匹の猫」、「ネズミの集団」、ジョガーの集団、四一七人編成の楽団が、しんがりを務める。

これは全く現実的ではない。当然ながら家族は、もっと落ち着いた形の追悼を好んだ。シャノンの亡骸は、ケンブリッジのマウントオーバン墓地のベゴニアの小道沿いの墓に安置された。

ただし、最高裁判事や州知事や大学の学長だけでなく、ほかにも大勢の著名な思想家や政治家や科学者が永眠している墓地のなかで、シャノンの墓石はユニークである。薄灰色の大理石に刻まれた「シャノン」という文字を見て何も疑わない訪問者は、そのまま先へ進むだろう。しかし、実は裏側にメッセージが隠されている。墓石の裏側は茂みに覆われているが、大理石の開口部にシャノンのエントロピーの公式が刻まれているのだ。シャノンの子どもたちは公式が表側に刻まれることを希望したが、母親はそれに反対で、裏側のほうが夫の謙虚な人柄にふさわしいと考えたのである。

このように、クロード・シャノンは永眠の地にも符号を残した。メッセージは見えない場所に隠され、探そうとしなければ目にすることができない。

32 余波

心の底から喜び、精神が高揚し、自分を人間以上の存在に感じられることは、卓越した才能の持ち主の試金石である。このような人物は詩の世界だけでなく、数学の世界にも確実に見出される。(1)

バートランド・ラッセル

〈ニューヨーク・タイムズ〉紙はシャノン追悼の記事を掲載した。胸像や彫像が注文された。ベル研究所のキャンパスの建物のひとつは、彼を記念して改名された。しかしそのあと一般大衆のなかで、クロード・シャノンは記憶から消えていった。

ある意味、シャノンの最大の遺産は本人ではなく、他人の成果に受け継がれている。教え子や賞賛者、後の時代の情報理論家やエンジニアや数学者たちに、彼は多大な影響を与えた。そして彼らのおかげで、シャノンの記憶は生き続けた。シャノンが有名になるきっかけとなった専門ジャーナルで、それぞれがシャノンについて語っている。仲間のエンジニアや情報理論家たちは、心温まる思い出や回想を文字に起こし、それは今日まで続いている。「アメリカが生んだこの天才は比類なく豊かな遊び心を持ちながらも紳士であった(2)」と、ある人物は紹介し、「シャノンは……知性に関して生まれながらの強烈な光を発散させている」とべつの人物がつづける。さらに、自分はシャノンに会ったことがないが、九歳のときにシャノンの修士論文をたまたま目にして、すぐその場で数学者としての人生を選ぶ決心をしたと言う者もいた。

このような形で振り返ることができるのは、ある意味、彼らの多くが科学の世界で稀な経験をしたからでもある。すなわち、自分たちの専門分野の生みの親と、彼らは地球上での時間を共有した。しかし、理由はそれだけではない。何世代にもわたってアメリカのエンジニアや数学者にシャノンの研究が影響をおよぼし続けたのは、彼らの根本的な価値観と共鳴したからでもあった。

では、どんな価値観だったのか。それは、単純さを大事にする価値観である。エレガントな数学こそが説得力の強い数学であり、過剰な記述や余分な研究はすべて排除されなければならないと考える。本質を追求するための訓練として数学にアプローチしたシャノンは、自己完結型で洗練され直観的で、もちろん目を見張るような研究成果を生み出した。それはニュートンのF=maや、アインシュタインのE=mc^{2}といった運動方程式にも匹敵する。ロシア人数学者のグループは、シャノンの研究では「異なるセクションが論理的に自然な形で発展し、お互いに影響し合ってひとつにまとまっていくので、問題が自然に解決されていくような印象を受ける」(3)と指摘して、このような印象を与える数学の美徳を「全体性」と呼んだ。シャノンの論文は、途切れることなく統一されているのだ。あるいは、シャノンと同世代のべつの人物は、もっと詩的にこう説明している。「『彼の』アイデアは美しい交響曲を奏でている。主題が繰り返され力を増していくので、われわれ全員にとっていつまでもインスピレーションの源であり続ける。これは数学にとって最高の状態だ」(4)。

一九四八年、シャノンの理論的研究は解答と同時に多くの疑問も投げかけた。しかし、こうした課題の価値を過小評価すべきではない。シャノン限界は遠い未来を見据えているので、何十年も経過するほど役に立つようになった。今日でさえ、シャノン限界はあと少しで達成できそうな目標であり、エンジニアたちは追求の手をゆるめない。ただし、これは狭い範囲の現実的な要素だ。彼の論文の大きな特徴は後世への影響である。彼の論文をきっかけに新しい研究分野がまるごと誕生し、対話や話し合いが促され、それは本人がこの世を去ったあとも続けられてきた。「地震のあとに余震が収まらないような状態だ！」[5]と、後の時代の情報理論家アンソニー・エフレミデスは語る。これだけ影響が長続きした論文はまずない（九万一〇〇〇回以上も引用され言及されている！）。情報理論に関してはシャノン以前から重要な研究が行なわれてきたが、情報に本格的な研究として真剣に取り組んだのは彼が最初だった。ある人物は何十年も後にこう語っている。「多くの科学者にとってシャノンの発見は、目が覚めたら戸口に大理石が転がっていたようなものだ[6]」。

シャノンが掘り起こした大理石を、ほかのみんなは好きなように刻んだ。ある意味、彼は研究の結果、先駆者として後世で評価されるよう運命づけられたとも言える。今日の地球をひとつに結ぶ情報アーキテクチャの作成者のひとりでありながら、スティーヴ・ジョブズやビル・ゲイツのように名前を認知される可能性は低い。それは、本人が注目されるのを避けたからだけではない。無名なのは、今日の私たちが利用するテクノロジーと彼の研究とのあいだの大きな隔たりが原因であるとも考えられる。たとえば、「信号処理能力が大きく進歩して、高速でデータを送ることができるようになったのは、情報理論に関するクロード・シャノンの研究のおかげだ[7]」と世界クラスのエンジニアが発言すれば、内情に通じている人間の心には響くかもしれないが、情報の訓練を受けていない人にとってはほとんど意味を持たない。

しかし、クロード・シャノンについて考え直すことには価値がある。ただし、普通に想像するような形ではない。デジタル時代の遠い先祖としてだけでなく、二〇世紀のきわめて独創的なゼネラリストとして考えてみよう。情報時代の土台を築いた人物としてだけでなく、深く興味を持つ話題に関して優秀な頭脳を徹底的に鍛え、しかもその際、目先の実用性にとらわれない姿勢を貫いた人物として考えてみるのだ。

そんなクロード・シャノンから、私たちは何を学べるだろうか。

偉大なゼネラリスト

まず、従来からは考えられないほど専門化が進んだ私たちの時代にとって、シャノンの研究は良いお手本になる。彼の研究は良い意味で幅が広く、同じような立場の二〇世紀のいかなる知識人と比べても、簡単に分類するのが難しい。彼は数学者だっただろうか。その通り。エンジニアだっただろうか。その通り。ジャグラー、一輪車乗り、機械製作者、未来学者、ギャンブラーだっただろうか。その通り。そしてほかにも複数の顔を持っていた。様々な分野に興味が広がっても、シャノンは決して矛盾を認めなかった。旺盛な好奇心に導かれるまま行動しただけである。したがって、情報理論から人工知能、さらにはチェスやジャグリングやギャンブルへと興味の対象が飛躍するのはきわめて自然だった。むしろ、ひとつの分野だけに才能をつぎ込むことに意味があるとは思えなかった。

もちろん、各分野のあいだには関連性があった。そして、ロボット工学や投資やコンピュータチェスの研究が、情報理論の研究と結びついていることをシャノンが理解していたのは言うまでもない。情報革命があらゆる側面で世界を根本的に変化させる可能性について、彼ほど直観的に理解していた人物はまずいない。しかしそのため、彼は専門化よりも探究の道を選んだ。情報理論での成功に何十年も胡坐をかき続ける選択肢もあったが、ＭＩＴに赴任する頃には、彼の関心はべつのところに移っていた。情報理論に関する疑問や問題に関して、シャノン本人は特に関心があるようには見えなかったと、当時の学生たちは回想している。しかし話題がロボット工学や人工知能におよぶと、耳をそばだてて大いに注目したという。

ロシアの偉大な数学者のアンドレイ・コルモゴロフは、一九六三年につぎのように語っている。

人間の知識が専門化の傾向を強めている現代において、クロード・シャノンは例外的な科学者だ。抽象的な数学に関して深く思考するだけでなく、広範にわたる技術的な難問をきわめて具体的に理解することもできる。過去数十年間で最も偉大な数学者のひとりであり、最も偉大なエンジニアのひとりでもある。(8)

この一見矛盾した姿勢を本人は意に介さず、それは普段の暮らしぶりでも同様だった。世界的な名声を獲得する選択肢もあったが、ひっそりと暮らすほうを好んだ。革新的な論文をいくつも執筆していながら、中身に満足できず発表をいつまでも延期して、目先の関心事に熱中した。市場の動きやスタートアップ企業の潜在性を研究して裕福になったが、かなり質素な生活をおくった。象牙の塔の頂点に昇りつめ、その証として数々の栄誉や役職を与えられたが、子ども用に制作したゲームを楽しみ、ジャグリングの軌跡を描き出すことに何の恥じらいも感じなかった。熱烈な好奇心を持ちながら、時には怠慢になっても悪びれなかった。同時代の知識人のなかでもとびきり生産的で人望があったにもかかわらず、そのような評価を受けるよりも、作業部屋で機械いじりをしているほうが大切だと考えているような印象を与えた。

天才ならではの勇気

シャノンは、気の向くまま自由に様々な分野の研究に手をつけることが特徴で、実際私たちは、彼が難しい問題を深く追求していたことを時に忘れてしまう。研究を楽しんではいたが、当時の最も重要な科学的問題のいくつかに取り組み、数学とコンピュータ科学と工学にまたがって研究を続け、なかには相互の関連性の確定に貢献したケースもあった。ＡＩ研究のパイオニアであるマーヴィン・ミンスキーは、シャノン死去の知らせを受けてこう語った。「彼は、問題が難しく見えるほど、何か新しいものを発見するチャンスが広がったと考える人だった[9]」。

このようなアプローチをとるには勇気が必要で、シャノンがその資質を持ち合わせていたことを、ベル研究所の仕事仲間のひとりリチャード・ハミングが指摘している。いまでは有名な「研究にどう取り組むべきか」という題名の講演のなかで、ハミングは学生たちを対象に、数学をはじめとする学問分野で第一級の研究をするために必要な資質について説明した。そして特にシャノンを取り上げ、彼が研究で素晴らしい成果を上げた理由のひとつは勇気があったことだと指摘する。

勇気は、シャノンが特に秀でていた資質のひとつです。それは有名な定理について考えれば、すぐにわかるでしょう。彼は符号化法を創造したくても、どうすればよいかわからなかったので、ランダム符号を作成しました。そしてそれが行き詰まると、「平均的なランダム符号には何ができるだろうか」と、大胆に発想を飛躍させました。その結果、任意に小さい誤り率でメッセージが受信されることがわかり、そこから少なくともひとつは問題のない符号化法が存在するはずだと証明したのです。底なしの勇気を持っていなければ、あえてこんなことは考えないでしょう。これこそ偉大な科学者の特徴です。彼らは大きな勇気の持ち主で、信じられないほど厳しい状況でもひるまず前進します。とにかく考え、考え抜きます。[10]

私たちは普通、数学や工学の分野を勇気という古くからの美徳と結び付けて考えない。しかし、シャノンはこれらの分野に尋常ならざる貢献をしている。そして本人はまず認めようとしないが、シャノンのように考え、シャノンのように生きるためには大きな勇気が必要とされた。これは、学生をはじめ、周囲の人間に大きな影響をおよぼした。「シャノンのような人物と研究していると、自分の地平線が広がり、もっと遠くまで到達してみたくなる」[11]と、レン・クラインロックは語っている。

実のところシャノンの勇気は自我と結びついているのだが、その自我は自己完結型であり自己充足型なので、眺める角度によっては自我があるようには見えない。これはシャノンの要とも言える資質で、ほかの資質はすべてこの土台の上に成り立っている。自己宣伝の機会を与えられても、ほぼ常に難色を示した。そして、数学者は難しさが不十分な問題を「トイプロブレム」と呼んで嘲笑し、そんなものに時間を費やすことをいやがるものだが、シャノンは本物のおもちゃの研究に取り組んでいる事実を隠さなかった！　ほかの研究者ならば困惑するようなプロジェクトを進め、些細でくだらないような問題を追求し、そこから難問の解決策を鮮やかに見つけ出した。自分よりも優秀な頭脳を作り出そうとするのは、あるいは自分で自分の電源を切る機械を制作しようとするのは、よほどの自信がなければ不可能だ。

面白がる天才

そしてこれは、シャノンの人生のもうひとつの顕著な特徴と関係があるように思える。それは、仕事に喜びを見出す姿勢だ。偉人は心に深い傷を負っていると思われがちで、天才には悩み苦しむイメージが付きまとう。しかし二十代の数年間を除けば、シャノンは深刻に考え込み、時にはうつ状態になりながら研究と格闘する時期をいっさい経験せず、人生も仕事も絶え間のないゲームとして考えているようだった。彼は尋常ではなく才気煥発であると同時に、いたって人間的だった。

しかもこれは意識的な行動ではない。楽しんでいる印象を苦労して与えようとしたわけではなかった。シャノンは様々な事柄に注目し、好奇心の赴くままに行動することを純粋に楽しんだ。周囲の人間の証言からは、彼は心が広いだけでなく、喜びの対象が多方面にわたっていたことがわかる。工学の問題の複雑さに魅せられていたかと思うと、いきなりチェスのポジションに心を奪われた。そしてドラマチックな表現や芸術的な表現に関して生まれながらの才能に恵まれていた。火を噴くトランペット、機械のネズミのテセウス、自宅の大きな木を材料に使った手彫りの旗竿、きわめて正確にジャグリングをする道化の人形など、独創的なものばかりだ。シャノンを賞賛する人たちは、彼をアルベルト・アインシュタインやアイザック・ニュートンと同列に扱うだけでなく、M・C・

エッシャーやルイス・キャロルにたとえたがる。彼の手にかかると無味乾燥で専門的な科学は、大勢の人たちを対象にした魅惑的なパズルとなり、問題の解決は大人が楽しめる遊びになった。研究成果がジャーナル誌に掲載されるだけでなく、博物館のホールに展示されていることからも、クロード・シャノンの人となりや、研究を本能的に楽しんでいた姿勢は理解できる。

ある意味、ここから何かを引き出すのは不可能かもしれない。シャノンの喜びは、誰にも真似できないようにも感じられる。しかしおそらく、普通は重々しく論じられる学問分野にも軽い要素が入り込む余地は多く残されていることを、シャノンの事例は教えてくれるとも考えられる。今日では、数学や科学の研究からは発見を楽しむ機会が与えられるとは滅多に言われない。その代わり、社会や経済や就職など、現実の世界にもたらされる恩恵が注目される。ＳＴＥＭ（訳注／科学、技術、工学、数学の教育分野の総称）のコースを取るのは雇用の安定のためであって、喜びからではない。数学や科学の研究はある意味、野菜を食べることに等しい。価値があり、ためにはなるが、何となく好きになれない。

少なくとも私たちにとって、これはシャノンが望んでいた形とは思えない。シャノンはエンジニアであり、大抵の人たちよりも実用性を重んじたが、それでも知識はそれ自体に価値があり、発見はそれ自体が喜びであるという発想に共感し、つぎのように語っている。「僕は問題が何の役に立つのかではなく、問題がわくわくするほど面白いかどうかに興味がある」(12)。同時代人のひとりは、世界クラスの数学者が一輪車に真剣に取り組む風変わりな一面に注目し、シャノンが一般的な事柄に情熱を注ぐだけでなく特殊な機械を愛好する姿勢について大局的な視点からつぎのように語っている。「彼は一輪車を製造する会社を作ることに興味はなかった。なぜ一輪車が面白いのかを見つけ、それについてもっと多くを知ることに興味があった」(13)。

そして彼のアプローチは、同世代のあいだで目覚ましいイノベーションを促した。たとえばボブ・ギャラガーは、シャノンと同時代に情報理論を研究するのはどんな気持ちだったのか、つぎのように語っている。

僕がMITの大学院生だったとき、パズルを解くようなシャノンの研究スタイルは最盛期だった。知性を重んじる空気が漂っていた。誰もが数学や物理、そして通信を理解したいと願った。会社を立ち上げたり、大金持ちになったり、現実への応用を考案するのは二の次だった。理論を現実に近づけることへの興味はあったが、あくまでも理論が基本だった。僕たちのお手本となった人たちはみな気持ちに余裕があり、好奇心旺盛で、時間をかけてじっくり考えていた。(14)

今日の大学の学部がこの記述に当てはまるとは言い難いが、これを目標に掲げることには間違いなく価値がある。

晩年になってもシャノンの無頓着さは相変わらずで、偉い相手に遠慮するわけではなかった。〈サイエンティフィック・アメリカン〉誌にジャグリングの物理的性質に関する論文を執筆すると約束したあと、彼は興味を失い、まったく関係ないプロジェクトを偶然に見つけた。そこで一九八一年、つぎのようなメモを編集者に書き送った。

デニスへ
きっと僕が時間を無駄に過ごしていると思っているでしょうね。ジャグリングに関する論文を棚に仕舞いこんだまま、ぶらぶらしているのではないかと。これは真実の一面でしかありません。実は最近、つぎのようなふたつの結論に達しました。
（1）自分は科学者よりも詩人として優秀だ。
（2）〈サイエンティフィックアメリカン〉誌は詩の欄を持つべきだ。
いずれにも賛成できないかもしれませんが、「ルービックキューブに関するルーブリック」という詩を書いたので、以下に紹介します。

敬具
クロード・シャノン

追伸：ジャグリングに関する論文には、いまでも取り組んでいます(15)。

このあと、ルービックキューブをテーマにした七〇行の詩が書かれている。それは「『タララ！ブーンディエイ』（訳注／ミュージックホールの歌）（八小節のコーラス）」で始まり、最後には脚注が付けられている。韻の踏み方やリズムからは、作者が言葉遊びをして、頭のなかで言葉を並べ替え、声に出して歌いながら時間を過ごしたことは間違いない。このプロジェクトはきわめて不真面目だった。
では、ジャグリングの論文はどうなったのだろう。シャノンの心が創造した作品の多くと同様、ほこりをかぶってしまった。少なくとも本人にとって、ジャグリングについて語る必要のある内容は語りつくしてしまった。しかし、彼がこの件について残念に思うことがひとつあった。せっかくの詩が掲載されなかったことに、失望を味わったのだ。
笑いながら、彼はこう語っている。「これだって、素晴らしい作品なんだよ！」

謝辞

本書には、ふたつの方法で書き進める可能性があった。下に合わせるか、上を目指すかのいずれかだ。今回のような本の場合、専門家がレベルを落とすことなく、ほかの人たちに平易な形でメッセージを伝えたいときには、下に合わせて執筆される。自分が初心者のときにどこまで理解できたか、著者は苦労しながら思い出す。一方、著者自身がテーマを学習しているときは上を目指して執筆され、学んでいる内容を何とか伝えようと奮闘し、まさにそれが学習プロセスの一部になる。前者は、すでに知識を持っている満足感が原動力になっている。そして後者は、物理学者で魅力的な人柄のリチャード・ファインマンが言うところの、物事を見つける喜びが原動力になっている。

どちらのモデルにも魅力と欠点があるが、今回の本は後者に該当し、上を目指して書かれた。私たちは伝記作家であり、数学者でも物理学者でもエンジニアでもない。私たちは素人だが、執筆作業にはできる限りの努力を惜しまなかった。新しいものについて十分に理解せず、しかも理解する努力を怠るのは悪いことだという気持ちに最初から悩まされた。せっかくたくさんの情報を提供されたのに、その内容を理解しようとしないのは失礼だし、もったいないことだと思った。

このような思いを抱えながら、その修正を試みたのは、私たちが最初ではない。たとえば、物理学専攻の学生から小説家に転じたアーサー・ケストラーは、かつてつぎのように語った。「今日の人類は人工的な環境で孤立して生きているが、それは人工的な環境そのものが有害だからではなく、こうした環境を機能させる力についての理解が足りないからだ。そのため、与えられたガジェットを自然の力や宇宙の秩序と関連付けることができない。セントラルヒーティングによって人間の存在が「不自然」になるのではない。その背後にある原理に関心を持とうとしない姿勢が問題なのだ。科学に全面的に依存しながら、それを支える原理に目を閉ざすようでは、都会にいながら野蛮人の生活をおくっているようなものだ」(1)。

このあと、私たちはつぎのように書き加えたい。インターネットや情報の氾濫が不自然なのではない。これらの起源は何か、なぜ、どのようにして存在するようになったのか、歴史の流れのなかでどこに位置づけられるのか、どんな男性や女性が実現に関わったのか、考えようとしないことが不自然なのである。これらの事柄について学ぶよう心がけるのは一種の義務ではないかと思う。かりに本書の主題となった人物が何かを評価するとすれば、自分の功績が大げさに賞賛されることではなく、少しでも理解されようとする姿勢だったのではないか。

この義務を果たすうえで、私たちはたくさんの方々から大いに助けられた。友人であり起業家のダン・キマーリングは、シャノンの賞賛に間違いなく値する人物だ。クロード・シャノンの伝記というアイデアは、最初に彼から提案された。友人としての何気ない意見だったのかもしれないが(このときは、ベル研究所に関する本についても話題にのぼった)、それがきっかけとなり、本書が出来上がった。素晴らしいインスピレーションを与えてくれたダンには、深く感謝する。

私たちを最初から信じて疑わず、まだ頭のなかの構想にすぎなかった段階から評価してくれたエージェントのローラ・ヨークには、本当に世話になった。まだ漠然としたアイデアをほかならぬアリス・メイヒューに売り込むよう励ましてくれ、適切な時期に本書が実現するよう後押ししてくれた。ローラは出版ビジネスでは伝説的存在で、まさにその名に値する！

サイモン&シュスター社のアリス・メイヒューほど、本の可能性に対する鋭い感覚の持ち主はいない。彼女も伝説的存在だが、その理由を私たちは理解できる。この数年のあいだには多くの幸運に恵まれたが、なかでも最も大きいのは彼女が担当編集者になったことだ。彼女は本書に全幅の信頼を置いて、私たち自身が投げ出したくなったときでも信頼は揺らがなかった。たくさんの伝記作家を担当してきた彼女は、私たちからベストのものを引き出してくれた。その信頼と比類ない編集作業に、私たちは心の底から感謝している。彼女の編集チームのスチュアート・ロバーツも、このプロジェクトを成功に導くために努力してくれた。スチュアートは賢くて我慢強く、この上なく親切な人物で、アリスの右腕として活躍していることも納得できる。

『世界の技術を支配するベル研究所の興亡』の著者ジョン・ガートナーは、本人は意識していないものの、このプロジェクトにインスピレーションを与え、後には惜しみなく協力してくれた。重大であるか否かにかかわらずこちらの質問に回答を寄せ、どこに連絡をとって何を調べればよいか教えてくれ、ソーントン・フライやベル研究所の数学者グループに関する未公表の口述原稿を見せてくれた。どれも本当に役に立った。歴史書の書き手にとって、これほど頼りになるガイドはいない。同じ道をすでに歩んでおり、どこで行き詰まるか理解している。その経験を惜しげもなく私たちに教えてくれる寛大な態度は本当にありがたいものだった（ちなみに、彼の著書『世界の技術を支配するベル研究所の興亡』を読者の皆さんがまだ読んでいなかったら、ぜひ読むことをお勧めする。ベル研究所の歴史に関してこれほど見事に記され、革新的な組織が構築される過程がこれほど鮮やかに描かれている著書はまず見当たらない)。ほかにはジェイムズ・グリックの『インフォメーション』とエリコ・マルイ・グイッツォの修士論文「The Essential Message」が、シャノンの人生と研究を追求するうえで貴重なガイドとして役に立った。

ジョアナ＝キング・スルツキーは、第一級の研究助手として活躍してくれた。科学や工学の外の世界でシャノンの名を知っている人物を見つけるのは難しい。しかしジョアナは本プロジェクトに関わる以前、すでにクロード・シャノンについてまとめたものを書いていた。そんな人物との出会いは本当に幸運だった。彼女は勤勉で思慮深く、私たちに劣らぬ情熱で調査に取り組んでくれた。

プリンストン大学のセルジオ・ヴェルデュ教授は、情報理論の世界への貴重なガイド役で、会うときは常に私たちを仲間と見なし、思慮深い助言を提供してくれた。シャノンの人生の秘密を解き明かすことに情熱を傾け、その姿勢はプロジェクトで一貫して私たちにとって刺激になった。しかも彼は本書を丹念に読んで、たくさんの間違いを修正してくれた。本書執筆時点で、彼は映画監督のマーク・レヴィンソン(『パーティクル・フィーバー』で有名)とシャノンのドキュメンタリー映画の制作に取り組んでいる。それは間違いなく、素晴らしい作品になるだろう。

本プロジェクトの最終段階では、アレックス・マグーン博士が校閲作業を引き受け、原稿に多くの間違いを見つけてくれた。彼が本書の主題に大いに興味を持ち、しかも私たちが間違えやすい部分をベテラン歴史家として的確に見抜いてくれたおかげで、計り知れないほど助けられた。何時間も作業に取り組み、たくさんの間違いを見つけてくれたことを感謝する。

マーカス・ウェルドンならびにノキアの子会社となったベル研究所のチーム全員——特にピーター・ウィンザーとエド・エッカート——は、私たちに門戸を開いて史料を提供してくれた。時間をかけて貴重な情報を共有してくれたおかげで、どれほど助けられたことか。シャノンの生涯を理解するうえでベル研究所について理解することは不可欠であり、彼らの協力がなければそれは不可能だった。

必要な情報をインターネットで探し出す作業に驚異的な能力を発揮するウィル・グッドマンは、シャノンの家族や同僚たちの連絡先の情報を追跡する作業で大きな力になってくれた。一カ所にとどまらないウィルの旺盛な好奇心には、シャノン本人も強い印象を受けただろう。かりにそんな人物が存在するとしたら、彼は間違いなく二一世紀を代表するメカ好き探偵だろう。

シャノンの家族には、大切な家族の思い出をふたりの赤の他人と共有してくれたことに感謝したい。ベティ・シャノンは私たちとのインタビューに応じてくれたが、そのときの会話からは彼女と亡き夫の素晴らしい関係が十分に伝わってきた。クロードの息子のアンドリュー・シャノンと娘のペギー・シャノンも、長い時間をかけて話を聞かせてくれた。寛大なふたりは知人についてのなじみ深いストーリーに目を通し、途中で間違い（誤植まで！）を修正してくれた。シャノンの家族の助けがなければこのプロジェクトは完成できなかった。心から感謝している。

シャノンの家族と同様、大勢の人たちが知らない人間からのeメールや電話に快く応じ、わざわざ時間を作って話をしてくれた。ロバート・ギャラガーはインタビューにも応じてくれ、原稿を丹念に読んでたくさんの誤りを訂正してくれた。彼は貴重な時間を惜しみなく提供し、門外漢のふたりの作家に根気強く付き合ってくれた。アーサー・リューベルも原稿に目を通し、色々な提案をしてくれた。ジャグラーとしてのシャノンの人生を垣間見る機会を彼から提供されなければ、この部分は書くことができなかった。トム・カイラスは、情報理論へのシャノンとウィーヴァーの貢献について理解する手助けになっただけでなく、初校に目を通してくれた。そして、デイヴ・フォーニーがこの原稿に対して書き留めた長いメモも大いに役立ち、ふたりの素人が数学をできる範囲で理解するための力になった。皆さんが時間を惜しまず貢献してくれたことを感謝している。

ケヴィン・キュリーは、本書の途中に挿入されている数々の写真を見つけ出して集め、選別する作業を手伝ってくれた。過去に経験があったわけではなく、いきなりの挑戦だったが、素晴らしい仕事をしてくれた。彼の助けがなければ、このストーリーを感動的に仕上げるために必要な写真は集められなかった。どうもありがとう。

以下の方々にも心からの謝意を表したい。ブロックウェイ・マクミラン、アーウィン・ジェイコブズ、ロナルドならびにファン・チャン・グラハム、ジョン・ホーガン、ラリー・ロバーツ、アンソニー・エフレミデス、マリア・モルトン゠バレット、レン・クラインロック、ヘンリー・ポラック、ノーマ・バーズマン、エド・ソープ、マーティン・グリーンバーガー、故ボブ・ファノ、故ソロモン・ゴロム。様々な時点で、誰もが貴重な時間を割いて助けてくれた。このように関わってくれたおかげで、本プロジェクトは中身が充実して豊かになった。

私たちの家族にとっては、シャノンに関して延々と続く仕事に付き合わされることも、ようやくこれで終わりになった。決して冗談ではなくこれ以上は書けないので、ここで終了することにする。ただし、本プロジェクトの最終年に一週間の間隔を置いて誕生した赤ん坊のヴェニスとアビゲイルには、今後も多少の情報が提供されるかもしれない。

訳者あとがき

インターネットや携帯電話は、いまや日常生活に欠かせない。そしてＡＩは、様々な分野に応用され続けている。このような情報化社会をもたらした最大の功労者のひとりが、本書の主人公のクロード・シャノンだ。もちろん、シャノンがひとりで何もかも手がけたわけではないから、たとえ彼がいなくても、情報化社会は到来していただろうが、その時期は確実に遅れていたはずだ。

文系脳の私がシャノンの功績を教えてくれと言われたら、「遠くにいる相手に情報を迅速かつ正確に伝えることを可能にしてくれた」と答えたい。そのために大量の情報をギュッと圧縮してコンパクトにまとめる方法をシャノンは思いついたのである。遠くにいる相手に長いメッセージを伝えるには、大声を張り上げる方法もあるが、声量には限界がある。わざわざ出向くのでは、時間がかかりすぎてしまう。それよりは、決められた手順にしたがってメッセージを複数にスッキリと小分けして、ポンと放り投げ、相手はそれを受け取ったら、決められた手順にしたがって開封し、中身を確認すればよい（私は頭のなかでこんなイメージを思い描いている）。

本人は、自分は天才ではないと謙遜しているが、こんな発想は凡人の頭では思いつかない。では、これほど突出した人物がどのようにして誕生したのか。本書はシャノンの生涯の様々な側面に焦点を当てながら、そのヒントを教えてくれる。まず、シャノンは英才教育を受けたわけではない。本書にも登場するノーバート・ウィーナー（サイバネティックスの提唱者）は、幼い頃から父親に厳しく教育されて偉大な数学者になったが、シャノンは平凡な家庭で普通の少年時代を過ごした。姉が優等生で数学が得意だったため、対抗心を燃やして数学を熱心に学ぶうちに興味がわいたようだ。機械いじりに夢中な少年で、それは大人になっても変わらなかった。ほかには暗号解読も大好きだったという。どちらも強制されたわけではなく、好きでやっていたことだが、後の人生で大いに役立った。

シャノンの人生に大きな影響を与えた人物は何人かいるが、ヴァネヴァー・ブッシュは筆頭に挙げてよいだろう。シャノンは大学を卒業後、ＭＩＴで微分解析機の開発を進めているブッシュのもとで修士論文を書くことになり、微分解析機を調整する作業を任された。ここでは機械いじりのスキルが確実に役立ったはずだ。ブッシュに隠れた才能を認められたのは実に幸運だった。彼は学会の大御所的存在だったため、シャノンの才能が最高の形で開花するように道筋をつけてくれた。ＭＩＴで書き上げた修士論文が大きく注目されたあと、シャノンが戦時中には徴兵を免れ、暗号解読などの分野で後方支援に専念できたのも、通信を研究するには最高の環境だったベル研究所に就職できたのも、ブッシュの後押しが一役買っている。ほかには、論文「通信の数学的理論」が本として出版される際に共著者となったワレン・ウィーバー、戦時中に暗号解読の研究で協力し合ったアラン・チューリングなどもシャノンに影響を与えたが、妻のベティを忘れてはいけない。シャノンは若い頃、一度結婚に失敗しているが、ベル研究所に勤務する美しく聡明なベティに一目ぼれし、生涯連れ添った。ベティは夫の研究に的確な助言を与え、論文を清書し、晩年に病魔に侵されてからは献身的に介護を続け、内助の功をいかんなく発揮した。

本書からは、頭脳明晰でも決して偉ぶらず、シャイで謙虚なシャノンの人物像が浮かび上がってくる。いちばん印象に残るのは、生涯にわたって遊び心を持ち続けたことだろう。機械いじりに夢中だった少年が、そのまま大人になったようだ。研究をコツコツ続けられるのも大好きだったからで（本人いわく「趣味」）、富や名誉を得るためではなかった。だから通信の分野で第一人者として認められたあとも、キャンパスで一輪車を乗り回し、玄人はだしのジャグリングに関する論文を執筆し、迷路問題を解くネズミのロボットやチェスを指す機械を製作した。エントロピーハウスと名づけた自宅には専用の作業部屋もあった。自宅にはＭＩＴのジャグリングクラブの学生たちがたびたび訪れたようで、温かな雰囲気の家庭だったことがわかる。

シャノンは人工知能の研究が進み、ＡＩが人間のチェスプレイヤーに勝利し、掃除ロボットが軽快に動き回る未来を思い描き、その予測はほぼ的中している。そんな彼は、ＡＩが人間を脅かす存在になるとは考えていない。人間の相棒と見なしていたようにも感じられる。ＡＩと人間の役割分担は、今日では大きな課題になっているが、シャノンのようなやさしい視点を持つことが大切ではないだろうか。シャノンから受け継がれた遺産を、私たちは良い形で発展させ、未来に残していかなければならない。

最後に、文系脳の私を最後まで温かくサポートしてくださった編集者の田中尚史氏には、心から感謝したい。ありがとうございました。

二〇一九年五月

訳者

Graham, Ronald. Interviewed by the authors, August, 23, 2014.
Greenberger, Martin. Interviewed by the authors, May 5, 2016.
Jacobs, Irwin. Interviewed by the authors, January 1, 2015.
Kailath, Thomas. Interviewed by the authors, June 2, 2016.
Kleinrock, Leonard. Interviewed by the authors, September 16, 2016.
Lewbel, Arthur. Interviewed by the authors, August 8, 2014.
McMillan, Brockway. Interviewed by the authors, January 4, 2016.
Moulton-Barrett, Maria. Interviewed by the authors, January 2, 2015, and January 21, 2016.
Pollak, Henry. Interviewed by the authors, August 7, 2014.
Roberts, Larry. Interviewed by the authors, September 26, 2016.
Shannon, Betty. Interviewed by the authors, November 12, 2015.
Shannon, Claude. Interviewed by Friedrich-Wilhelm Hagemeyer, February 28, 1977.
Shannon, Claude, and Betty Shannon. Interviewed by Donald J. Albers, 1990.
Shannon, Peggy. Interviewed by the authors, December 9, 2015.
Thorp, Edward. Interviewed by the authors, March 21, 2016.
Verdú, Sergio. Interviewed by the authors, September 6, 2015.

Wiener, Norbert. *Cybernetics, or Control and Communication in the Animal and the Machine*. 2nd ed. Cambridge, MA: MIT Press, 1961.（ノーバート・ウィーナー『サイバネティックス――動物と機械における制御と通信』岩波文庫、2011年、池原止戈夫、彌永昌吉、室賀三郎、戸田巌訳）
———. *Ex-Prodigy: My Childhood and Youth*. Cambridge, MA: MIT Press, 1964.（ノーバート・ウィーナー『神童から俗人へ――わが幼時と青春』みすず書房、1983年、鎮目恭夫訳）
———. *I Am a Mathematician*. Cambridge, MA: MIT Press, 1964.（ノーバート・ウィーナー『サイバネティックスはいかにして生まれたか』みすず書房、2002年、鎮目恭夫訳）
Wildes, Karl L., and Nilo A. Lindgren. *A Century of Electrical Engineering and Computer Science at MIT, 1882–1982*. Cambridge, MA: MIT Press, 1986.
Wilson, Philip K. "Harry Laughlin's Eugenic Crusade to Control the 'Socially Inadequate' in Progressive Era America." *Patterns of Prejudice* 36, no. 1 (2002): 49–67.
Wittgenstein, Ludwig. *Philosophical Investigations*. Trans. G. E. M. Anscombe et al. Ed. P. M. S. Hacker and Joachim Schulte. 4th ed. Malden, MA: Blackwell, 2009.（ルートヴィヒ・ヴィトゲンシュタイン『哲学探究』岩波書店、2013年、丘沢静也訳）
"Youthful Instructor Wins Noble Award." *New York Times*, January 24, 1940.
Ytrehus, Øyvind. "An Introduction to Turbo Codes and Iterative Decoding." *Telektronikk* 98, no. 1 (2002): 65–78.
Zachary, G. Pascal. *Endless Frontier: Vannevar Bush, Engineer of the American Century*. Cambridge, MA: MIT Press, 1999.
Zorpette, Glenn. "Parkinson's Gun Director." *IEEE Spectrum* 26, no. 4 (1989): 43.

[アーカイブ資料]

Claude Elwood Shannon Papers. Library of Congress. Washington, DC.
Claude Shannon Alumnus File. Bentley Historical Library. University of Michigan. Ann Arbor, MI.
Claude Shannon Alumnus File. Seeley Mudd Library. Princeton University. Princeton, NJ.
Institute of Communications Research Records. University of Illinois Archives. Urbana, IL.
Kelvin Collection. University of Glasgow. Glasgow, Scotland.
Office of the President Records. MIT Archive. Cambridge, MA.
Vannevar Bush Papers. Library of Congress. Washington, DC.
Warren S. McCulloch Papers. American Philosophical Society. Philadelphia, PA.

[インタビュー]

Barzman, Norma. Interviewed by the authors, December 21, 2014.
Ephremides, Anthony. Interviewed by the authors, May 31, 2016.
Fano, Robert. Interviewed by the authors, October 23, 2015.
Fry, Thornton C. Interviewed by Deirdre M. La Porte, Henry O. Pollak, and G. Baley Price, January 3–4, 1981.
Gallager, Robert. Interviewed by the authors, August 8, 2014.

491.

Thomson, Silvanus P. *The Life of William Thomson*, Baron Kelvin of Largs. London: Macmillan, 1910.

Thomson, William. "The Tides: Evening Lecture to the British Association at the Southampton Meeting, August 25, 1882." In Thomson, *Scientific Papers*, vol. 30. Ed. Charles W. Eliot. New York: Collier & Son, 1910.

Thorp, Edward O. "The Invention of the First Wearable Computer." *Proceedings of the 2nd IEEE International Symposium on Wearable Computers*, October 1998, 4–8.

Tompkins, Dave. *How to Wreck a Nice Beach: The Vocoder from World War II to Hip-Hop: The Machine Speaks*. Chicago: Stop Smiling Books, 2011.

Trew, Delbert. "Barbed Wire Telegraph Lines Brought Gossip and News to Farm and Ranch." *Farm Collector*, September 2003.

Tribus, Myron, and Edward C. McIrving. "Energy and Information." *Scientific American* 225 (1971): 179–88.

Turing, Alan. "Alan Turing's Report from Washington DC, November 1942."

Van den Herik, H. J. "An Interview with Claude Shannon (September 25, 1980 in Linz, Austria)." *ICCA Journal* 12, no. 4 (1989): 221–26.

"Vannevar Bush: General of Physics." *Time*, April 3, 1944.

Von Foerster, Heinz, Margaret Mead, and Hans Lukas Teuber, eds. *Cybernetics: Transactions of the Eighth Conference March 15–16, 1951*. New York: Josiah Macy, Jr. Foundation, 1952.

Von Neumann, John. "First Draft of a Report on the EDVAC." In *The Origins of Digital Computers: Selected Papers*. Ed. Brian Randell. New York: Springer-Verlag, 1973.

Waldrop, W. Mitchell. "Claude Shannon: Reluctant Father of the Digital Age." *MIT Technology Review*, July 1, 2001. www.technologyreview.com/s/401112/claude-shannon-reluctant-father-of-the-digital-age.

Weaver, Warren. "Careers in Science." In *Listen to Leaders in Science*. Ed. Albert Love and James Saxon Childers. Atlanta: Tupper & Love/David McKay, 1965.

———. "Four Pieces of Advice to Young People." In *The Project Physics Course Reader: Concepts of Motion*. Ed. Gerald Holton et al. New York: Holt, Rinehart & Winston, 1970.

———. *Science and Imagination: Selected Papers*. New York: Basic Books, 1967.

Weyl, Hermann. *Space — Time — Matter*. 4th ed. Trans. Henry L. Brose. New York: Dover, 1950.（ヘルマン・ワイル『空間・時間・物質』ちくま学芸文庫、2007年、内山龍雄訳）

Whaland, Norman. "A Computer Chess Tutorial." *Byte*, October 1978, 168–81.

Whitehouse, E. O. Wildman. "The Law of Squares — Is It Applicable or Not to the Transmission of Signals in Submarine Circuits?" *Athenaeum*, August 30, 1856, 1092–93.

———. "Report on a Series of Experimental Observations on Two Lengths of Submarine Electric Cable, Containing, in the Aggregate, 1,125 Miles of Wire, Being the Substance of a Paper Read Before the British Association for the Advancement of Science, at Glasgow, Sept. 14th, 1855." Brighton, England, 1855.

"Who We Are." Douglass Residential College, Rutgers University. douglass.rutgers.edu/history.

Russell, Bertrand. "The Study of Mathematics." In *Mysticism and Logic and Other Essays*. London: Longman, 1919.

Sagan, Carl. *Pale Blue Dot: A Vision of the Human Future in Space*. New York: Random House, 1994.（カール・セーガン『惑星へ』朝日新聞社、1996年、森暁雄訳）

Saxon, Wolfgang. "Albert G. Hill, 86, Who Helped Develop Radar in World War II." *New York Times*, October 29, 1996.

Schement, Jorge Reina, and Brent D. Ruben. *Between Communication and Information* 4. New Brunswick, NJ: Transaction, 1993.

Shannon, Claude Elwood. "The Bandwagon." *IRE Transactions — Information Theory* 2, no. 1 (1956): 3.

———. *Claude Elwood Shannon: Collected Papers*. Ed. N. J. A. Sloane and Aaron D. Wyner. New York: IEEE Press, 1992.

———. *Claude Shannon's Miscellaneous Writings*. Ed. N. J. A. Sloane and Aaron D. Wyner. Murray Hill, NJ: Mathematical Sciences Research Center, AT&T Bell Laboratories, 1993.

———. "Development of Communication and Computing, and My Hobby." Lecture, Inamori Foundation, Kyoto, Japan, November 1985. www.kyotoprize.org/wp/wp-content/uploads/2016/02/1kB_lct_EN.pdf.

———. "A Mathematical Theory of Communication." *Bell System Technical Journal* 27 (July, October 1948): 379–423, 623–56.（クロード・E・シャノン、ワレン・ウィーバー『通信の数学的理論』ちくま学芸文庫、2009年、植松友彦訳）

———. "Problems and Solutions — E58." *American Mathematical Monthly* 41, no. 3 (March 1934): 191–92.

———. "A Symbolic Analysis of Relay and Switching Circuits." *Transactions of the American Institute of Electrical Engineers* 57 (1938): 471–95.

———. "A Theorem on Color Coding." Bell Laboratories. Memorandum 40–130–153. July 8, 1940.

———. "The Use of the Lakatos-Hickman Relay in a Subscriber Sender." Bell Laboratories. Memorandum 40–130–179. August 3, 1940.

Sicilia, David B. "How the West Was Wired." *Inc.*, June 1997.

Snell, J. Laurie. "A Conversation with Joe Doob." 1997. www.dartmouth.edu/~chance/Doob/conversation.html.

Standage, Tom. *The Turk: The Life and Times of the Famous Eighteenth Century Chess-Playing Machine*. New York: Walker, 2002.（トム・スタンデージ『謎のチェス指し人形「ターク」』NTT出版、2011年、服部桂訳）

"Step Back in Time: A New County Seat and the First Newspaper." *Gaylord Herald Times*, reprinted January 6, 2016.

Sterling, Christopher H. "Churchill and Intelligence — Sigsaly: Beginning the Digital Revolution." *Finest Hour* 149 (Winter 2010–11): 31.

Sutin, Hillard A. "A Tribute to Mortimer E. Cooley." *Michigan Technic*, March 1935.

Sutton, R. M. "Problems for Solution." *American Mathematical Monthly* 40, no. 8 (October 1933):

Perry, John. *The Calculus for Engineers*. London: Edward Arnold, 1897.
Pierce, John. "Creative Thinking." Lecture. 1951.
———. "The Early Days of Information Theory." *IEEE Transactions on Information Theory* 19, no. 1 (1973): 3–8.
———. *An Introduction to Information Theory: Symbols, Signals, and Noise*. 2nd ed. New York: Dover, 1980.
Pinsker, Mark Semenovich. "Reflections of Some Shannon Lecturers." *IEEE Information Theory Society Newsletter* (Summer 1998): 22–23.
Platt, John. "Books That Make a Year's Reading and a Lifetime's Enrichment." *New York Times*, February 2, 1964.
Poe, Edgar Allan. "The Gold-Bug." In *The Gold-Bug and Other Tales*. Ed. Stanley Appelbaum. Mineola, NY: Dover, 1991.（エドガー・アラン・ポー『黄金虫』、底本『黒猫・黄金虫』新潮社、1951年、佐々木直次郎訳）
———. "Maelzel's Chess Player." In *The Complete Tales of Edgar Allan Poe*. New York: Vintage Books, 1975.
Polster, Burkard. "The Mathematics of Juggling." qedcat.com/articles/juggling_survey.pdf.
Poundstone, William. *Fortune's Formula: The Untold Story of the Scientific Betting System That Beat the Casinos and Wall Street*. New York: Hill & Wang, 2005.（ウィリアム・パウンドストーン『天才数学者はこう賭ける――誰も語らなかった株とギャンブルの話』青土社、2006年、松浦俊輔訳）
———. *How to Predict the Unpredictable: The Art of Outsmarting Almost Anyone*. New York: Oneworld, 2014.
Powers, Perry Francis, and H. G. Cutler. *A History of Northern Michigan and Its People*. Chicago: Lewis, 1912.
Price, Robert. "A Conversation with Claude Shannon: One Man's Approach to Problem Solving." *IEEE Communications Magazine* 22, no. 6 (May 1984): 123–26.
———. "Oral History: Claude E. Shannon." *IEEE Global History Network*, July 28, 1982. www.ieeeghn.org/wiki/index.php/Oral-History:Claude_E._Shannon.
Ratcliff, J. D. "Brains." *Collier's*, January 17, 1942.
Rees, Mina. "Warren Weaver." In National Academy of Sciences, *Biographical Memoirs*, vol. 57. Washington, DC: National Academy Press, 1987.
"Remembering Claude Shannon." Roy Rosenzweig Center for History and New Media, George Mason University, March–August 2001. chnm.gmu.edu/digitalhistory/links/cached/chapter6/6_19b_surveyresponse.htm.
Report of the Joint Committee to Inquire into the Construction of Submarine Telegraph Cables. London: Eyre & Spottiswoode, 1861.
Rheingold, Howard. *Tools for Thought*. Cambridge, MA: MIT Press, 2000.
Rosser, J. Barkley. "Mathematics and Mathematicians in World War II." In *A Century of Mathematics in America*, Part 1. Ed. Peter Duren. Providence, RI: American Mathematical Society, 1988.

Merzbach, Uta C., and Carl B. Boyer. *A History of Mathematics*. 3rd ed. Hoboken, NJ: John Wiley & Sons, 2011.

Minck, John. "Inside HP: A Narrative History of Hewlett-Packard from 1939–1990." www.hpmemoryproject.org/timeline/john_minck/inside_hp_03.htm.

Mindell, David A. "Automation's Finest Hour: Bell Labs and Automatic Control in WWII." *IEEE Control Systems* 15 (1995): 72–80.

———. *Between Human and Machine: Feedback, Control, and Computing before Cybernetics*. Baltimore: Johns Hopkins University Press, 2002.

"MIT Professor Claude Shannon dies; Was Founder of Digital Communications." *MIT News*, February 27, 2001. newsoffice.mit.edu/2001/shannon.

Mitchell, Silas Weir. "The Last of a Veteran Chess Player." *Chess Monthly*, 1857.

Morse, Philip McCord. *In at the Beginnings: A Physicist's Life*. Cambridge, MA: MIT Press, 1977.

Moulton-Barrett, Maria. *Graphotherapy*. New York: Trafford, 2005.

"Mouse with a Memory." *Time*, May 19, 1952, 59–60.

"Mrs. Mabel Shannon Dies in Chicago," *Otsego County Herald Times*, December 27, 1945.

Nahin, Paul J. *The Logician and the Engineer: How George Boole and Claude Shannon Created the Information Age*. Princeton, NJ: Princeton University Press, 2013.

Nasar, Sylvia. *A Beautiful Mind: The Life of Mathematical Genius and Nobel Laureate John Nash*. New York: Simon & Schuster, 1998.

National Register of Historic Places application. Edmund Dwight House. Massachusetts Cultural Resource Information System. mhc-macris.net/Details.aspx?MhcId=WNT.19.

Norberg, Arthur L. "An Interview with Bernard More Oliver." Charles Babbage Institute for the History of Information Processing, August 9, 1985.

"NSA Regulation Number 11-3." National Security Agency, January 22, 1953. ia601409.us.archive.org/16/items/41788579082758/41788579082758.pdf.

Nyquist, Harry. "Certain Factors Affecting Telegraph Speed." *Bell System Technical Journal* (April 1924): 324–46.

———. "Certain Topics in Telegraph Transmission Theory." *Transactions of the AIEE* 47 (April 1928): 617–44.

"Obituary: Thornton Carl Fry." American Astronomical Society, January 1, 1991.

Oliver, B., J. Pierce, and C. Shannon. "The Philosophy of PCM." *Proceedings of the IRE* 36, no. 11 (November 1948): 1324–31.

O'Neill, Bradley. "Dead Medium: The Comparator; the Rapid Selector." www.deadmedia.org/notes/1/017.html.

Owens, F. W., and Helen B. Owens. "Mathematics Clubs — Junior Mathematics Club, University of Michigan." *American Mathematical Monthly* 43, no. 10 (December 1936): 636.

Owens, Larry. "Vannevar Bush and the Differential Analyzer: The Text and Context of an Early Computer." *Technology and Culture* 27, no. 1 (1986): 63–95.

Perkins, Thomas. *Valley Boy: The Education of Tom Perkins*. New York: Gotham, 2007.

Jain, Naresh. "Record of the Celebration of the Life of Joseph Leo Doob." www.math.uiuc.edu/People/doob_record.html.

Jerison, David, I. M. Singer, and Daniel W. Stroock, eds. *The Legacy of Norbert Wiener: A Centennial Symposium in Honor of the 100th Anniversary of Norbert Wiener's Birth, October 8–14, 1994, Massachusetts Institute of Technology*, Cambridge, Massachusetts. Providence, RI: American Mathematical Society, 1997.

Johnson, George. "Claude Shannon, Mathematician, Dies at 84." *New York Times*, February 27, 2001.

———. *Fire in the Mind*. New York: Vintage, 1995.

Johnson, W. E. "The Logical Calculus." *Mind: A Quarterly Review of Psychology and Philosophy* 1 (1892): 3–30, 235–50, 340–57.

Kahn, David. *The Codebreakers: The Story of Secret Writing*. New York: Macmillan, 1953.

———. *How I Discovered World War II's Greatest Spy and Other Stories of Intelligence and Code*. Boca Raton, FL: Auerbach, 2014.

Kahn, Robert E. "A Tribute to Claude E. Shannon." *IEEE Communications Magazine*, July 2001, 18–22.

Kaplan, Fred. "Scientists at War." *American Heritage* 34, no. 4 (June 1983): 49–64.

Kettlewell, Julie. "Gaylord Honors 'Father to the Information Theory.'" *Otsego Herald Times*, September 3, 1998.

Kimball, Warren F., ed. *Churchill and Roosevelt: The Complete Correspondence*. Vol. 3. Princeton, NJ: Princeton University Press, 1984.

Kipling, Rudyard. "The Deep Sea Cables." In *Rudyard Kipling's Verse*. Garden City, NY: Doubleday, Page, 1922.

Kline, Ronald R. *The Cybernetics Moment: Or Why We Call Our Age the Information Age*. Baltimore: Johns Hopkins University Press, 2015.

Koestler, Arthur. *The Act of Creation*. London: Hutchinson, 1976.（アーサー・ケストラー『創造活動の理論』ラティス、〈上〉1966年、大久保直幹、松本俊、中山末喜訳、〈下〉1967年、吉村鎮夫訳）

Lewbel, Arthur. "A Personal Tribute to Claude Shannon." www2.bc.edu/~lewbel/Shannon.html.

Lewes, George Henry. *The Principles of Success in Literature*. Berkeley: University of California Press, 1901.

Livingston, G. R. "Problems for Solution." *American Mathematical Monthly* 41, no. 6 (June 1934): 390.

Lucky, Robert W. *Silicon Dreams: Information, Man, and Machine*. New York: St. Martin's, 1991.

MacKay, David J. C. *Information Theory, Inference, and Learning Algorithms* Cambridge: Cambridge University Press, 2003.

Massey, James L. "Information Theory: The Copernican System of Communications." *IEEE Communications Magazine* 22, no. 12 (1984): 26–28.

McEliece, R. J. *The Theory of Information and Coding: Student Edition*. New York: Cambridge University Press, 2004.

Golomb, Solomon W. "Claude Elwood Shannon." *Notices of the AMS* 49, no. 1 (2001): 8–10.

———. "Retrospective: Claude E. Shannon (1916–2001)." *Science*, April 20, 2001.

Graham, C. Wallace, et al., eds. *1934 Michiganensian*. Ann Arbor, Michigan, 1934.

Guizzo, Erico Marui. "The Essential Message: Claude Shannon and the Making of Information Theory." MS diss., Massachusetts Institute of Technology, 2003.

Hamming, Richard. "You and Your Research." Lecture, Bell Communications Research Colloquium Seminar, March 7, 1986. www.cs.virginia.edu/~robins/YouAndYourResearch.html.

Hapgood, Fred. *Up the Infinite Corridor: MIT and the Technical Imagination*. New York: Basic Books, 1994.

Hardesty, Larry. "Explained: Gallager Codes." *MIT News*, January 21, 2010. news.mit.edu/2010/gallager-codes-0121.

Hardy, G. H. *A Mathematician's Apology*. Cambridge: Cambridge University Press, 2013.（G・H・ハーディ、C・P・スノー『ある数学者の生涯と弁明』丸善出版、2014年、柳生孝昭訳）

Harpster, Jack. *John Ogden, The Pilgrim (1609–1682): A Man of More than Ordinary Mark*. Cranbury, NJ: Associated University Presses, 2006.

Hartley, Ralph. "Transmission of Information," *Bell System Technical Journal* 7, no. 3 (July 1928): 535–63.

Hartree, D. R. "The Bush Differential Analyzer and Its Applications." *Nature* 146 (September 7, 1940): 319–23.

Hatch, David A., and Robert Louis Benson. "The Korean War: The SIGINT Background." National Security Agency. www.nsa.gov/public_ info/declass/korean_war/sigint_bg.shtml.

Hodges, Andrew. *Alan Turing: The Enigma*. Princeton, NJ: Princeton University Press, 1983.（アンドルー・ホッジス『エニグマ　アラン・チューリング伝』勁草書房、2015年、土屋俊、土屋希和子、村上祐子訳）

———. "Alan Turing as UK-USA Link, 1942 Onwards." Alan Turing Internet Scrapbook. www.turing.org.uk/scrapbook/ukusa.html.

Horgan, John. "Claude E. Shannon: Unicyclist, Juggler, and Father of Information Theory." *Scientific American*, January 1990.

———. "Poetic Masterpiece of Claude Shannon, Father of Information Theory, Published for the First Time." *Scientific American*, March 28, 2011. blogs.scientificamerican.com/cross-check/poetic-masterpiece-of-claude-shannon-father-of-information-theory-published-for-the-first-time/.

Hunt, Bruce J. "Scientists, Engineers, and Wildman Whitehouse: Measurement and Credibility in Early Cable Telegraphy." *British Journal for the History of Science* 29, no. 2 (1996): 155–69.

Inamori, Kazuo. "Philosophy." Inamori Foundation, April 12, 1984. www.inamori-f.or.jp/en/kyoto_prize/.

"Institute Reports on Claude Shannon." *Otsego County Herald Times*, February 8, 1940.

INTOSAI Standing Committee on IT Audit. "1 + 1 = 1: A Tale of Genius." *IntoIT* 18 (2003): 52–57.

Isaacson, Walter. *The Innovators: How a Group of Inventors, Hackers, Geniuses, and Geeks Created the Digital Revolution*. New York: Simon & Schuster, 2014.

2012.
Doob, J. L. "Review of A Mathematical Theory of Communication." *Mathematical Review* 10 (1949): 133.
Dunkel, Otto, H. L. Olson, and W. F. Cheney, Jr. "Problems and Solutions." *American Mathematical Monthly* 41, no. 3 (March 1934): 188–89.
"Enrico Rastelli." *Vanity Fair*, February 1932, 49.
Ephremides, Anthony. "Claude E. Shannon 1916–2001." *IEEE Information Theory Society Newsletter*, March 2001.
Feynman, Richard P. *Surely You're Joking, Mr. Feynman*. Reprint ed. New York: Norton, 1997.
Fisher, Lawrence. "Bernard M. Oliver Is Dead at 79; Led Hewlett-Packard Research." *New York Times*, November 28, 1995.
Freeman, John Ripley. "Study No. 7 for New Buildings for the Massachusetts Institute of Technology." MIT Libraries, Institute Archives and Special Collections. libraries.mit.edu/archives/exhibits/freeman.
Freudenthal, Hans. "Norbert Wiener." In Complete Dictionary of Scientific Biography. www.encyclopedia.com/people/science-and-technology/mathematics-biographies/norbert-wiener
Friedman, Norman. *Naval Firepower: Battleship Guns and Gunnery in the Dreadnought Era*. Barnsley, England: Seaforth, 2008.
Frize, Monique, Peter Frize, and Nadine Faulkner. *The Bold and the Brave*. Ottawa, Canada: University of Ottawa Press, 2009.
Fry, Thornton C. "Industrial Mathematics." *Bell Systems Technical Journal* 20, no. 3 (July 1941): 255–92.
Fussell, Paul. *Class: A Guide Through the American Status System*. Reissue ed. New York: Touchstone, 1992.
Gallager, Robert G. "Claude E. Shannon: A Retrospective on His Life, Work, and Impact." *IEEE Transactions on Information Theory* 47, no. 7 (2001): 2681–95.
———. "The Impact of Information Theory on Information Technology." Lecture slides. February 28, 2006.
"Gaylord Locals." *Otsego County Herald Times*, November 15, 1934.
"Gaylord's Claude Shannon: 'Einstein of Mathematical Theory.'" *Gaylord Herald Times*, October 11, 2000.
Gertner, Jon. *The Idea Factory: Bell Labs and the Great Age of American Innovation*. New York: Penguin, 2012.（ジョン・ガートナー『世界の技術を支配するベル研究所の興亡』文藝春秋、2013年、土方奈美訳）
Gifford, Walter. "The Prime Incentive." *Bell Laboratories Records*. Vols. 1 and 2. September 1925–September 1926.
Gleick, James. *The Information: A History, a Theory, a Flood*. New York: Pantheon, 2011.（ジェイムズ・グリック『インフォメーション——情報技術の人類史』新潮社、2013年、楡井浩一訳）

States Cryptologic History, Special Series, Volume 6. Center for Cryptologic History. Washington, DC: National Security Agency, 2002.

Burks, Frances Williston. *Barbara's Philippine Journey*. Yonkers-on-Hudson, NY: World Book, 1921.

Bush, Vannevar. "As We May Think." *Atlantic*, July 1945.

———. *Pieces of the Action*. New York: Morrow, 1970.

Carter, Samuel. *Cyrus Field: Man of Two Worlds*. New York: Putnam, 1968.

Cerny, Melinda. "Engineering Industry Honors Shannon, His Hometown." *Otsego Herald Times*, September 3, 1998.

Chiu, Eugene, et al. "Mathematical Theory of Claude Shannon." December 2001. web.mit.edu/6.933/www/Fall2001/Shannon1.pdf.

Clarke, Arthur C. *Voice Across the Sea: The Story of Deep Sea Cable-Laying, 1858–1958*. London: Muller, 1958.

"Claude Shannon Demonstrates Machine Learning." Bell Laboratories, 2014. www.youtube.com/watch?v=vPKkXibQXGA.

"Claude Shannon: Father of the Information Age." University of California Television, 2002. www.youtube.com/watch?v=z2Whj_nL-x8.

Clymer, A. Ben. "The Mechanical Analog Computers of Hannibal Ford and William Newell." *IEEE Annals of the History of Computing* 15, no. 2 (1993): 19–34.

Cocks, James Fraser, and Cathy Abernathy. *Pictorial History of Ann Arbor, 1824–1974*. Ann Arbor: Michigan Historical Collections/Bentley Historical Library Ann Arbor Sesquicentennial Committee, 1974.

Conway, Flo, and Jim Siegelman. *Dark Hero of the Information Age: In Search of Norbert Wiener, The Father of Cybernetics*. New York: Basic, 2005.

Cook, Gareth. "The Singular Mind of Terry Tao." *New York Times*, July 24, 2015.

Coughlin, Kevin. "Claude Shannon: The Genius of the Digital Age." *Star-Ledger* (New Jersey), February 28, 2001.

Crawford, Matthew. *Shop Class as Soulcraft: An Inquiry into the Value of Work*. New York: Penguin, 2010.

Crow, James F. "Shannon's Brief Foray Into Genetics." *Genetics* 159, no. 3 (2001): 915–17.

Davenport, C. B. *Naval Officers: Their Heredity and Development*. Washington, DC: Carnegie Institution of Washington, 1919.

Dean, Debra. *The Madonnas of Leningrad*. New York: Harper Perennial, 2007.

De Cogan, Donard. "Dr. E.O.W. Whitehouse and the 1858 Trans-Atlantic Cable." *History of Technology* 10 (1985): 1–15.

De Rosa, L. A. "In Which Fields Do We Graze?" *IRE Transactions on Information Theory* 1, no. 3 (1955): 2.

Dembart, Lee. "Book Review: Putting on Thinking Caps Over Artificial Intelligence." *Los Angeles Times*, August 15, 1989.

Diaconis, Persi, and Ron Graham. *Magical Mathematics*. Princeton, NJ: Princeton University Press,

参考文献

[書籍／記事]

Aftab, Omar, et al. "Information Theory and the Digital Age." web.mit.edu/6.933/www/Fall2001/Shannon2.pdf.

Allen, Garland E. "The Eugenics Record Office at Cold Spring Harbor: An Essay in Institutional History." *Osiris* 2, no. 2 (1986): 225–64.

Anderson, Benedict. *Imagined Communities: Reflections on the Origin and Spread of Nationalism*. Rev. ed. New York: Verso, 2006.（ベネディクト・アンダーソン『〈増補〉想像の共同体――ナショナリズムの起源と流行』NTT出版、1997年、白石さや、白石隆訳）

Aspray, William. "The Scientific Conceptualization of Information: A Survey." *IEEE Annals of the History of Computing* 7, no. 2 (1985): 117–40.

"The Atlantic Telegraph Expedition." *Times* (London), July 15, 1858.

Auden, W. H. "Foreword." In Dag Hammarskjöld, *Markings*. New York: Knopf, 1964.（ダグ・ハマーショルド『道しるべ』みすず書房、1967年、鵜飼信成訳）

Bandara, Lashi. "Explainer: The Point of Pure Mathematics." *The Conversation*, August 1, 2011. theconversation.com/explainer-the-point-of-pure-mathematics-2385.

Barzman, Norma. *The Red and the Blacklist: The Intimate Memoir of a Hollywood Expatriate*. New York: Nation Books, 2003.

Beauzamy, Bernard. "Real Life Mathematics." Lecture, Dublin Mathematical Society, February 2001. scmsa.eu/archives/BB_real_life_maths_2001.htm.

Beek, Peter J., and Arthur Lewbel. "The Science of Juggling." *Scientific American* 273, no. 5 (November 1995): 92–97.

Bello, Francis. "The Information Theory." *Fortune*, December 1953, 136–158.

———. "The Young Scientists." *Fortune*, June 1954, 142–48.

Blackman, R. B., H. W. Bode, and C. E. Shannon. "Data Smoothing and Prediction in Fire-Control Systems." Summary Technical Report of Division 7, NDRC, Volume I: Gunfire Control, ed. Harold Hazen. Washington, DC: Office of Scientific Research and Development, National Defense Research Committee, 1946.

Branford, Benchara. *A Study of Mathematical Education*. Oxford: Clarendon, 1908.

Brewer, Brock. "The Man-Machines May Talk First to Dr. Shannon." *Vogue*, April 15, 1963, 139.

"A Brief History of Gaylord Community Schools—1920 to 1944." *Otsego County Herald Times*, May 2, 1957. goo.gl/oVb0pT.

Brown, Anne S. "Historical Study: The National Security Agency Scientific Advisory Board, 1952–1963." Washington, DC: NSA Historian, Office of Central Reference, 1965.

Brueggeman, Brenda Jo. *Deaf Subjects: Between Identities and Places*. New York: New York University Press, 2009.

Burke, Colin B. *It Wasn't All Magic: The Early Struggle to Automate Cryptanalysis, 1930s–1960s*. United

(4) 同上。

(5) アンソニー・エフレミデス、著者らによるインタビュー、2016年5月31日。

(6) Michael Urheber. Bava's Gift: Awakening to the Impossible.

(7) 以下より引用。"Claude Shannon: Father of the Information Age."

(8) 以下より引用。Mark Semenovich Pinsker, "Reflections of Some Shannon Lecturers," *IEEE Information Theory Society Newsletter*, Summer 1998, 22.

(9) George Johnson, "Claude Shannon, Mathematician, Dies at 84," *New York Times*, February 27, 2001.

(10) Richard Hamming, "You and Your Research," lecture, Bell Communications Research Colloquium Seminar, March 7, 1986, www.cs.virginia.edu/~robins/YouAndYourResearch.html.

(11) レオナルド・クラインロック、著者らによるインタビュー、2016年9月16日。

(12) シャノン、ジョン・ホーガンによるインタビュー（未公表）。

(13) ヘンリー・ポラック、著者らによるインタビュー、2014年8月7日。

(14) Robert Gallager, "The Impact of Information Theory on Information Technology," lecture slides, February 28, 2006.

(15) 以下より引用。John Horgan, "Poetic Masterpiece of Claude Shannon, Father of Information Theory, Published for the First Time," *Scientific American*, March 28, 2011, blogs.scientificamerican.com/cross-check/poetic-masterpiece-of-claude-shannon-father-of-information-theory-published-for-the-first-time.

謝辞

(1) Arthur Koestler, *The Act of Creation* (London: Hutchinson, 1976（アーサー・ケストラー『創造活動の理論』ラティス、〈上〉1966年、大久保直幹、松本俊、中山末喜訳、〈下〉1967年、吉村鎮夫訳）

（12）シャノンからベン（名字は不明）への手紙、1980年11月15日。Shannon Papers.
（13）トーマス・カイラス、著者らによるインタビュー、2016年6月2日。
（14）アーサー・リューベル、著者らによるインタビュー、2014年8月8日。
（15）Nomination Database, NobelPrize.org, www.nobelprize.org/nomination/archive/show_people.php?id=10947.
（16）以下より引用。Flo Conway and Jim Siegelman, *Dark Hero of the Information Age: In Search of Norbert Wiener, the Father of Cybernetics* (New York: Basic Books, 2005), 394, n. 327.
（17）Kazuo Inamori, "Philosophy," Inamori Foundation, April 12, 1984, www.inamori-f.or.jp/en/kyoto_prize/.
（18）"Kyoto Prize 2015: Inamori Foundation Announces This Year's Laureates," June 19, 2015, goo.gl/kYNzdJ.
（19）ペギー・シャノン、著者らによるインタビュー、2015年12月9日。
（20）Shannon, "Development of Communication and Computing, and My Hobby."

第31章

（1）Debra Dean, *The Madonnas of Leningrad* (New York: Harper Perennial, 2007), 119.
（2）ロバート・ギャラガー、著者らによるインタビュー、2014年8月8日。
（3）ペギー・シャノン、著者らによるインタビュー、2015年12月9日。
（4）ベティ・シャノン、著者らによるインタビュー、2015年11月12日。
（5）以下より引用。"Claude Shannon: Father of the Information Age."
（6）ペギー・シャノン、著者らによるインタビュー、2015年12月9日。
（7）ロバート・ファノ、著者らによるインタビュー、2015年10月23日。
（8）ベティ・シャノン、著者らによるインタビュー、2015年11月12日。
（9）これは、クロード・ベローと同僚らが発見した「ターボ符号」のことだ。処理速度が同程度の符号は1960年にロバート・ギャラガーによって発見されていたが、「彼が提案する復号処理は複雑すぎて、1960年代の技術では実現不可能だった」。以下を参照。See Øyvind Ytrehus, "An Introduction to Turbo Codes and Iterative Decoding," *Telektronikk* 98, no. 1 (2002): 65−78; Larry Hardesty, "Explained: Gallager Codes," MIT News, January 21, 2010, news.mit.edu/2010/gallager-codes-0121.
（10）ペギー・シャノン、著者らによるインタビュー、2015年12月9日。
（11）アーサー・リューベル、著者らによるインタビュー、2014年8月8日。
（12）ペギー・シャノン、著者らによるインタビュー、2015年12月9日。
（13）ベティ・シャノン、著者らによるインタビュー、2015年11月12日。

第32章

（1）Bertrand Russell, "The Study of Mathematics," in *Mysticism and Logic and Other Essays* (London: Longman, 1919).
（2）"Remembering Claude Shannon."
（3）同上。

International Symposium on Wearable Computers, October 1998, 4–8.
(2) ソープによる私信、2017年3月24日。

第29章

(1) Lewbel, "A Personal Tribute to Claude Shannon."
(2) アーサー・リューベル、著者らによるインタビュー、2014年8月8日。
(3) Lewbel, "A Personal Tribute to Claude Shannon."
(4) ペギー・シャノン、著者らによるインタビュー、2015年12月9日。
(5) ロナルド・グラハム、著者らによるインタビュー、2014年8月23日。
(6) Gertner, *The Idea Factory*, 319–20.
(7) Persi Diaconis and Ron Graham, *Magical Mathematics* (Princeton, NJ: Princeton University Press, 2012), 137.
(8) Burkard Polster, "The Mathematics of Juggling," 1, qedcat.com/articles/juggling_survey.pdf.
(9) アーサー・リューベル、著者らによるインタビュー、2014年8月8日。
(10) Peter J. Beek and Arthur Lewbel, "The Science of Juggling," *Scientific American* 273, no. 5 (November 1995): 92.
(11) Shannon, "Scientific Aspects of Juggling," in *Claude Elwood Shannon: Collected Papers*, 850–57.
(12) "Enrico Rastelli," *Vanity Fair*, February 1932, 49.
(13) Shannon, "Claude Shannon's No Drop Juggling Diorama," in *Claude Elwood Shannon: Collected Papers*, 847.
(14) Beek and Lewbel, "The Science of Juggling," 97.
(15) Shannon, "Claude Shannon's No Drop Juggling Diorama," 849.

第30章

(1) ベティ・シャノン、著者らによるインタビュー、2015年11月12日。
(2) "Profile of Claude Shannon — Interview by Anthony Liversidge," in *Claude Elwood Shannon: Collected Papers*, xxiv.
(3) ペギー・シャノン、著者らによるインタビュー、2015年12月9日。
(4) National Medal of Science citation, www .nationalmedals.org/laureates/claude-e-shannon.
(5) リンドン・ジョンソン、1967年2月6日。1966年アメリカ国家科学賞授賞式での発言。
(6) ペギー・シャノン、著者らによるインタビュー、2015年12月9日。
(7) ルディ・コンフナーからピアースへの手紙、1977年6月1日。以下より引用。Gertner, *The Idea Factory*, 323.
(8) Shannon, "The Fourth-Dimensional Twist, or a Modest Proposal in Aid of the American Driver in England," 1978, Shannon Papers.
(9) ペギー・シャノン、著者らによるインタビュー、2015年12月9日。
(10) 以下より引用。University of California Television, "Claude Shannon: Father of the Information Age," 2002, www.youtube.com/watch?v=z2Whj_nL-x8.
(11) 同上。

(16) 以下より引用。Chiu et al., "Mathematical Theory of Claude Shannon."
(17) レオナルド・クラインロック、著者らによるインタビュー、2016年9月16日。
(18) 以下より引用。Guizzo, "The Essential Message," 61.
(19) ロバート・ギャラガー、著者らによるインタビュー、2014年8月8日。
(20) レオナルド・クラインロック、著者らによるインタビュー、2016年9月16日。
(21) 以下より引用。Guizzo, "The Essential Message," 59.
(22) レオナルド・クラインロック、著者らによるインタビュー、2016年9月16日。
(23) 同上、p. 60より引用。
(24) ロバート・ギャラガー、著者らによるインタビュー、2014年8月8日。
(25) Guizzo, "The Essential Message," 59より引用。
(26) レオナルド・クラインロック、著者らによるインタビュー、2016年9月16日。
(27) ラリー・ロバーツ、著者らによるインタビュー、2016年9月16日。
(28) ロバート・ギャラガー、著者らによるインタビュー、2014年8月8日。
(29) アーウィン・ジェイコブズ、著者らによるインタビュー、2015年1月1日。
(30) ペギー・シャノン、著者らによるインタビュー、2015年12月9日。
(31) トーマス・カイラス、著者らによるインタビュー、2016年6月2日。
(32) アンソニー・エフレミデス、著者らによるインタビュー、2016年5月31日。
(33) "Profile of Claude Shannon — Interview by Anthony Liversidge, " in *Claude Elwood Shannon: Collected Papers*, xxiii.
(34) Hardy, *A Mathematician's Apology*, 70.
(35) ヘンリー・ポラック、著者らによるインタビュー、2014年8月7日。
(36) ロバート・ギャラガー、著者らによるインタビュー、2014年8月8日。
(37) Gertner, *The Idea Factory*, 317より引用。

第27章

(1) ペギー・シャノン、著者らによるインタビュー、2015年12月9日。
(2) "Profile of Claude Shannon — Interview by Anthony Liversidge, " in *Claude Elwood Shannon: Collected Papers*, xxvii.
(3) ベティ・シャノン、アルバースによるインタビュー、1990年。
(4) ペギー・シャノン、著者らによるインタビュー、2015年12月9日。
(5) 以下より引用。Poundstone, *Fortune's Formula*, 208.
(6) "Profile of Claude Shannon — Interview by Anthony Liversidge, " in *Claude Elwood Shannon: Collected Papers*, xxiv−xxv.
(7) ペギー・シャノン、著者らによるインタビュー、2015年12月9日。
(8) Price, "Claude E. Shannon: An Interview."
(9) Poundstone, *Fortune's Formula*, 21.

第28章

(1) Edward O. Thorp, "The Invention of the First Wearable Computer, " *Proceedings of the 2nd IEEE*

(4) Horgan, "Claude E. Shannon," 22A.
(5) ブロックウェイ・マクミラン、著者らによるインタビュー、2016年1月4日。
(6) "Profile of Claude Shannon — Interview by Anthony Liversidge," in *Claude Elwood Shannon: Collected Papers*, xxix.
(7) ペギー・シャノン、著者らによるインタビュー、2015年12月9日。
(8) Norman Whaland, "A Computer Chess Tutorial," *Byte*, October 1978, 168.
(9) "Programming a Computer for Playing Chess," in *Claude Elwood Shannon: Collected Papers*, 637–38, 650–54.
(10) "Profile of Claude Shannon — Interview by Anthony Liversidge," in *Claude Elwood Shannon: Collected Papers*, xxxi.
(11) Shannon, "A Chess-Playing Machine," in *Claude Elwood Shannon: Collected Papers*, 655.
(12) H. J. van den Herik, "An Interview with Claude Shannon (September 25, 1980 in Linz, Austria)," *ICCA Journal* 12, no. 4 (1989): 225.

第25章

(1) Claude Shannon, "Creative Thinking," March 20, 1952, in *Claude Shannon's Miscellaneous Writings*, ed. N. J. A. Sloane and Aaron D. Wyner (Murray Hill, NJ: Mathematical Sciences Research Center, AT&T Bell Laboratories, 1993), 528–39.

第26章

(1) 以下より引用。Gertner, *The Idea Factory*, 146.
(2) 以下より引用。Poundstone, *Fortune's Formula*, 27.
(3) シャノンからジョン・リアダンへの手紙、1956年2月20日。Shannon Papers.
(4) Shannon, Assorted lecture notes, n.d., Shannon Papers.
(5) Shannon, "The Portfolio Problem," n.d., Shannon Papers.
(6) シャノンからH・W・ボードへの手紙、1956年10月3日。Shannon Papers, 以下より引用。Gertner, *The Idea Factory*, 146.
(7) 以下より引用。Poundstone, *Fortune's Formula*, 27.
(8) ヘンリー・ポラック、著者らによるインタビュー、2014年8月7日。
(9) トーマス・カイラス、著者らによるインタビュー、2016年6月2日。
(10) "Remembering Claude Shannon," chnm.gmu.edu/digitalhistory/links/cached/chapter6/6_19b_surveyresponse.htm.
(11) National Register of Historic Places application, Edmund Dwight House, Massachusetts Cultural Resource Information System, mhc-macris.net/Details.aspx?MhcId=WNT.19.
(12) Robert E. Kahn, "A Tribute to Claude E. Shannon," *IEEE Communications Magazine*, July 2001, 18.
(13) ロナルド・グラハム、著者らによるインタビュー、2014年8月23日。
(14) 以下より引用。Horgan, "Claude E. Shannon," 22A.
(15) ロバート・ギャラガー、著者らによるインタビュー、2014年8月8日。

(7) アール・C・モローからシャノンへの手紙、1957年12月26日。Shannon Papers; letter from George C. Paro to Shannon, November 17, 1960, Shannon Papers; ジョージ・C・パロからシャノンへの手紙、1960年11月17日。Shannon Papers; ダニエル・J・クインランからシャノンへの手紙、1953年4月13日。Shannon Papers.
(8) Shannon, "Development of Communication and Computing, and My Hobby," lecture, Inamori Foundation, Kyoto, Japan, November 1985, www.kyotoprize.org/wp/wp-content/uploads/2016/02/1kB_lct_EN.pdf.
(9) "Profile of Claude Shannon — Interview by Anthony Liversidge," in *Claude Elwood Shannon: Collected Papers*, xxii.
(10) 以下より引用。Timothy Johnson, "Claude Elwood Shannon: Information Theorist," Shannon Papers.
(11) Bell Labs, "Claude Shannon Demonstrates Machine Learning," www.youtube.com/watch?v=vPKkXibQXGA.
(12) ヘンリー・ポラック、著者らによるインタビュー、2014年8月7日。
(13) *Time*, May 19, 1952, 59.
(14) "Presentation of a Maze-Solving Machine," in *Cybernetics: Transactions of the Eighth Conference March 15–16, 1951*, ed. Heinz von Foerster, Margaret Mead, and Hans Lukas Teuber (New York: Josiah Macy, Jr. Foundation, 1952), 179.
(15) "Note by the Editors," in ibid., xvii.
(16) シャノンからアイリーン・アンガスへの手紙、1952年8月8日。Shannon Papers, 以下に引用。Gertner, *The Idea Factory*.
(17) Shannon, "Game Playing Machines," in *Claude Elwood Shannon: Collected Papers*, 786.
(18) シャノンからアンガスへの手紙、1952年8月8日。Shannon Papers.
(19) Brock Brewer, "The Man-Machines May Talk First to Dr. Shannon," *Vogue*, April 15, 1963, 139.
(20) 同上, 89.
(21) 同上。
(22) 同上, 139.
(23) シャノン、ハーゲマイヤーによるインタビュー、1977年2月28日。
(24) シャノン、アルバースによるインタビュー、1990年。
(25) シャノン、無題文書、1984年。Shannon Papers.

第24章

(1) 以下より引用。Tom Standage, *The Turk: The Life and Times of the Famous Eighteenth-Century Chess-Playing Machine* (New York: Walker, 2002), 23.（トム・スタンデージ『謎のチェス指し人形「ターク」』NTT出版、2011年、服部桂訳）
(2) Silas Weir Mitchell, "The Last of a Veteran Chess Player." *Chess Monthly*, 1857.
(3) Poe, "Maelzel's Chess Player," in *The Complete Tales of Edgar Allan Poe* (New York: Vintage Books, 1975), 438.

(9) Shannon, "The Bandwagon," 3.
(10) Robert G. Gallager, "Claude E. Shannon: A Retrospective on His Life, Work, and Impact," *IEEE Transactions on Information Theory* 47, no. 7 (2001): 2694.
(11) 以下より引用。Omar Aftab et al., "Information Theory and the Digital Age," 10, web.mit.edu/6.933/www/Fall2001/Shannon2.pdf.
(12) 同上、p. 9より引用。

第22章

(1) ウォルター・B・スミスからM・J・ケリーへの手紙、1951年5月4日。National Security Agency, www.nsa.gov/public_info/_files/friedmanDocuments/PanelCommitteeandBoardRecords/FOLDER_393/41745239078444.pdf.
(2) キングマン・ダグラスからJ・N・ウェンガーへの手紙、1951年5月7日。National Security Agency, www.nsa.gov/public_info/_files/friedmanDocuments/PanelCommitteeandBoardRecords/FOLDER_393/41745239078444.pdf.
(3) David A. Hatch and Robert Louis Benson, "The Korean War: The SIGINT Background," National Security Agency, www.nsa.gov/public_info/declass/korean_war/sigint_bg.shtml.
(4) キングマン・ダグラスからJ・N・ウェンガーへの手紙に添えられた手書きのメモ、1951年5月7日。National Security Agency, www.nsa.gov/public_info/_files/friedmanDocuments/PanelCommitteeandBoardRecords/FOLDER_393/41745239078444.pdf.
(5) ケリーからスミスへの手紙。National Security Agency, www.nsa.gov/public_info/_files/friedmanDocuments/PanelCommitteeandBoardRecords/FOLDER_393/41745139078434.pdf.
(6) Nasar, *A Beautiful Mind*, 107, 106.
(7) National Security Agency, "NSA Regulation Number 11−3," January 22, 1953, ia601409.us.archive.org/16/items/41788579082758/41788579082758.pdf.
(8) Anne S. Brown, "Historical Study: The National Security Agency Scientific Advisory Board, 1952−1963" (Washington, DC: NSA Historian, Office of Central Reference, 1965), 4.
(9) 同上。
(10) Price, "Oral History: Claude E. Shannon."

第23章

(1) Ludwig Wittgenstein, *Philosophical Investigations,* trans. G. E. M. Anscombe et al., ed. P. M. S. Hacker and Joachim Schulte, 4th ed. (Malden, MA: Blackwell, 2009), 359−60.（ルートヴィヒ・ヴィトゲンシュタイン『哲学探究』岩波書店、2013年、丘沢静也訳）
(2) 以下より引用。Horgan, "Claude E. Shannon," 22B.
(3) ヘンリー・ポラック、著者らによるインタビュー、2014年8月7日。
(4) Gertner, *The Idea Factory*, 141.
(5) シャノンからウォレン・S・マカロックへの手紙、1949年8月23日。Warren S. McCulloch Papers, American Philosophical Society, Series I, Shannon correspondence.
(6) Poundstone, *Fortune's Formula*, 61.

ス——動物と機械における制御と通信』岩波文庫、2011年、池原止戈夫、彌永昌吉、室賀三郎、戸田巌訳）
（15）John Platt, "Books That Make a Year's Reading and a Lifetime's Enrichment," *New York Times*, February 2, 1964.
（16）Gregory Bateson, *Steps to an Ecology of the Mind*, 484.
（17）トーマス・カイラス、著者らによるインタビュー、2016年6月2日。
（18）セルジオ・ヴェルデュ、著者らによるインタビュー、2015年9月6日。
（19）Price, "Oral History: Claude E. Shannon."
（20）Claude Shannon, in *Claude Elwood Shannon:Collected Papers*, xix

第20章

（1）Nasar, *A Beautiful Mind*, 228.
（2）ペギー・シャノン、著者らによるインタビュー、2015年12月9日。
（3）"Who We Are," Douglass Residential College, Rutgers University, douglass.rutgers.edu/history.
（4）ベティ・シャノン、著者らによるインタビュー、2015年11月12日。
（5）同上。
（6）同上。
（7）同上。
（8）以下より引用。Monique Frize, Peter Frize, and Nadine Faulkner, *The Bold and the Brave* (Ottawa, Canada: University of Ottawa Press, 2009), 285.
（9）シャノン、アルバースによるインタビュー、1990年。
（10）以下より引用。Kevin Coughlin, "Claude Shannon: The Genius of the Digital Age," *Star-Ledger* (New Jersey), February 28, 2001.
（11）以下より引用。Eugene Chiu et al., "Mathematical Theory of Claude Shannon," December 2001, web.mit.edu/6.933/www/Fall2001/Shannon1.pdf.
（12）ベティ・シャノン、著者らによるインタビュー、2015年11月12日。

第21章

（1）Francis Bello, "The Information Theory," *Fortune*, December 1953, 136–58.
（2）以下より引用。Kline, *The Cybernetics Moment*, 124.
（3）Bello, "The Information Theory," 136.
（4）"Gaylord's Claude Shannon: 'Einstein of Mathematical Theory,'" *Gaylord Herald Times,* October 11, 2000.
（5）Poundstone, *Fortune's Formula*, 15.
（6）Bello, "The Young Scientists," *Fortune*, June 1954, 142.
（7）"Profile of Claude Shannon — Interview by Anthony Liversidge," in *Claude Elwood Shannon: Collected Papers*, xxviii.
（8）L. A. de Rosa, "In Which Fields Do We Graze?," *IRE Transactions on Information Theory* 1, no. 3 (1955): 2.

(8) G. H. Hardy, *A Mathematician's Apology* (Cambridge: Cambridge University Press, 2013), back matter, 85, 135.（G・H・ハーディ、C・P・スノー『ある数学者の生涯と弁明』丸善出版、2014年、柳生孝昭訳）
(9) Doob, "Review of A Mathematical Theory of Communication."
(10) "Profile of Claude Shannon — Interview by Anthony Liversidge," in *Claude Elwood Shannon: Collected Papers*, xxvii.
(11) Shannon, "Mathematical Theory," 50.
(12) Solomon W. Golomb, "Claude Elwood Shannon," *Notices of the AMS* 49, no. 1 (2001): 9.
(13) エドワード・O・ソープによる私信、2017年4月8日。
(14) Sergio Verdú, "Fireside Chat on the Life of Claude Shannon," www.youtube.com/watch?v=YEt9P2kp9BE.

第19章

(1) Nasar, *A Beautiful Mind*, 135.
(2) Norbert Wiener, *Ex-Prodigy: My Childhood and Youth* (Cambridge, MA: MIT Press, 1964), 67–68.（ノーバート・ウィーナー『神童から俗人へ——わが幼時と青春』みすず書房、1983年、鎮目恭夫訳）
(3) Paul Samuelson, "Some Memories of Norbert Wiener," in *The Legacy of Norbert Wiener: A Centennial Symposium* (Cambridge, MA: American Mathematical Society, 1994).
(4) Hans Freudenthal, "Norbert Wiener," in *Complete Dictionary of Scientific Biography*, www.encyclopedia.com/people/science-and-technology/mathematics-biographies/norbert-wiener.
(5) Samuelson, "Some Memories of Norbert Wiener."
(6) Price, "Oral History: Claude E. Shannon."
(7) "Profile of Claude Shannon — Interview by Anthony Liversidge," in *Claude Elwood Shannon: Collected Papers*, xxxii.
(8) Norbert Wiener, *I Am a Mathematician*, 179.（ノーバート・ウィーナー『サイバネティックスはいかにして生まれたか』みすず書房、2002年、鎮目恭夫訳）
(9) ノーバート・ウィーナーからウォルター・ピッツへの手紙、1947年4月4日。Norbert Wiener Papers, MITA.
(10) ノーバート・ウィーナーからアルトゥーロ・ローゼンブリュートへの手紙、1947年4月16日。Norbert Wiener Papers, MITA.
(11) ノーバート・ウィーナーからウォーレン・マカロックへの手紙、1947年4月5日。Norbert Wiener Papers, MITA.
(12) ノーバート・ウィーナーからアルトゥーロ・ローゼンブリュートへの手紙、1947年4月16日。Norbert Wiener Papers, MITA.
(13) ノーバート・ウィーナーからウォーレン・マカロックへの手紙、1947年5月2日。Norbert Wiener Papers, MITA.
(14) Norbert Wiener, *Cybernetics, or Control and Communication in the Animal and the Machine*, 2nd ed. (Cambridge, MA: MIT Press, 1961), 11.（ノーバート・ウィーナー『サイバネティック

McIrving, "Energy and Information," *Scientific American* 225 (1971): 179−88.
(33) シラードならびに「マクスウェルの悪魔」に関するもっと完全なストーリーについては、以下を参照。Gleick, *The Information*, 275−80, and George Johnson, *Fire in the Mind* (New York: Vintage, 1995), 114−21.
(34) Gleick, *The Information*, 281.

第17章

(1) Horgan, "Claude E. Shannon," 22A; Lewbel, "A Personal Tribute to Claude Shannon"; Roy Rosenzweig Center for History and New Media, George Mason University, "Remembering Claude Shannon," March–August 2001, chnm.gmu.edu/digitalhistory/links/cached/chapter6/6_19b_surveyresponse.htm; Robert W. Lucky, *Silicon Dreams*, quoted in Lee Dembart, "Book Review: Putting on Thinking Caps Over Artificial Intelligence," *Los Angeles Times*, August 15, 1989.
(2) R. J. McEliece, *The Theory of Information and Coding: Student Edition* (New York: Cambridge University Press, 2004), 13.
(3) Ronald R. Kline, *The Cybernetics Moment: Or Why We Call Our Age the Information Age* (Baltimore: Johns Hopkins University Press, 2015), 122.
(4) 以下より引用。Wolfgang Saxon, "Albert G. Hill, 86, Who Helped Develop Radar In World War II," *New York Times*, October 29, 1996.
(5) ルイス・ライドナーからワレン・ウィーバーへの手紙、1949年3月21日、ライドナーからマーヴィン・ケリーへの手紙、1949年4月12日。Institute of Communications Research, Record Series 13/5/1, University of Illinois Archives.
(6) Jorge Reina Schement and Brent D. Ruben, *Between Communication and Information* 4 (New Brunswick, NJ: Transaction, 1993), 53.
(7) ウィーバーからライドナーへの手紙、1949年11月17日。Shannon Papers, quoted in Kline.

第18章

(1) Adam Sedgwick, "Letter to Charles Darwin," November 24, 1859.
(2) Sylvia Nasar, *A Beautiful Mind: The Life of Mathematical Genius and Nobel Laureate John Nash* (New York: Simon & Schuster, 1998).（シルヴィア・ナサー『ビューティフル・マインド——天才数学者の絶望と奇跡』新潮社、2002年、塩川優訳）
(3) J. L. Doob, "Review of A Mathematical Theory of Communication," *Mathematical Review* 10 (1949): 133.
(4) Naresh Jain, "Record of the Celebration of the Life of Joseph Leo Doob," www.math.uiuc.edu/People/doob_record.html.
(5) Lashi Bandara, "Explainer: The Point of Pure Mathematics," *The Conversation*, August 1, 2011, theconversation.com/explainer-the-point-of-pure-mathematics-2385.
(6) Uta C. Merzbach and Carl B. Boyer, *A History of Mathematics*, 3rd ed. (Hoboken, NJ: John Wiley & Sons, 2011), 77.
(7) 同上, 91.

イズについて考慮されない。しかし、ノイズの含まれる通信路を介したコイントスの結果について学ぶ際には、たとえコイントスそのものが公平だとしても、得られる情報は1ビットよりも少なくなることを忘れてはならない。

(8) Shannon, "Mathematical Theory," 6.

(9) 同上, 20.

(10) つまり、コインの裏表の重さが異なるため、裏が出る確率が低いとしよう。裏が出ることはまずあり得ないので、その分だけ、裏が出たときの驚きは大きい。

(11) Price, "A Conversation with Claude Shannon," 123.

(12) これは、シャノンの事例をやや簡素化している。シャノンの事例では、文字のあとに来るものと、単語のあとに来るものの二種類のスペースについて考慮されている。

(13) Shannon, "Mathematical Theory," 14.

(14) 同上, 15.

(15) Shannon, July 4, 1949, Shannon Papers.

(16) Poe, "The Gold-Bug," 101–2.

(17) 以下からの事例。David Kahn, *The Codebreakers: The Story of Secret Writing* (New York: Macmillan, 1953), 749.

(18) Price, "Oral History: Claude E. Shannon."

(19) 同上, 744.

(20) Shannon, "Information Theory," in *Encyclopædia Britannica*, 14th ed., 以下に転載。*Claude Elwood Shannon: Collected Papers*, 216.

(21) Shannon, "Mathematical Theory," 25.

(22) 同上。このようにコメントしているが、シャノンの1948年の論文のなかで、暗号学は明確な主題というわけではない。しかしシャノンは、暗号学の研究と情報論の研究は影響し合うものだと語っている。そのため本章ではふたつの分野の重複部分について論じ、暗号学と情報論それぞれの、冗長性という概念にとっての重要性に特に焦点を当てた。

(23) Gleick, *The Information*, 230.

(24) Shannon, "Information Theory," 216.

(25) Massey, "Information Theory," 27.

(26) Kahn, *The Codebreakers*, 747.

(27) この事例は以下に引用されている。Guizzo, "The Essential Message," 40.

(28) シャノンはもっと正確に、「情報源のコーディング」と「通信路のコーディング」を結びつけるという表現を使っている。

(29) ロバート・ギャラガー、著者らによるインタビュー、2014年8月8日。

(30) David J. C. MacKay, *Information Theory, Inference, and Learning Algorithms* (Cambridge: Cambridge University Press, 2003), 14.

(31) シャノンの言葉を厳密に再現するなら、エントロピーは不確実性として考えられ、一方で情報は、観察や測定や説明によって減少される不確実性の量として考えられる。

(32) この逸話は本書よりも早く、以下で取り上げられている。Myron Tribus and Edward C.

（2）以下を参照。Matthew Crawford, *Shop Class as Soulcraft: An Inquiry into the Value of Work* (New York: Penguin, 2010), 22–23.
（3）Guizzo, "The Essential Message," 26.
（4）同上、p. 27を参照。
（5）すでに「電信と電話の信号を同じ電線で送ることは一般的な方法」になっていたが、ナイキストの研究によって電信からの干渉が最小化されたおかげで、通話はより鮮明になった。以下を参照。John Pierce, *An Introduction to Information Theory: Symbols, Signals and Noise*, 2nd ed. (New York: Dover, 1980), 38.
（6）James L. Massey, "Information Theory: The Copernican System of Communications," *IEEE Communications Magazine* 22, no. 12 (1984): 27, cited in Guizzo, "The Essential Message."
（7）Harry Nyquist, "Certain Factors Affecting Telegraph Speed," *Bell System Technical Journal*, April 1924, 332. 以下も参照。Nyquist, "Certain Topics in Telegraph Transmission Theory," *Transactions of the AIEE* 47 (April 1928): 617–44.
（8）ナイキストとシャノンの研究のあいだの関係については、以下を参照。William Aspray, "The Scientific Conceptualization of Information: A Survey," *IEEE Annals of the History of Computing* 7, no. 2 (1985): 121.
（9）Robert Price, "A Conversation with Claude Shannon: One Man's Approach to Problem Solving," *IEEE Communications Magazine* 22, no. 6 (May 1984): 123.
（10）Ralph Hartley, "Transmission of Information," *Bell System Technical Journal* 7, no. 3 (July 1928): 536–38.
（11）Guizzo, "The Essential Message," 25.
（12）Hartley, "Transmission of Information," 539.
（13）同上, 563.
（14）シャノン、ハーゲマイヤーによるインタビュー、1977年2月28日。
（15）Pierce, *An Introduction to Information Theory*, 40.
（16）Pierce, "The Early Days of Information Theory," 4.

第16章

（1）Claude Shannon, "A Mathematical Theory of Communication," in *Claude Elwood Shannon: Collected Papers*, 5.
（2）同上。原著者による強調。
（3）同上, 7.
（4）シャノンは「数学的理論」を発表した頃、ヒトゲノムの情報を断片に分解し、その量の推定を試みた。Shannon, untitled document, July 12, 1949, Shannon Papers; 以下を参照。Gleick, *The Information*, 231.
（5）Price, "Oral History: Claude E. Shannon."
（6）話をわかりやすくするため、この節では離散的記号のみを取り上げており、連続的記号は含まれない。
（7）ノイズの問題へのシャノンの革命的な対応についてはこのあとで論じる。ここではノ

(9) Minck, "Inside HP."
(10) マリア・モールトン＝バレット、著者らによるインタビュー、2016年1月21日。
(11) ブロックウェイ・マクミラン、著者らによるインタビュー、2016年1月4日。
(12) Gertner, *The Idea Factory*, 132.
(13) 同上, 138.
(14) George Henry Lewes, *The Principles of Success in Literature* (Berkeley: University of California Press, 1901), 98.
(15) マリア・モールトン＝バレット、著者らによるインタビュー、2016年1月21日。
(16) ロバート・ファノ、著者らによるインタビュー、2015年10月23日。
(17) ブロックウェイ・マクミラン、著者らによるインタビュー、2016年1月4日。
(18) 以下より引用。William Poundstone, *How to Predict the Unpredictable: The Art of Outsmarting Almost Anyone* (London: Oneworld, 2014).
(19) シャノン、ハーゲマイヤーによるインタビュー、1977年2月28日。
(20) マリア・モールトン＝バレット、著者らによるインタビュー、2016年1月21日。

第14章

(1) 以下より引用。Samuel Carter, *Cyrus Field: Man of Two Worlds* (New York: Putnam, 1968), 167−68. 以下も参照。Arthur C. Clarke, *Voice Across the Sea: The Story of Deep Sea Cable-Laying, 1858−1958* (London: Muller, 1958).
(2) "The Atlantic Telegraph Expedition," *Times* (London), July 15, 1858.
(3) Thomson, *The Life of William Thomson*, 1:362, 以下より引用。Clarke, *Voice Across the Sea*.
(4) E. O. Wildman Whitehouse, "Report on a Series of Experimental Observations on Two Lengths of Submarine Electric Cable, Containing, in the Aggregate, 1,125 Miles of Wire, Being the Substance of a Paper Read Before the British Association for the Advancement of Science, at Glasgow, Sept. 14th, 1855," Brighton, 1855, 3, 以下より引用。Bruce J. Hunt, "Scientists, Engineers, and Wildman Whitehouse: Measurement and Credibility in Early Cable Telegraphy," *British Journal for the History of Science* 29, no. 2 (1996): 158.
(5) E. O. Wildman Whitehouse, "The Law of Squares — Is It Applicable or Not to the Transmission of Signals in Submarine Circuits?," *Athenaeum*, August 30, 1856, 1092−93, 以下より引用。Hunt, "Scientists, Engineers, and Wildman Whitehouse."
(6) 以下より引用。Thomson, *The Life of William Thomson*, 1:330.
(7) Donard De Cogan, "Dr E.O.W. Whitehouse and the 1858 Trans-Atlantic Cable," *History of Technology* 10 (1985): 2.
(8) *Report of the Joint Committee to Inquire into the Construction of Submarine Telegraph Cables* (London: Eyre & Spottiswoode, 1861), 237.
(9) Clarke, *Voice Across the Sea*.

第15章

(1) 以下を参照。Mindell, *Between Human and Machine*, 107ff.

(3) Christopher H. Sterling, "Churchill and Intelligence — SIGSALY: Beginning the Digital Revolution," *Finest Hour* 149 (Winter 2010–11): 31.
(4) David Kahn, *How I Discovered World War II's Greatest Spy and Other Stories of Intelligence and Code* (Boca Raton, FL: Auerbach, 2014), 147.
(5) Dave Tompkins, *How to Wreck a Nice Beach: The Vocoder from World War II to Hip-Hop, The Machine Speaks* (Chicago: Stop Smiling Books, 2011), 63.
(6) Andrew Hodges, *Alan Turing: The Enigma* (Princeton, NJ: Princeton University Press, 1983), 247.（アンドルー・ホッジス『エニグマ　アラン・チューリング伝』勁草書房、2015年、土屋俊、土屋希和子、村上祐子訳）
(7) 同上, 312.
(8) Bush, "As We May Think."
(9) Sterling, "Churchill and Intelligence," 34.
(10) シャノン、ハーゲマイヤーによるインタビュー、1977年2月28日。
(11) シャノン、ハーゲマイヤーによるインタビュー、1977年2月28日。

第12章

(1) Hodges, *Alan Turing*, 314.
(2) Price, "Oral History: Claude E. Shannon."
(3) Alan Turing, "Alan Turing's Report from Washington DC, November 1942."
(4) Andrew Hodges, "Alan Turing as UK-USA Link, 1942 Onwards," Alan Turing Internet Scrapbook, www.turing.org.uk/scrapbook/ukusa.html.
(5) Turing, "Alan Turing's Report from Washington DC, November 1942."
(6) Price, "Oral History: Claude E. Shannon."
(7) シャノン、ハーゲマイヤーによるインタビュー、1977年2月28日。
(8) Price, "Oral History: Claude E. Shannon."

第13章

(1) Gareth Cook, "The Singular Mind of Terry Tao," *New York Times*, July 24, 2015.
(2) マリア・モールトン＝バレット、著者らによるインタビュー、2016年1月21日。
(3) John Minck, "Inside HP: A Narrative History of Hewlett-Packard from 1939–1990," www.hpmemoryproject.org/timeline/john_minck/inside_hp_03.htm.
(4) Thomas Perkins, *Valley Boy: The Education of Tom Perkins* (New York: Gotham, 2007), 72.
(5) Lawrence Fisher, "Bernard M. Oliver Is Dead at 79; Led Hewlett-Packard Research," *New York Times*, November 28, 1995.
(6) Arthur L. Norberg, "An Interview with Bernard More Oliver," Charles Babbage Institute for the History of Information Processing, August 9, 1985.
(7) John Pierce, "Creative Thinking," lecture, 1951.
(8) Bernard More Oliver, John Pierce, and Claude Shannon, "The Philosophy of PCM," *Proceedings of the IRE* 36, no. 11 (November 1948): 1324–31.

(4) Warren Weaver, *Science and Imagination: Selected Papers* (New York: Basic Books, 1967), 111.
(5) 以下より引用。Rees, "Warren Weaver," 501.
(6) Warren Weaver, "Four Pieces of Advice to Young People," in *The Project Physics Course Reader: Concepts of Motion*, ed. Gerald Holton et al. (New York: Holt, Rinehart & Winston, 1970), 22.
(7) ソーントン・C・フライへの、ラ・ポルテ、ポラック、プライスによるインタビュー、1981年1月3-4日、P.95
(8) David A. Mindell, "Automation's Finest Hour: Bell Labs and Automatic Control in WWII," *IEEE Control Systems* 15 (1995): 72.
(9) 以下より引用。Howard Rheingold, *Tools for Thought* (Cambridge, MA: MIT Press, 2000), 103–4.
(10) 以下より引用。Glenn Zorpette, "Parkinson's Gun Director," *IEEE Spectrum* 26, no. 4 (1989): 43.
(11) シャノン、ハーゲマイヤーによるインタビュー、1977年2月28日。
(12) Mindell, "Automation's Finest Hour," 78.
(13) R. B. Blackman, H. W. Bode, and C. E. Shannon, "Data Smoothing and Prediction in Fire-Control Systems," Summary Technical Report of Division 7, NDRC Vol. 1: Gunfire Control, ed. Harold Hazen (Washington, DC: Office of Scientific Research and Development, National Defense Research Committee, 1946).
(14) ワレン・ウィーバーからヴァネヴァー・ブッシュへの手紙、1949年10月24日。Bush Papers.
(15) 同上。

第10章

(1) Vannevar Bush, "As We May Think," *Atlantic*, July 1945.
(2) Gertner, *The Idea Factory*, 26, 63.
(3) Fred Kaplan, "Scientists at War," *American Heritage* 34, no. 4 (June 1983): 49.
(4) J. Barkley Rosser, "Mathematics and Mathematicians in World War II," in *A Century of Mathematics in America*, Part 1, ed. Peter Duren (Providence, RI: American Mathematical Society, 1988), 303.
(5) マリア・モールトン＝バレット、著者らによるインタビュー、2016年1月21日。
(6) シャノン、ハーゲマイヤーによるインタビュー、1977年2月28日。
(7) Rosser, "Mathematics and Mathematicians," 304.

第11章

(1) Colin B. Burke, *It Wasn't All Magic: The Early Struggle to Automate Cryptanalysis, 1930s–1960s*. United States Cryptologic History, Special Series, Vol. 6, Center For Cryptologic History, National Security Agency, 2002.
(2) Warren F. Kimball, ed., *Churchill and Roosevelt: The Complete Correspondence*, vol. 3 (Princeton, NJ: Princeton University Press, 1984), 11.

(30) Shannon, "A Theorem on Color Coding," Bell Laboratories, Memorandum 40–130–153, July 8, 1940.
(31) Shannon, "The Use of the Lakatos-Hickman Relay in a Subscriber Sender," Bell Laboratories, Memorandum 40–130–179, August 3, 1940.
(32) シャノンからブッシュへの手紙、1940年6月5日。Vannevar Bush Papers, Library of Congress.

第8章

(1) ノーバート・ウィーナーからJ・R・クラインへの手紙、1941年4月10日。Norbert Wiener Papers, MITA.
(2) H・B・フィリップスからM・モースへの電報、1940年10月21日。
(3) Benedict Anderson, *Imagined Communities: Reflections on the Origin and Spread of Nationalism*, rev. ed. (New York: Verso, 2006), 57.（ベネディクト・アンダーソン『〈増補〉想像の共同体――ナショナリズムの起源と流行』NTT出版、1997年、白石さや、白石隆訳）
(4) シャノンからウィリアム・アスプレイへの手紙、1987年10月27日。Shannon Papers.
(5) Hermann Weyl, *Space — Time — Matter*, 4th ed., trans. Henry L. Brose (New York: Dover, 1950), ix.（ヘルマン・ワイル『空間・時間・物質』ちくま学芸文庫、2007年、内山龍雄訳）
(6) Guizzo, "The Essential Message," 32.
(7) Gertner, *The Idea Factory*, 121.
(8) ノーマ・バーズマン、著者らによるインタビュー、2014年12月21日。
(9) Arthur Lewbel, "A Personal Tribute to Claude Shannon," www2.bc.edu/~lewbel/Shannon.html.
(10) シャノン、ハーゲマイヤーによるインタビュー、1977年2月28日。
(11) Richard P. Feynman, *Surely You're Joking, Mr. Feynman*, reprint ed. (New York: Norton, 1997), 165.（リチャード・P・ファインマン『ご冗談でしょう、ファインマンさん』岩波現代文庫、2000年、大貫昌子訳）
(12) ノーマ・バーズマン、著者らによるインタビュー、2014年12月21日。
(13) Franklin Roosevelt, Proclamation 2425— Selective Service Registration, September 16, 1940.
(14) Price, "Oral History: Claude E. Shannon."
(15) シャノン、ハーゲマイヤーによるインタビュー、1977年2月28日。
(16) マリア・モールトン＝バレット、著者らによるインタビュー、2016年1月21日。
(17) Bush, *Pieces of the Action*, 31–32.

第9章

(1) Neva Reynolds. "Letter to Claude Shannon." February 10, 1941.
(2) Mina Rees, "Warren Weaver," in National Academy of Sciences, *Biographical Memoirs*, vol. 57 (Washington, DC: National Academy Press, 1987), 494.
(3) Warren Weaver, "Careers in Science," in *Listen to Leaders in Science*, ed. Albert Love and James Saxon Childers (Atlanta: Tupper & Love/David McKay, 1965), 276.

第7章

(1) Bernard Beauzamy, "Real Life Mathematics, " lecture, Dublin Mathematical Society, February 2001, scmsa .eu/archives/BB_real_life_maths_2001.htm.
(2) Moulton-Barrett, *Graphotherapy*, 90.
(3) ノーマ・バーズマン、著者らによるインタビュー、2014年12月21日。
(4) 以下より引用。Gertner, *The Idea Factory*, 121.
(5) Barzman, *The Red and the Blacklist*, 378.
(6) ノーマ・バーズマン、著者らによるインタビュー、2014年12月21日。
(7) Poundstone, *Fortune's Formula*, 22.
(8) シャノンからブッシュへの手紙、1940年2月16日。Bush Papers.
(9) シャノン、ハーゲマイヤーによるインタビュー、1977年2月28日。
(10) Bradley O'Neill, "Dead Medium: The Comparator; the Rapid Selector, " www.deadmedia.org/notes /1/017.html.
(11) ブッシュからシャノンへの手紙、1940年6月7日。Bush Papers, Library of Congress.
(12) "Obituary: Thornton Carl Fry," American Astronomical Society, January 1, 1991.
(13) ソーントン・C・フライへの、ディアドラ・M・ラ・ポルテ、ヘンリー・O・ポラック、G・バレー・プライスによるインタビュー、1981年1月3-4日、P.4
(14) Gertner, *The Idea Factory*, 1.
(15) 同上, 5.
(16) "Improvement in Telegraphy," Patent Number US 174465 A
(17) Walter Gifford, "The Prime Incentive, " *Bell Laboratories Records*, vols. 1 and 2 (September 1925 – September 1926), 18.
(18) Gertner, *The Idea Factory*, 27.
(19) ヘンリー・ポラック、著者らによるインタビュー、2014年8月7日。
(20) ソーントン・C・フライへの、ラ・ポルテ、ポラック、プライスによるインタビュー、1981年1月3-4日、P.10
(21) Gertner, *The Idea Factory*, 28, 30.
(22) シャノン、アルバースによるインタビュー、1990年。
(23) Fry, "Industrial Mathematics," *Bell Systems Technical Journal* 20, no. 3 (July 1941): 256, 258.
(24) 以下より引用。Gertner, *The Idea Factory*, 122.
(25) ソーントン・C・フライへの、ラ・ポルテ、ポラック、プライスによるインタビュー、1981年1月3-4日、P.55
(26) ヘンリー・ポラック、著者らによるインタビュー、2014年8月7日。
(27) ソーントン・C・フライへの、ラ・ポルテ、ポラック、プライスによるインタビュー、1981年1月3-4日、P.56
(28) シャノン、ハーゲマイヤーによるインタビュー、1977年2月28日。
(29) ソーントン・C・フライへの、ラ・ポルテ、ポラック、プライスによるインタビュー、1981年1月3-4日、P.11

（13）以下より引用。Zachary, *Endless Frontier*, 70.

第6章

（1）以下より引用。Garland E. Allen, "The Eugenics Record Office at Cold Spring Harbor: An Essay in Institutional History," *Osiris* 2, no. 2 (1986): 258.

（2）Philip K. Wilson, "Harry Laughlin's Eugenic Crusade to Control the 'Socially Inadequate' in Progressive Era America," *Patterns of Prejudice* 36, no. 1 (2002): 49.

（3）Brenda Jo Brueggeman, *Deaf Subjects: Between Identities and Places* (New York: New York University Press, 2009), 145.

（4）Allen, "The Eugenics Record Office," 239.

（5）C. B. Davenport, *Naval Officers: Their Heredity and Development* (Washington, DC: Carnegie Institution of Washington, 1919), 29, 以下より引用。Allen, "The Eugenics Record Office."

（6）Frances Williston Burks, *Barbara's Philippine Journey* (Yonkers-on-Hudson, NY: World Book, 1921), 25.

（7）バークスからブッシュへの手紙、1938年1月10日。Bush Papers.

（8）以下より引用。Robert Price, "Oral History: Claude E. Shannon," *IEEE Global History Network*, July 28, 1982, www.ieeeghn.org/wiki/index.php/Oral-History: Claude_E._Shannon.

（9）Shannon, "An Algebra for Theoretical Genetics," in *Claude Elwood Shannon: Collected Papers*, 920.

（10）シャノンからブッシュへの手紙、1939年2月16日。Bush Papers.

（11）Shannon, "An Algebra for Theoretical Genetics," in *Claude Elwood Shannon: Collected Papers*, 895.

（12）同上, 892–93.

（13）"Profile of Claude Shannon — Interview by Anthony Liversidge," in *Claude Elwood Shannon: Collected Papers*, xxvii.

（14）ヴァネヴァー・ブッシュからE・B・ウィルソンへの手紙、1938年12月15日。Bush Papers.

（15）ロウェル・J・リードからハルバート・L・ダンへの手紙、1940年4月9日。Bush Papers; ダンからブッシュへの手紙、1940年4月19日。Bush Papers; ブッシュからシャノンへの手紙、1939年1月27日。Bush Papers.

（16）シャノン、ハーゲマイヤーによるインタビュー、1977年2月28日。

（17）バークスからブッシュへの手紙、1939年1月20日。Bush Papers.

（18）ブッシュからシャノンへの手紙、1939年1月27日。Bush Papers.

（19）ロバート・ギャラガーによる私信、2016年7月1日。

（20）"Profile of Claude Shannon — Interview by Anthony Liversidge," xxviii, xxvii.

（21）James F. Crow, "Shannon's Brief Foray into Genetics," *Genetics* 159, no. 3 (2001): 915–17.

（22）Crow, "Notes to 'An Algebra for Theoretical Genetics,' " in *Claude Elwood Shannon: Collected Papers*, 921. 60

（23）シャノンからブッシュへの手紙、1939年2月16日。Shannon Papers.

学者はこう賭ける——誰も語らなかった株とギャンブルの話』青土社、2006年、松浦俊輔訳）；マーヴィン・ミンスキーの発言。以下より引用。*Claude Elwood Shannon: Collected Papers*, xix.

（12）Isaacson, *The Innovators*, 49.

（13）同上, 38.

（14）John von Neumann, "First Draft of a Report on the EDVAC, " in *The Origins of Digital Computers: Selected Papers*, ed. Brian Randell (New York: Springer-Verlag, 1973), 362.

（15）Hapgood, *Up the Infinite Corridor*, 11.

第5章

（1）Victor J. Decorte, "Skin Effect Resistance Ratio of a Circular Loop of Wire " (MS thesis, Massachusetts Institute of Technology, 1929), hdl.handle.net/1721.1/81515; Burdett P. Cottrell, "An Investigation of Two Methods of Measuring the Acceleration of Rotating Machinery " (MS thesis, Massachusetts Institute of Technology, 1929), hdl.handle.net/1721.1/85720; R. A. Swan and W. F. Bartlett, "Three Mechanisms of Breakdown of Pyrex Glass " (BS thesis, Massachusetts Institute of Technology, 1929), hdl.handle.net/1721.1/49611; James Sophocles Dadakis, "A Plan for Remodeling an Industrial Power Plant " (BS thesis, Massachusetts Institute of Technology, 1930), hdl.handle .net/1721.1/51558; Herbert E. Korb et al., "A Proposal to Electrify a Section of the Boston and Maine Railroad Haverhill Division " (MS thesis, Massachusetts Institute of Technology, 1933), hdl.han dle.net/1721.1/10560.

（2）"Profile of Claude Shannon — Interview by Anthony Liversidge, " in *Claude Elwood Shannon: Collected Papers*, xxxii.

（3）同上, xxviii.

（4）R・H・スミスからカール・コンプトンへの手紙、1939年4月11日。Office of the President Records, MIT Archive, cited in Erico Marui Guizzo, "The Essential Message: Claude Shannon and the Making of Information Theory " (MS diss., Massachusetts Institute of Technology, 2003), 13.

（5）コンプトンからスミスへの手紙、1939年4月13日。Office of the President Records, MIT Archive, cited in Guizzo, "The Essential Message," 13.

（6）Norma Barzman, *The Red and the Blacklist: The Intimate Memoir of a Hollywood Expatriate* (New York: Nation Books, 2003), 213.

（7）ブッシュからE・B・ウィルソンへの手紙、1938年12月15日。Vannevar Bush Papers, Library of Congress.

（8）Poundstone, *Fortune's Formula*, 21.

（9）"Youthful Instructor Wins Noble Award," *New York Times*, January 24, 1940.

（10）"Institute Reports on Claude Shannon," *Otsego County Herald Times*, February 8, 1940.

（11）シャノンからブッシュへの手紙、1939年12月13日。Shannon Papers.

（12）ヴァネヴァー・ブッシュからバーバラ・バークスへの手紙、1938年1月5日。Bush Papers.

Larry Owens, "Vannevar Bush and the Differential Analyzer: The Text and Context of an Early Computer," *Technology and Culture* 27, no. 1 (1986): 63–95.

（13）Benchara Branford, *A Study of Mathematical Education* (Oxford: Clarendon, 1908), viii, cited in Owens, "Vannevar Bush and the Differential Analyzer."

（14）Paul Fussell, *Class: A Guide Through the American Status System* (New York: Touchstone, 1992), 64.

（15）Morse, *In at the Beginnings*, 121.

（16）D. R. Hartree, "The Bush Differential Analyzer and its Applications," *Nature* 146 (September 7, 1940): 320.

（17）Owens, "Vannevar Bush and the Differential Analyzer," 95.

（18）以下より引用。Zachary, *Endless Frontier*, 49.

第4章

（1）Fred Hapgood, *Up the Infinite Corridor: MIT and the Technical Imagination* (New York: Basic Books, 1994), 61.

（2）John Ripley Freeman, "Study No. 7 for New Buildings for the Massachusetts Institute of Technology," MIT Libraries, Institute Archives and Special Collections, libraries.mit.edu/archives/exhibits/freeman.

（3）James Gleick, *The Information: A History, a Theory, a Flood* (New York: Pantheon, 2011), 173.（ジェイムズ・グリック『インフォメーション――情報技術の人類史』新潮社、2013年、楡井浩一訳）

（4）W. E. Johnson, "The Logical Calculus," *Mind: A Quarterly Review of Psychology and Philosophy* 1 (1892): 3.

（5）この事例ならびにブール代数全般に関しては、以下を参考にした。Paul J. Nahin, *The Logician and the Engineer: How George Boole and Claude Shannon Created the Information Age* (Princeton, NJ: Princeton University Press, 2013), esp. 45–47.

（6）この注目すべき法則は、形式論理学へのもうひとりの重要な貢献者、オーガスタス・ド・モルガンによって確認されたもののひとつだ。

（7）"Profile of Claude Shannon — Interview by Anthony Liversidge," in *Claude Elwood Shannon: Collected Papers*, xxvi.

（8）同上。

（9）"A Symbolic Analysis of Relay and Switching Circuits," *Transactions of the American Institute of Electrical Engineers* 57 (1938): 471.

（10）この事例は以下より引用。INTOSAI Standing Committee on IT Audit, "1 + 1 = 1: A Tale of Genius," *IntoIT* 18 (2003): 56.

（11）ガードナーの発言。以下より引用。"MIT Professor Claude Shannon Dies"; Solomon W. Golomb, "Retrospective: Claude E. Shannon (1916–2001)," *Science*, April 20, 2001, 455; William Poundstone, *Fortune's Formula: The Untold Story of the Scientific Betting System That Beat the Casinos and Wall Street* (New York: Hill & Wang, 2005), 20（ウィリアム・パウンドストーン『天才数

dc.umich.edu/history/publications/photo_saga/media/PDFs/12%20Engineering.pdf.
（4）Hillard A. Sutin, "A Tribute to Mortimer E. Cooley," *Michigan Technic*, March 1935, 103.
（5）同上 , 105.
（6）*Michigan Alumnus* 22 (1916): 463.
（7）シャノン、ハーゲマイヤーによるインタビュー、1977年2月28日。
（8）Shannon, "Problems and Solutions — E58," *American Mathematical Monthly* 41, no. 3 (March 1934): 191–92.
（9）Otto Dunkel, H. L. Olson, and W. F. Cheney, Jr., "Problems and Solutions," *American Mathematical Monthly* 41, no. 3 (March 1934): 188–89.
（10）ＭＩＴへの入学を許可されたシャノンは、1936年の夏をアナーバーで過ごし、「課外活動を行なった」。*Otsego County Herald Times*, August 6, 1936.
（11）シャノン、アルバースによるインタビュー、1990年。

第3章

（1）以下より引用。G. Pascal Zachary, *Endless Frontier: Vannevar Bush, Engineer of the American Century* (Cambridge, MA: MIT Press, 1999), 26.
（2）J. D. Ratcliff, "Brains," Collier's, January 17, 1942; "Vannevar Bush: General of Physics," *Time*, April 3, 1944.
（3）Vannevar Bush, *Pieces of the Action* (New York: Morrow, 1970), 181.
（4）ハロルド・ハーゼンの発言。以下より引用。David A. Mindell, *Between Human and Machine: Feedback, Control, and Computing before Cybernetics* (Baltimore: Johns Hopkins University Press, 2002), 151.
（5）Silvanus P. Thomson, *The Life of William Thomson, Baron Kelvin of Largs* (London: Macmillan, 1910), 1:98.
（6）Alexander Pope, "An Essay on Man," 2.19–20; epigraph to William Thomson, "Essay on the Figure of the Earth," Kelvin Collection, University of Glasgow.
（7）Thomson, "The Tides: Evening Lecture to the British Association at the Southampton Meeting, August 25, 1882," in *Scientific Papers*, ed. Charles W. Eliot (New York: Collier & Son, 1910), 30:307.
（8）以下より引用。A. Ben Clymer, "The Mechanical Analog Computers of Hannibal Ford and William Newell," *IEEE Annals of the History of Computing* 15, no. 2 (1993): 23.
（9）たとえば、それよりも早く、アーサー・ポールンがイギリス海軍のために積分器を開発したが、広く採用されなかった。以下を参照。Norman Friedman, *Naval Firepower: Battleship Guns and Gunnery in the Dreadnought Era* (Barnsley, England: Seaforth, 2008), 53ff.
（10）以下より引用。Karl L. Wildes and Nilo A. Lindgren, *A Century of Electrical Engineering and Computer Science at MIT, 1882–1982* (Cambridge, MA: MIT Press, 1986), 87.
（11）Daniel C. Stillson, 米国特許 126,161, "Improvement in Pipe Wrenches," U.S. Patent Office, 1872.（ブッシュがこの実習のために使った可能性のある特許の事例）
（12）John Perry, The Calculus for Engineers (London: Edward Arnold, 1897), 5, 以下より引用。

第1章

（1）Edgar Allan Poe, "The Gold-Bug," in *The Gold-Bug and Other Tales*, ed. Stanley Appelbaum (Mineola, NY: Dover, 1991), 100.（エドガー・アラン・ポー『黄金虫』、底本『黒猫・黄金虫』新潮社、1951年、佐々木直次郎訳）

（2）Delbert Trew, "Barbed Wire Telegraph Lines Brought Gossip and News to Farm and Ranch," *Farm Collector*, September 2003. 以下も参照 David B. Sicilia, "How the West Was Wired," *Inc.*, June 1997.

（3）*Otsego County Times*, August 27, 1909.

（4）シャノン、ドナルド・J・アルバースによるインタビュー、1990年。

（5）同上。

（6）"Mrs. Mabel Shannon Dies in Chicago," *Otsego County Herald Times*, December 27, 1945.

（7）Perry Francis Powers and H. G. Cutler, *A History of Northern Michigan and Its People* (Chicago: Lewis, 1912), iv. 8

（8）H. C. McKinley, "Step Back in Time: A New County Seat and the First Newspaper," *Gaylord Herald Times*, reprinted January 6, 2016, www.petoskeynews.com/gaylord/featured-ght/top-gallery/step-back-in-time-a-new-county-seat-and-the/article_88155b9f-0965-56c2-b2ce-85456427fc70.html.

（9）Paul A. Samuelson, "Some Memories of Norbert Wiener," in *The Legacy of Norbert Wiener: A Centennial Symposium in Honor of the 100th Anniversary of Norbert Wiener's Birth, October 8–14, 1994, Massachusetts Institute of Technology, Cambridge, Massachusetts*, ed. David Jerison, I. M. Singer, and Daniel W. Stroock (Providence, RI: American Mathematical Society, 1997), 38.

（10）*Otsego County Times*, August 27, 1936.

（11）シャノン、アルバースによるインタビュー、1990年。

（12）クロード・シャノン、フリードリヒ・ウィルヘルム・ハーゲマイヤーによるインタビュー、1977年2月28日。

（13）シャノンからアイリーン・アンガスへの手紙、1952年8月8日。Shannon Papers.

（14）*Otsego County Herald Times*, April 17, 1930.

（15）シャノン、ハーゲマイヤーによるインタビュー、1977年2月28日。

（16）シャーリー・ケトルウェルの発言。以下より引用。"Gaylord Honors 'Father to the Information Theory,'" *Otsego Herald Times*, September 3, 1998.

（17）Jack Harpster, John Ogden, *The Pilgrim (1609–1682): A Man of More than Ordinary Mark* (Cranbury, NJ: Associated University Presses, 2006), 209.

第2章

（1）以下より引用。James Fraser Cocks and Cathy Abernathy, *Pictorial History of Ann Arbor, 1824–1974* (Ann Arbor: Michigan Historical Collections/Bentley Historical Library Ann Arbor Sesquicentennial Committee, 1974), 54.

（2）同上, 92.

（3）Anne Duderstadt, "Engineering," in *The University of Michigan: A Photographic Saga*, umhistory.

原註

エピグラフ

(1) W. H. Auden, "Foreword," in Dag Hammarskjöld, *Markings* (New York: Knopf, 1964), xv.（ダグ・ハマーショルド『道しるべ』みすず書房、1967年、鵜飼信成訳）

はじめに

(1) Anthony Ephremides, "Claude E. Shannon 1916–2001," *IEEE Information Theory Society Newsletter*, March 2001.

(2) John Horgan, "Claude E. Shannon: Unicyclist, Juggler, and Father of Information Theory," *Scientific American*, January 1990, 22B.

(3) 同上, 22A.

(4) John Pierce, "The Early Days of Information Theory," *IEEE Transactions on Information Theory* 19, no. 1 (1973): 4.

(5) Philip McCord Morse, *In at the Beginnings: A Physicist's Life* (Cambridge, MA: MIT Press, 1977), 121.

(6) Walter Isaacson, *The Innovators: How a Group of Inventors, Hackers, Geniuses, and Geeks Created the Digital Revolution* (New York: Simon & Schuster, 2014), 49.

(7) ハワード・ガードナーの発言。以下より引用。"MIT Professor Claude Shannon Dies; Was Founder of Digital Communications," *MIT News*, February 27, 2001, newsoffice.mit.edu/2001/shannon.

(8) ハロルド・アーノルド、以下からの引用。Jon Gertner, *The Idea Factory: Bell Labs and the Great Age of American Innovation* (New York: Penguin, 2012), 121.（ジョン・ガートナー『世界の技術を支配するベル研究所の興亡』文藝春秋、2013年、土方奈美訳）

(9) ヘンリー・ポラック、著者らによるインタビュー、2014年8月7日

(10) クロード・シャノンからヴァネヴァー・ブッシュへの手紙、1939年2月16日 Claude Elwood Shannon Papers, Library of Congress.

(11) ロバート・ファノの発言。以下より引用。W. Mitchell Waldrop, "Claude Shannon: Reluctant Father of the Digital Age," *MIT Technology Review*, July 1, 2001, www.technologyreview.com/s/401112/claude-shannon-reluctant-father-of-the-digital-age

(12) Carl Sagan, *Pale Blue Dot: A Vision of the Human Future in Space* (New York: Random House, 1994), 6.（カール・セーガン『惑星へ』朝日新聞社、1996年、森暁雄訳）

(13) Claude Shannon, "The Bandwagon," *IRE Transactions—Information Theory* 2, no. 1 (1956): 3.

(14) Claude Shannon, "A Mathematical Theory of Communication," in *Claude Elwood Shannon: Collected Papers*, ed. N. J. A. Sloane and Aaron D. Wyner (New York: IEEE Press, 1992), 14. この論文は最初、以下に掲載された。*Bell System Technical Journal* 27 (July, October 1948): 379–423, 623–56.

著者　ジミー・ソニ　Jimmy Soni

編集者、ジャーナリスト、ライター。ハフィントン・ポスト元編集長。

著者　ロブ・グッドマン　Rob Goodman

元スピーチライター。ソニとの共著に『Rome's Last Citizen: The Life and Legacy of Cato, Mortal Enemy of Caesar』がある。

訳者　小坂恵理（こさか・えり）

翻訳家。慶應義塾大学文学部英米文学科卒業。主な訳書にT・カリアー『ノーベル経済学賞の40年』（筑摩選書）、J・ダイアモンド他編著『歴史は実験できるのか』（慶應義塾大学出版会）、R・ハンソン『全脳エミュレーションの時代』（NTT出版）他多数。

クロード・シャノン　情報時代《じょうほうじだい》を発明《はつめい》した男《おとこ》

二〇一九年六月三〇日　初版第一刷発行

著　者　ジミー・ソニ、ロブ・グッドマン

訳　者　小坂恵理

発行者　喜入冬子

発行所　株式会社　筑摩書房

東京都台東区蔵前二―五―三　郵便番号一一一―八七五五
電話番号　〇三―五六八七―二六〇一（代表）

装幀者　間村俊一

印刷・製本　中央精版印刷株式会社

ISBN978-4-480-83720-2　C0041

◉筑摩書房の本◉

〈ちくま学芸文庫〉
通信の数学的理論
C・E・シャノン
W・ウィーバー
植松友彦訳

IT社会の根幹をなす情報理論はここから始まった。発展いちじるしい最先端の分野に、今なお根源的な洞察をもたらす古典的論文が新訳で復刊。

〈ちくま学芸文庫〉
計算機と脳
J・フォン・ノイマン
柴田裕之訳

脳の振る舞いを数学で記述することは可能か？　現代のコンピュータの生みの親でもあるフォン・ノイマン最晩年の考察。新訳。
解説　野崎昭弘

〈ちくま学芸文庫〉
ワイル講演録
精神と自然
ヘルマン・ワイル
ピーター・ペジック編
岡村浩訳

数学・物理・哲学に通暁し深遠な思索を展開したワイル。約四十年にわたる歩みを講演ならではの読みやすい文章で辿る。年代順に九篇収録、本邦初訳。

〈ちくま学芸文庫〉
情報理論
甘利俊一

「大数の法則」を押さえれば、情報理論はよくわかる！　シャノン流の情報理論から情報幾何学の基礎まで、本質を明快に解説した入門書。